卓越农林人才培养实验实训实习教材

家畜环境卫生学
实验实训教程

主　编
朱海生　　（西南大学）
赵中权　　（西南大学）

副主编
白　林　　（四川农业大学）
于海霞　　（天津市农业发展服务中心）
潘周雄　　（贵州大学）
蒲德伦　　（西南大学）

参　编
朱曲波　　（西南大学）
姜冬梅　　（四川农业大学）
郝晓霞　　（四川农业大学）
金　晓　　（内蒙古农业大学）
袁　丰　　（西南大学）

西南大学出版社
国家一级出版社　全国百佳图书出版单位

图书在版编目（CIP）数据

家畜环境卫生学实验实训教程 / 朱海生, 赵中权主编. — 重庆：西南大学出版社, 2023.7
ISBN 978-7-5697-1633-7

Ⅰ.①家… Ⅱ.①朱… ②赵… Ⅲ.①家畜卫生—环境卫生学—实验—高等学校—教材 Ⅳ.①S851.2-33

中国国家版本馆CIP数据核字(2023)第125689号

家畜环境卫生学实验实训教程
主编 朱海生 赵中权

责任编辑：	杜珍辉
特约编辑：	郑祖艺
责任校对：	秦　俭
装帧设计：	观止堂_朱　璇
排　　版：	贝岚
出版发行：	西南大学出版社（原西南师范大学出版社）
印　　刷：	重庆市正前方彩色印刷有限公司
幅面尺寸：	195 mm×255 mm
印　　张：	21
字　　数：	432千字
版　　次：	2023年7月 第1版
印　　次：	2023年7月 第1次印刷
书　　号：	ISBN 978-7-5697-1633-7
定　　价：	59.00元

卓越农林人才培养实验实训实习教材
总编委会

主任

刘 娟　苏胜齐

副主任

赵永聚　周克勇

王豪举　朱汉春

委员

曹立亭　段 彪　黄兰香

黄庆洲　蒋 礼　李前勇

刘安芳　宋振辉　魏述永

吴正理　向 恒　赵中权

郑小波　郑宗林　周朝伟

周勤飞　周荣琼

总序
TOTAL PREFACE

2014年9月,教育部、农业部(现农业农村部)、国家林业局(现国家林业和草原局)批准西南大学动物科学专业、动物医学专业、动物药学专业本科人才培养为国家第一批卓越农林人才教育培养计划改革试点项目。学校与其他卓越农林人才培养高校广泛开展合作,积极探索卓越农林人才培养的模式、实训实践等教育教学改革,加强国家卓越农林人才培养校内实践基地建设,不断探索校企、校地协调育人机制的建立,开展全国专业实践技能大赛等,在卓越农林人才培养方面取得了巨大的成绩。西南大学水产养殖学专业、水族科学与技术专业同步与国家卓越农林人才教育培养计划专业开展了人才培养模式改革等教育教学探索与实践。2018年9月,教育部、农业农村部、国家林业和草原局发布的《关于加强农科教结合实施卓越农林人才教育培养计划2.0的意见》(简称《意见2.0》)明确提出,经过5年的努力,全面建立多层次、多类型、多样化的中国特色高等农林教育人才培养体系,提出了农林人才培养要开发优质课程资源,注重体现学科交叉融合、体现现代生物科技课程建设新要求,及时用农林业发展的新理论、新知识、新技术更新教学内容。

为适应新时代卓越农林人才教育培养的教学需求,促进"新农科"建设和"双万计划"顺利推进,进一步强化本科理论知识学习与实践技能培养,西南大学联合相关高校,在总结卓越农林人才培养改革与实践的经验基础之上,结合教育部《普通高等学校本科专业类教学质量国家标准》以及教育部、财政部、发展改革委《关于高等学校加快"双一流"建设的指导意见》等文件精神,决定推出一套"卓越农林人才培养实验实训实习教材"。本套教材包含动物科学、动物医学、动物药学、中兽医学、水产养殖学、水族科学与技术等本科专业的学科基础课程、专业发展课程和实践等教学环节的实验实训实习内容,适合作为动物科学、动物医学和水产养殖学及相关专业的教学用书,也可作为教学辅助材料。

本套教材面向全国各类高校的畜牧、兽医、水产及相关专业的实践教学环节,具有较广泛的适用性。归纳起来,这套教材有以下特点:

1. 准确定位,面向卓越 本套教材的深度与广度力求符合动物科学、动物医学和水产养殖学及相关专业国家人才培养标准的要求和卓越农林人才培养的需要,紧扣教学活动与知识结构,对人才培养体系、课程体系进行充分调研与论证,及时用现代农林业发展的新理论、新知识、新技术更新教学内容以培养卓越农林人才。

2.夯实基础,切合实际 本套教材遵循卓越农林人才培养的理念和要求,注重夯实基础理论、基本知识、基本思维、基本技能;科学规划、优化学科品类,力求考虑学科的差异与融合,注重各学科间的有机衔接,切合教学实际。

3.创新形式,案例引导 本套教材引入案例教学,以提高学生的学习兴趣和教学效果;与创新创业、行业生产实际紧密结合,增强学生运用所学知识与技能的能力,适应农业创新发展的特点。

4.注重实践,衔接实训 本套教材注意厘清教学各环节,循序渐进,注重指导学生开展现场实训。

"授人以鱼,不如授人以渔。"本套教材尽可能地介绍各个实验(实训、实习)的目的要求、原理和背景、操作关键点、结果误差来源、生产实践应用范围等,通过对知识的迁移延伸、操作方法比较、案例分析等,培养学生的创新意识与探索精神。本套教材是目前国内出版的能较好落实《意见2.0》的实验实训实习教材,以期能对我国农林的人才培养和行业发展起到一定的借鉴引领作用。

以上是我们编写这套教材的初衷和理念,把它们写在这里,主要是为了自勉,并不表明这些我们已经全部做好了、做到位了。我们更希望使用这套教材的师生和其他读者多提宝贵意见,使教材得以不断完善。

本套教材的出版,也凝聚了西南大学和西南大学出版社相关领导的大量心血和支持,在此向他们表示衷心的感谢!

总编委会

前言 PREFACE

家畜环境卫生学是动物科学专业一门重要的专业基础课程，是专业课程的支撑课程之一，也是一门应用性和实践性很强的课程。家畜环境卫生学实验是其教学体系的重要组成部分，其教学不仅可以加深学生对家畜环境卫生学理论的理解和掌握，而且对培养学生的动手能力、分析和解决问题的能力以及创新精神都起着重要的作用。

我们在总结和参考其他优秀实验教材和国家标准的基础上，根据动物科学专业的培养目的和教学大纲中实践教学的要求，编写了本实验指导。本书编写的主要宗旨是训练学生的基本技能，培养学生的创新能力。在实验内容设置上，力求与理论教学内容相呼应，共设计了58个实验，其中：基础性实验51个，综合性和设计性实验7个。

参加本书编写的人员有朱海生、赵中权、白林、于海霞、潘周雄、蒲德伦、朱曲波、姜冬梅、郝晓霞、金晓、袁丰等。全书由朱海生和赵中权整理定稿。本书的编写得到了西南大学规划教材出版基金的资助以及动物科学技术学院领导的关心，在此致以深切的谢意。

由于编者水平有限，书中难免有错误、疏漏和欠妥之处，敬请读者批评指正。

编者
2021年10月

目录
CONTENTS

第一篇 概述 ··· 1

一、家畜环境卫生学实验的目的与任务 ·· 3
二、家畜环境卫生学实验的内容 ·· 3
三、家畜环境卫生学实验的要求 ·· 4

第二篇 基础性实验 ·· 7

第一章 畜舍温热环境的测定 ··· 9
实验1 空气温度的测定 ·· 9
实验2 空气湿度的测定 ·· 14
实验3 气流的测定 ·· 25
实验4 气压的测定 ·· 32

第二章 畜舍空气质量的测定 ··· 38
实验1 氨气的测定 ·· 41
实验2 空气中硫化氢的测定 ·· 47
实验3 二氧化碳的测定 ·· 54
实验4 空气微生物的测定 ·· 59

1

实验 5 总悬浮颗粒物的测定……………………………………………………69

第三章 光照与噪声的测定……………………………………………………73
实验 1 光照强度的测定………………………………………………………73
实验 2 采光系数的测定………………………………………………………76
实验 3 噪声的测定……………………………………………………………79

第四章 畜舍热量和换气量的测定与计算……………………………………83
实验 1 辐射热的测定…………………………………………………………83
实验 2 水分蒸发量的测定……………………………………………………88
实验 3 皮温和热流量的测定…………………………………………………92
实验 4 保温隔热设计…………………………………………………………95
实验 5 外围护结构总热阻的计算……………………………………………99
实验 6 最小换气量的计算……………………………………………………103
实验 7 最大换气量的计算……………………………………………………108
实验 8 有效换气量的估测……………………………………………………111

第五章 畜牧场设计图的识别与绘制…………………………………………115
实验 1 畜牧场地形图的识别…………………………………………………115
实验 2 畜牧场设计图的识别…………………………………………………121
实验 3 畜禽舍设计图的绘制…………………………………………………130
实验 4 畜牧场总平面图的绘制………………………………………………140

第六章 畜牧场污水的检测……………………………………………………144
实验 1 pH 值的测定……………………………………………………………144
实验 2 溶解氧的测定…………………………………………………………149
实验 3 总硬度的测定…………………………………………………………154
实验 4 化学需氧量的测定……………………………………………………159

实验 5　BOD₅ 的测定 ……………………………………………………… 165
实验 6　总氮的测定 ………………………………………………………… 175
实验 7　氨氮的测定 ………………………………………………………… 181
实验 8　硝酸盐氮的测定 …………………………………………………… 187
实验 9　亚硝酸盐氮的测定 ………………………………………………… 194
实验 10　总磷的测定 ………………………………………………………… 200
实验 11　氯化物的测定 ……………………………………………………… 205
实验 12　铜的测定 …………………………………………………………… 209
实验 13　锌的测定 …………………………………………………………… 212
实验 14　铅的测定 …………………………………………………………… 216
实验 15　镉的测定 …………………………………………………………… 221
实验 16　砷的测定 …………………………………………………………… 226
实验 17　六价铬的测定 ……………………………………………………… 230
实验 18　总大肠菌群的测定 ………………………………………………… 233
实验 19　菌落总数的测定 …………………………………………………… 241

第七章　有机肥的检测 ………………………………………………………… 244
实验 1　含水率的测定 ……………………………………………………… 244
实验 2　总氮的测定 ………………………………………………………… 247
实验 3　总磷的测定 ………………………………………………………… 252
实验 4　总钾的测定 ………………………………………………………… 256
实验 5　有机质的测定 ……………………………………………………… 260
实验 6　大肠杆菌值的测定 ………………………………………………… 264
实验 7　蛔虫卵死亡率的测定 ……………………………………………… 266
实验 8　种子发芽率指数的测定 …………………………………………… 270

3

第三篇 综合性与设计性实验 273

第八章 综合性实验 275
实验1 利用温湿指数评价猪舍炎热程度 275
实验2 畜舍空气质量的监测与评价 279

第九章 设计性实验 283
实验1 哺乳仔猪的保温设计 283
实验2 连续光照和间歇光照对肉鸡生长性能的影响 288
实验3 磷酸铵镁结晶法去除猪场污水中氨氮的研究 292
实验4 万头猪场的生产工艺设计 295
实验5 猪舍纵向通风设计 300

参考文献 303

附录 304

附表1 畜禽舍小气候参数 304
附表2 不同阶段、种类的猪产生的CO_2、水汽、热量 306
附表3 不同阶段、种类的羊产生的CO_2、水汽、热量 307
附表4 不同阶段、种类的牛产生的水汽和热量 308
附表5 禽类每千克活重产生的CO_2、水汽、热量 309
附表6 建筑材料的热物理特性 310
附表7 围护结构夏季低限热阻选用表 314
附表8 外墙保温隔热性能 316
附表9 屋顶保温隔热性能 319

第一篇

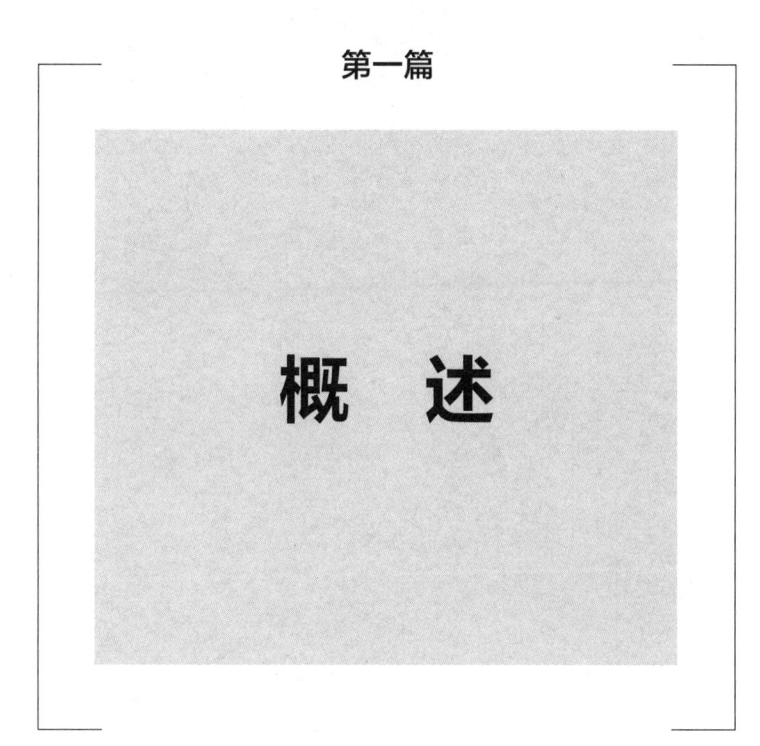

概 述

一、家畜环境卫生学实验的目的与任务

家畜环境卫生学是动物科学专业的一门专业基础课程,它主要研究环境因子对家畜(禽)的影响规律,并根据这些规律制定环境控制措施,从而创造出有利于畜禽生长和健康的环境条件,使畜禽充分发挥生产力,实现健康、高效养殖。家畜环境卫生学实验课程是家畜环境卫生学教学的重要组成部分,是理论联系实际的重要环节和主要方式,也是当前教学中急需加强的一个方面。

根据动物科学等专业的培养目标,家畜环境卫生学实验教学应达到以下目的:

(1)通过实验教学,加深学生对家畜环境卫生学基本知识和基本理论的理解,巩固理论教学的知识。

(2)熟悉家畜环境卫生学实验的测试指标、原理、仪器和方法,学会实验结果的记录方法和实验报告的撰写。

(3)培养学生严谨的科学态度和实事求是的科学作风以及团队协作精神。

(4)提高学生的观察能力和动手能力,培养学生发现问题、分析问题、解决问题的能力。

(5)使学生具备获取知识和自主学习的能力,能运用理论教学内容,查阅相关资料,完成实验的初步设计,撰写实验方案,培养学生的创新能力。

二、家畜环境卫生学实验的内容

家畜环境卫生学实验内容是配合理论教学内容而设计的,包括基础性实验和综合性与设计性实验两部分,其主要内容如下:

1. 畜舍温热环境的测定

包括温度、湿度、气流和气压的测定。通过实验,使学生掌握各种因子测量仪器的工作原理和使用方法,为畜禽温热环境评价打下基础。

2. 畜舍空气质量的测定

包括有害气体(氨气、硫化氢和二氧化碳)、微生物和总悬浮颗粒物的测定。开展这些实验的目的是了解气体采集和分析的仪器和使用方法,掌握空气中有害成分测定的原理和方法。

3. 光照与噪声的测定

掌握畜舍光照强度、采光系数和噪声测定仪器的工作原理和测定方法,进而评价畜舍的采光状况和声环境。

4. 畜舍热量和换气量的测定与计算

包括辐射热、水分蒸发量、皮温和热流量的测定,外围护结构总热阻和换气量的计算等内容,主要目的是掌握计算方法和估测方法,为畜舍通风系统的设计提供参考。

5. 畜牧场设计图的识别与绘制

包括畜牧场地形图和设计图的识别以及畜禽舍设计图和畜牧场总平面图的绘制等内容。通过学习,学生能学会识别图纸,初步掌握建筑制图的基本知识,并根据实际情况做出初步设计,为科学规划和设计畜牧场打下基础。

6. 畜牧场污水的检测

包括污水中化学性和生物性指标的测试。使学生通过实验,了解污染物的种类,掌握水中污染物质的检测技术,监测畜牧场周边水体的污染程度和污染规律。

7. 有机肥的检测

包括肥料中营养物质(氮、磷、钾、有机质)、有害物(蛔虫卵、大肠杆菌)和种子发芽率等的检测,使学生通过实验,掌握肥料中主要物质的检测方法,科学地评价粪便的发酵效果和安全性。

在上述实验的基础上,设置了综合性与设计性实验,全面提升学生的综合实验能力和创新能力。通过实验,学生可以综合运用所学的知识、技能和方法提出实验方案,根据方案开展实验,分析实验结果和展开讨论,锻炼发现问题、分析问题和解决问题的能力。

三、家畜环境卫生学实验的要求

1. 课前预习

认真阅读实验教材的实验内容及相关文献,明确实验目的,掌握实验原理,了解实验仪器、试剂和实验步骤,做好预习报告。

2. 实验过程控制

在实验过程中,严格遵守仪器的操作规程,按照实验步骤进行操作,仔细观察实验中的现象,准确记录原始实验数据。

严格遵守实验室的安全准则,正确使用和处理化学物质(尤其是有毒、有害的化学试剂),避免发生意外事故。实验结束后,及时洗涤和清理实验所用仪器和器皿,关闭水龙头和电源。

3. 实验报告的撰写

实验报告是学生对整个实验的分析和总结。撰写实验报告可训练和提高学生的数据处理、写作、分析问题的能力。实验报告应包括以下主要内容:

(1)实验名称。

即标题,能准确反映实验的意图,应简洁、明了。

(2)实验目的。

说明为什么开展本实验,要解决什么主要问题。

(3)实验原理。

说明实验依据的基本原理,包括主要概念、定律、公式等。

(4)实验方法。

说明实验所用的主要仪器设备和试剂等,按照操作顺序,叙述具体的实验步骤,应简明扼要、清楚明白。

(5)实验结果。

实验结果是实验报告的重点部分,是用文字、图表等客观地描述实验现象和实验结果。实验数据经过计算后得到的处理结果可以用表格和图形来表示,使其易于显示数据的变化规律和相互关系。

(6)分析与讨论。

实验结果的分析和讨论是对实验过程和结果进行的综合分析研究。根据产生的实验结果,从理论上进行分析和解释,对实验结果的可靠性和合理性进行评价,提出改进方法或进一步的研究方向。

第二篇

基础性实验

第一章　畜舍温热环境的测定

气象因素测定的目的是掌握气温、气湿、气流和气压测定仪器的工作原理、使用及其校正方法，为畜舍的温热环境评价打基础。

实验 1　空气温度的测定

空气温度是表示空气冷热程度的物理量，简称"气温"。空气温度直接影响家畜的散热和产热，是影响家畜健康和生产力的核心温热因素。自然界的热量来源于太阳辐射，太阳辐射属短波辐射，通过大气层时部分被空气吸收，被吸收部分对空气的直接增热作用极小，只能使空气增温 0.015—0.020 ℃；但太阳辐射经地面吸收后，使地面增热，地面辐射出的长波辐射（1—30 μm），能被空气中水汽、二氧化碳等成分大量吸收，把地面长波辐射热贮存在低层大气，形成温室效应。由于太阳辐射强度受纬度、季节和一天不同时间的影响，因此，某一地区的气温亦随时间的变化发生周期性的变化。

一、实验目的

（1）掌握气温测定仪器的工作原理、使用及其校正方法。
（2）掌握不同测定目的、不同测定场景的气温测定方法。

二、实验原理

（一）玻璃液体温度计法

液体温度计是利用液体热胀冷缩性质制成的温度计。玻璃液体温度计由温度感应部和温度指示部组成，感应部为容纳温度计液体的薄壁玻璃球泡，指示部为一根与球泡相接的密封的玻璃细管,其上部充有足够压力的干燥惰性气体,玻璃细管上标以刻度,以管内的液柱高度指示感应部温度。

液体温度计的工作效果取决于液体的膨胀系数(因为液体的膨胀系数大于玻璃的膨胀系数)。感应部温度增加就引起内部液体膨胀,液柱上升,液柱高度的变化映示出感应部内的液体体积的变化。

常用的温度计液体为水银或酒精,故有水银温度计或酒精温度计之称。

(二)数显式温度计法

感温部分采用PN结晶热敏电阻、热电偶、铂电阻等温度传感器。传感器自身阻值或温差电势随温度变化后经放大,输至3×1/2×A/D变换器后,再送显示器显示。

(三)最高最低温度计法

最高最低温度计可以用来观测一定时间的最高和最低温度,如图1-1。该温度计由U形玻璃管构成。U形玻璃管底部装有水银,左侧管上部及温度感应部中充满酒精,右侧管上部及膨大的球部的一半装有酒精,其上半部充装压缩的干燥惰性气体,两侧管内水银面上各有一个带色的含铁指针。当温度上升时,左侧温包中酒精膨胀压迫水银向右侧上升,同时也推动水银面上的指针上升。温度下降时左侧温包中酒精收缩,右端球部的压缩气体迫使水银向左侧上升,因此左侧水银面上的指针也上升。两侧的指针都带有细小的弹簧钢针,所以水银柱下降时,指针并不下降。因此右侧指针的下端指示一定时间内的最高温度,左侧指针的下端指示一定时间内的最低温度。观测前后,用磁铁将指针吸引到水银面上。

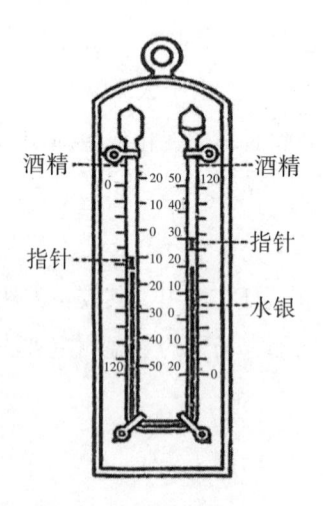

图1-1 最高最低温度计[①]

[①] 温度正负情况由数值不同颜色反映,本书为黑白印刷,无法显示区别,请在网上检索观察。

(四)自记温度计法

自记温度计用于观测气温的连续变化,由感温器和自记钟及记录笔所组成。

感温器是一个弯曲的双金属层薄片,一端固定,一端连接杠杆系统。当气温升高时,由于两种金属薄片的膨胀系数不同,双层金属薄片稍伸直,气温下降时,则稍弯曲,通过杠杆,使记录笔升降而将温度曲线画记在记录纸上。

自记钟的内部构造与机械钟相同,上发条以后则可自转,钟筒外面装记录纸,与记录笔一起组成记录系统。因自转一周的速度不同,分为日记型与周记型。

这种温度计使用很方便,但没有水银温度计那样准确,故需要经常用标准温度计校正。

三、实验准备

(1)玻璃液体温度计:温度计的刻度最小分度值不大于0.2 ℃,测量精度±0.5 ℃。

(2)数显式温度计:最小分辨率为0.1 ℃,测量范围为−40—+90 ℃,测量精度±0.5 ℃。

(3)最高最低温度计:温度计的刻度最小分度值不大于0.2 ℃,测量精度±0.5 ℃。

(4)自记温度计。

(5)悬挂温度计支架。

四、实验方法

(一)玻璃液体温度计法

(1)为防止日光等热源辐射的影响,感应部需遮蔽。

(2)经5—10 min后读数,读数时视线应与温度计标尺垂直,水银温度计按凸月面最高点读,酒精温度计按凹月面的最低点读数。

(3)读数应快速准确,以免人的呼吸气和人体热辐射影响读数的准确性。先读小数位,后读整数位。

(4)零点位移误差的校正。由于玻璃热后效应,玻璃液体温度计零点位置应经常用标准温度计校正,如零点有位移时,应把位移值加到读数上。

(二)数显式温度计法

(1)打开电池盖,装上电池,将传感器插入插孔。

(2)将传感器头部置于测定部位,并将开关置于"开"的位置。

(3)待显示器显示的温度稳定后,即可读其温度值。

(4)测温结束后,立即将开关关闭。

(5)零点位移误差的校正与玻璃液体温度计法相同。

(三)计算

$$t_实 = t_测 + d$$

式中:

$t_实$为实际温度(℃);

$t_测$为测得温度(℃);

d为零点位移(℃)。

$$d = a - b$$

式中:

a为温度计所示零点(℃);

b为标准温度计校准的零点位置(℃)。

五、实验结果记录与分析

(1)结果记录。

将测得的数据记录在表1-1中。

表1-1 温度记录表　　　　　　　　　　　单位:℃

测项	测试点		
	1	2	3
测定温度			
零点位移			

(2)计算结果,分析实验成功与失败的原因。

六、思考题

(1)低层大气中的主要热量来源是什么?

(2)畜舍空气中热量在铅直方向与水平方向的分布规律是什么?

(3)自然界中的"温室效应"是如何形成的?

七、实验拓展

(一)水银温度计与酒精温度计的适用范围

水银温度计:因水银凝固点为-38.87 ℃,沸点为356.7 ℃,适合测稍高温度,一般测温范围-30—300 ℃较为准确。酒精温度计：因酒精凝固点为-117 ℃,沸点为78 ℃,适合测较低温度,一般测温范围-110—50 ℃较为准确。

(二)摄氏及华氏温度换算公式

$$°C=(°F-32)/1.8$$
$$°F=°C×1.8+32$$

(三)温度计的校正

1.零点校正

将欲校正的温度计的感温元件与标准温度计一并插入温水浴槽中,放入冰块或粥状冰液、干净的雪花校正零点,经5—10 min后记录读数。

2.刻度校正

提高水浴温度,记录标准温度计20 ℃、30 ℃、40 ℃、50 ℃时的读数,先读标准温度计,后读被校正温度计,读后复读标准温度计一次,即可得到相应的校正温度。

(四)畜禽舍内环境指标的测定高度与位置

牛舍	0.5—1.0 m,固定于各列牛床的上方。
散养舍	固定于休息区。
猪舍	0.2—0.5 m,装在舍中央猪床的中部。
笼养鸡舍	笼架中央高度,中央通道正中鸡笼的前方。
平养鸡舍	鸡床的上方。

因测试目的不同,可增加畜床、天棚、墙壁表面、门窗处及舍内各分布区等测试点。

家畜环境测试,所测得数据要具有代表性,例如猪的休息行为占80%以上,故而厚垫草养猪时,垫草内的温度才是具有代表性的环境温度值。应该具体问题具体分析,选择适宜的温度测定位点。另外长时间测定的时候,要考虑安装测定仪器的铠装或实施其他防护措施。

实验 2　空气湿度的测定

由于海洋、陆地的不断蒸发，空气中一般都含有气态的水——水汽，表示空气中水汽含量多少的物理量称为"空气湿度"，简称气湿。由于温度、水分蒸发等影响，湿度也有周期性的日变化和年变化。空气湿度的增大，会阻碍家畜炎热时的蒸发散热和加剧寒冷时的非蒸发散热，影响家畜体热平衡，进而影响家畜的健康和生产性能。空气湿度一般用水汽压、绝对湿度、相对湿度、饱和差、露点温度等指标表示。

一、实验目的

（1）掌握气湿测定仪器的工作原理、使用及其校正方法。
（2）掌握不同测定目的、不同测定场景的气湿测定方法。

二、实验原理

（一）通风干湿球温度计法

通风干湿球温度计，如图 1-2。将 2 支完全相同的水银温度计装入金属套管中，水银温度计球部有双重辐射防护管。套管顶部装有一个用发条或电驱动的风扇，启动后抽吸空气均匀地通过套管，使球部处于速度大于等于 2.5 m/s 的气流中（电动可达 3 m/s），其中一支温度计的球部用湿润的纱布包裹，由于纱布上的水分蒸发散热，因而湿球的温度比干球低，其温差与空气湿度成比例，故通过测定干、湿球温度计的温度差，可计算出空气的湿度。

通风干湿球温度计可以形成固定风速，加之金属筒的反辐射作用，减少了气流和辐射热的影响，可以测得较为精确的结果。

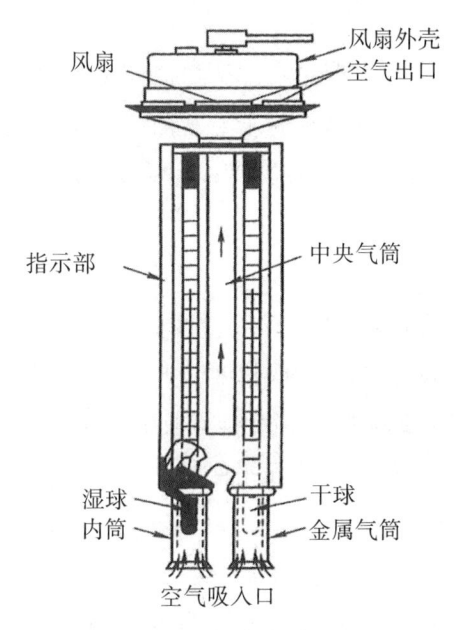

图 1-2　通风干湿球温度计

（二）干湿球温度计法

生产现场使用最多的是简易干湿球温度计，而且多用附带的简表求出相对湿度，如图 1-3。

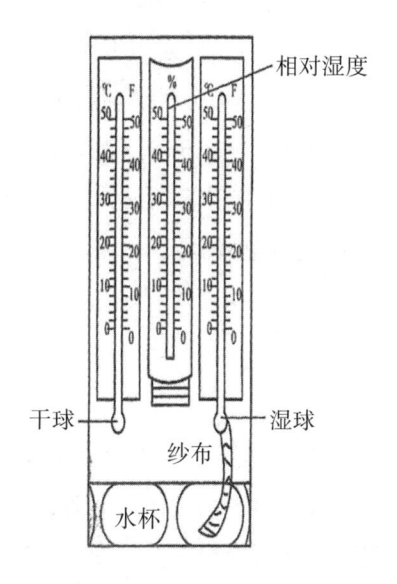

图 1-3　简易干湿球温度计

利用并列的两支温度计，在一支的球部用湿润纱布包裹，由于湿纱布上水分蒸发散热，湿球的温度比干球的温度低，其相差度数与空气中相对湿度成一定比例。

(三)毛发湿度计法

毛发湿度计是根据毛发长度随空气湿度的变化而变化的原理制成。仪器有一个小金属框,在其中央垂直方向安装数根脱脂毛发,毛发一端固定不动,另一端系于滑车上,以细线拉动滑车使指针在固定的金属刻度板上移动,可读当时的空气湿度(相对湿度的百分数)。

(四)氯化锂湿度计法

利用氯化锂饱和溶液的水汽压与环境温度的比例关系来确定空气露点温度。在电极间加氯化锂溶液的薄膜层,测头上氯化锂的水汽分压低于空气的水汽分压时,氯化锂溶液吸湿,通电流后,测头逐渐加热,氯化锂溶液中的水汽分压逐渐升高,水汽析出,当氯化锂溶液达饱和时,电流为零,与水汽压平衡。

三、实验准备

(1)机械通风干湿表。温度刻度的最小分度值不大于0.2 ℃,测量精度±3%,RH的测量范围为10%—100%。

(2)电动通风干湿表。温度刻度的最小分度值不大于0.2 ℃,测量精度±3%,RH的测量范围为10%—100%。

(3)干湿球温度计。温度计的刻度最小分度值不大于0.2 ℃,测量精度±0.5 ℃。

(4)毛发湿度计。气湿刻度表的最小分度值不大于1%,测量精度±5%。

(5)自记湿度计。以毛发为湿度感应元件,与传动杆、自记钟和记录笔组合的气湿的自动记录装置。刻度表的最小分度值不大于1%,测量精度±3%。

(6)氯化锂露点湿度计。应用现代计算机技术,空气温度和相对湿度可直接在仪器上显示,测量精度为±3%,RH的测量范围为12%—100%。

四、实验方法

(一)通风干湿球温度计法

(1)用吸管吸取蒸馏水送入湿球温度计套管盒,润湿温度计感应部的纱条。

(2)上满发条,如用电动通风干湿表则应接通电源,使通风器转动。

(3)通风5 min后读干湿温度表所示温度。先读干球温度,后读湿球温度。

(二)干湿球温度计法

(1)将湿球温度计纱布润湿后固定于测定地点约10 min后,先读湿球温度,再读干球温度,计算二者的差数。

(2)转动干湿球温度计上的圆滚筒,在其上端找出干、湿球温度的差数。

(3)在实测湿球温度的水平位置作水平线与圆筒竖行干湿差相交点读数(见表1-2),即相对湿度百分数。

(三)毛发湿度计法

(1)打开毛发湿度计盒盖,将毛发湿度计平稳地放置于测定地点。

(2)如果毛发及部件上出现雾凇或水滴,应轻敲金属架使其脱落,或在室内使它慢慢干燥后再使用。

(3)经20 min待指针稳定后读数,读数时视线需垂直于刻度面,指针尖端所指读数应精确地读到0.2 mm。

(四)氯化锂湿度计法

(1)打开电源开关观察电压是否正常。

(2)测量前需进行补偿,将旋钮调满度,将开关置于测量位置,即可读数。

(3)通电10 min后再读值。

(4)氯化锂测头连续工作一定时间后必须清洗。湿敏元件不要随意拆动,更不得在腐蚀性气体(如二氧化硫、氨气,酸碱蒸汽)浓度高的环境中使用。

(五)计算

1.通风干湿球温度计法

(1)水汽压的计算。

温度上升,饱和水汽压增加,常用Magnus经验公式表示,即:

$$E = E_0 \times 10^{aT/(b+T)}$$

式中:

E_0为0 ℃时的饱和水汽压值,E_0=6.11 hPa;

T为摄氏温度;

a和b为常数。水膜:a=7.45,b=235;冰膜:a=9.5,b=265。

测试条件下,空气中的水汽压(e)与干球温度和湿球温度之差成比例,其关系按Sprung的式子计算:

$$e = E' - AP(T_d - T_w)$$

式中:

e为测试时空气中的水汽压(hPa);

E'为湿球温度下的饱和水汽压(hPa),如表1-3所示;

P为测试时大气压(hPa);

表1-2　0—35 ℃相对湿度表

单位:%

t/°C	0.5	1.0	1.5	2.0	2.5	3.0	3.5	4.0	4.5	5.0	5.5	6.0	6.5	7.0	7.5	8.0	8.5	9.0	9.5	10.0	10.5	11.0	11.5	12.0	12.5	13.0	13.5	14.0	14.5	15.0
0	90	80	71	63	56	49	43	37	32	28	23	20	16	13	10	8	6	4	2	1										
1	90	81	72	65	58	51	45	40	35	30	26	22	19	16	13	11	9	7	5	4	1									
2	90	82	74	66	59	53	47	42	37	33	29	25	22	19	16	14	11	10	8	6	4	3	2	1						
3	91	82	75	67	61	55	49	44	39	35	31	27	24	21	19	16	14	12	10	9	6	5	4	3	2	2				
4	91	83	75	69	62	56	51	46	41	37	33	30	26	24	21	19	16	14	13	11	9	8	6	5	4	3	2	2		
5	91	84	76	70	64	58	53	48	43	39	35	32	29	26	23	21	19	17	15	13	11	10	8	7	6	5	4	4	2	2
6	92	84	77	71	65	59	54	49	45	41	37	34	31	28	25	23	21	19	17	15	13	12	10	9	8	6	6	6	4	3
7	92	85	78	72	66	61	56	51	47	43	39	36	33	30	27	25	23	21	19	17	15	13	12	11	10	8	8	8	6	5
8	92	85	79	73	67	62	57	52	48	44	41	37	34	32	29	27	25	23	21	19	16	15	13	12	11	10	9	9	7	5
9	93	86	79	74	68	63	58	54	50	46	42	39	36	33	31	28	26	24	22	19	17	16	14	13	12	11	10	10	9	7
10	93	86	80	74	69	64	59	55	50	47	44	40	38	35	32	30	28	25	24	21	19	17	16	14	13	12	11	11	10	8
11	93	87	81	75	70	65	60	56	51	49	45	42	39	36	34	32	30	28	25	23	20	19	17	16	14	13	12	12	11	10
12	93	87	81	76	71	66	61	57	53	50	47	43	40	38	35	33	31	29	26	24	21	20	18	17	15	14	13	13	12	11
13	94	87	82	76	72	67	62	58	55	51	48	45	42	39	37	34	33	30	27	25	22	21	19	18	17	15	14	14	13	12
14	94	88	82	77	72	68	63	59	56	52	49	46	43	40	38	36	34	32	28	26	24	22	20	19	18	17	15	15	14	13
15	94	88	83	78	73	68	64	60	57	53	50	47	44	41	39	37	35	33	29	27	25	23	22	20	19	18	16	16	15	14
16	94	88	83	78	74	69	65	61	58	54	51	48	45	42	40	38	36	34	30	28	26	25	23	22	20	19	17	17	16	15
17	94	89	83	79	74	70	66	62	59	55	52	49	46	44	41	39	37	35	32	30	27	26	24	23	22	20	18	18	17	16
18	94	89	84	79	75	70	67	63	59	56	53	50	47	45	42	40	38	36	33	31	29	27	25	24	23	21	19	19	18	17

Δt

续表

$t/℃$	0.5	1.0	1.5	2.0	2.5	3.0	3.5	4.0	4.5	5.0	5.5	6.0	6.5	7.0	7.5	8.0	8.5	9.0	9.5	10.0	10.5	11.0	11.5	12.0	12.5	13.0	13.5	14.0	14.5	15.0
19	94	89	84	80	75	71	67	63	60	57	54	51	48	46	43	41	39	37	35	33	32	30	28	26	25	24	23	22	22	21
20	95	90	85	80	76	72	68	64	61	58	55	52	49	47	44	42	40	38	36	34	33	31	29	28	26	25	24	23	23	22
21	95	90	85	80	76	72	68	65	62	58	55	53	50	47	45	43	41	39	37	35	34	32	31	29	28	26	25	24	24	23
22	95	90	85	81	77	73	69	66	62	59	56	53	51	48	46	44	42	40	38	36	34	33	31	30	29	27	26	25	24	23
23	95	90	86	81	77	73	70	66	63	60	57	54	51	49	47	45	42	40	39	37	35	34	32	31	29	28	27	25	25	24
24	95	90	86	82	78	74	70	67	63	60	58	55	52	50	47	45	43	41	39	38	36	34	33	31	30	28	27	26	25	
25	95	90	86	82	78	74	71	67	64	61	58	56	53	50	48	46	44	42	40	38	37	35	34	32	31	29	28	27	26	
26	95	91	86	82	78	75	71	68	65	62	59	56	54	51	49	47	45	43	41	39	37	36	34	33	31	30	28	27	26	
27	95	91	87	83	79	75	72	68	65	62	59	57	54	52	49	47	45	43	42	40	38	36	35	33	32	30	29	28	27	
28	95	91	87	83	79	75	72	69	66	63	60	57	55	52	50	48	46	44	42	40	39	37	35	34	32	31	30	28	27	
29	95	91	87	83	79	76	72	69	66	63	60	58	55	53	51	48	46	44	43	41	39	37	36	34	33	31	30	29	28	
30	96	91	87	83	80	76	73	70	67	64	61	58	56	53	51	49	47	45	43	41	40	38	37	35	33	32	31	29	28	
31	96	91	87	83	80	76	73	70	67	64	61	59	56	54	51	50	48	46	44	42	40	39	37	36	34	33	31	30		
32	96	92	88	84	80	77	73	70	67	65	62	59	57	54	52	50	48	46	45	43	41	39	38	36	35	33	32	30		
33	96	92	88	84	80	77	74	71	68	65	62	60	57	55	53	51	49	47	45	43	41	40	38	37	35	34	32	31		
34	96	92	88	84	81	77	74	71	68	65	63	60	58	55	53	51	49	47	46	44	42	40	39	37	36	34	33			
35	96	92	88	84	81	78	74	71	68	65	63	61	58	56	54	51	49	47	46	44	42	41	39	38	36	35	33			

注：$\triangle t$ 为干球与湿球温差；t' 为湿球温度。

A 为温度计系数,湿球冰膜时为 0.000 7,水膜时为 0.000 8;

T_d 为干球温度(℃);

T_w 为湿球温度(℃)。

表 1-3　不同温度时的最大水汽压　　　　　　　单位:hPa

温度/℃	0	0.1	0.2	0.3	0.4	0.5	0.6	0.7	0.8	0.9
-5	4.2	4.2	4.1	4.1	4.1	4.1	4.0	4.0	4.0	3.9
-4	4.5	4.5	4.5	4.4	4.4	4.4	4.3	4.3	4.3	4.2
-3	4.9	4.9	4.8	4.8	4.7	4.7	4.7	4.6	4.6	4.6
-2	5.3	5.2	5.1	5.1	5.1	5.1	5.0	5.0	5.0	4.9
-1	5.7	5.6	5.6	5.5	5.5	5.5	5.4	5.4	5.3	5.3
0	6.1	6.2	6.2	6.3	6.3	6.4	6.4	6.5	6.5	6.6
1	6.6	6.6	6.7	6.7	6.8	6.8	6.9	6.9	7.0	7.0
2	7.1	7.1	7.2	7.2	7.3	7.3	7.4	7.4	7.5	7.5
3	7.6	7.6	7.7	7.7	7.8	7.9	7.9	8.0	8.0	8.1
4	8.1	8.2	8.2	8.3	8.4	8.4	8.5	8.5	8.6	8.7
5	8.7	8.8	8.8	8.9	9.0	9.0	9.1	9.2	9.2	9.3
6	9.3	9.4	9.5	9.5	9.6	9.7	9.7	9.8	9.9	9.9
7	10.0	10.1	10.1	10.2	10.3	10.3	10.4	10.5	10.5	10.6
8	10.7	10.8	10.8	10.9	11.0	11.1	11.1	11.2	11.3	11.4
9	11.4	11.5	11.6	11.7	11.7	11.8	11.9	12.0	12.1	12.2
10	12.2	12.3	12.4	12.5	12.5	12.6	12.7	12.8	12.9	13.0
11	13.1	13.1	13.2	13.3	13.4	13.5	13.6	13.7	13.8	13.9
12	13.9	14.0	14.1	14.2	14.3	14.4	14.5	14.7	14.7	14.8
13	14.9	15.0	15.1	15.2	15.3	15.4	15.5	15.6	15.7	15.8
14	15.9	16.0	16.1	16.2	16.3	16.4	16.5	16.6	16.7	16.8
15	16.9	17.0	17.1	17.3	17.4	17.5	17.6	17.7	17.8	17.9
16	18.1	18.2	18.3	18.4	18.5	18.6	18.7	18.9	19.0	19.1
17	19.2	19.3	19.5	19.6	19.7	19.8	20.0	20.1	20.2	20.3
18	20.5	20.6	20.7	20.9	21.0	21.1	21.3	21.4	21.5	21.7

续表

温度/℃	0	0.1	0.2	0.3	0.4	0.5	0.6	0.7	0.8	0.9
19	21.8	21.9	22.1	22.2	22.3	22.5	22.6	22.8	22.9	23.0
20	23.2	23.3	23.5	23.6	23.8	23.9	24.1	24.2	24.4	24.5
21	24.7	24.8	25.0	25.1	25.3	25.4	25.6	25.7	25.9	26.1
22	26.2	26.4	26.5	26.7	26.9	27.0	27.2	27.3	27.5	27.7
23	27.9	28.0	28.2	28.4	28.5	28.7	28.9	29.1	29.2	29.4
24	29.6	29.8	29.9	30.1	30.3	30.5	30.7	30.9	31.0	31.2
25	31.4	31.6	31.8	32.0	32.2	32.3	32.5	32.7	32.9	33.1
26	33.3	33.5	33.7	33.9	34.1	34.3	34.5	34.7	34.9	35.1
27	35.3	35.5	35.8	36.0	36.2	36.4	36.6	36.8	37.0	37.3
28	37.5	37.7	37.9	38.1	38.4	38.6	38.8	39.0	39.2	39.5
29	39.7	39.9	40.2	40.4	40.6	40.9	41.1	41.3	41.6	41.8

注：(1)最大水汽压亦称"饱和压"或"饱和湿度"。

(2)用本表可以查知露点温度，例如：当露点温度为-5.2 ℃时，水汽压为4.1 hPa。

(2)绝对湿度的计算。

$$x = \frac{622\,e}{P - e}$$

式中：

x 为绝对湿度(g/kg)；

e 为空气的水汽压(hPa)；

P 为测试时大气压(hPa)。

工程计算中惯于将湿空气状态换算为干空气(DA)，单位重量干空气所含水汽克数被定义为绝对湿度(g/kg，DA)，本实验采用这个方法，气象学常用比湿来描述。

(3)相对湿度的计算。

$$U = \frac{e}{E} \times 100\%$$

式中：

U 为相对湿度(%)；

e 为空气中的水汽压(hPa);

E 为干球温度条件下的饱和水汽压(hPa)。

2.干湿球温度计法

用附带简表求出相对湿度。

3.毛发湿度计法

毛发湿度计所测得的是在当时气温条件下空气的相对湿度,其空气的水汽压可按下述公式计算:

$$e = U \times E$$

式中:

e 为测试时空气中的水汽压(hPa);

U 为相对湿度(%);

E 为监测时气温条件下的饱和水汽压(hPa)。

4.氯化锂湿度计法

测得电极的温度,即可推定空气的露点温度,按下式算出空气的相对湿度。

$$U = \frac{E_s}{E} \times 100\%$$

式中:

U 为相对湿度(%);

E_s 为露点时空气中的水汽压(hPa);

E 为监测时气温条件下的饱和水汽压(hPa)。

五、实验结果记录与分析

(一)结果记录(通风干湿球温度计法)

1.绝对湿度

(1)湿球温度下的饱和水汽压(E'):_____hPa;

(2)测试时大气压(P):_____hPa;

(3)干球温度(T_d):_____℃;

(4)湿球温度(T_w):_____℃;

(5)空气中的水汽压(e):_____hPa。

2.相对湿度

(1)空气中的水汽压(e):_____hPa;

(2)干球温度条件下的饱和水汽压(E):_____hPa。

(二)计算与分析

计算绝对湿度和相对湿度,分析实验结果,总结实验。

六、思考题

(1)空气中湿度大小对家畜机体散热有何影响?

(2)不同季节、不同天气、一天中不同时段空气中水汽含量变化有何规律?

七、实验拓展

(一)温湿线图

为了表示空气中诸要素的关系,引入干空气量为参比,比如绝对湿度的单位 g/kg 指的是单位质量干空气所含的水汽量。干球温度、湿球温度、绝对湿度、相对湿度、露点温度和热焓等指标间的关系可用温湿线图(Ashrae,1981)表示,如图 1-4。它把复杂的湿热关系用湿空气线图的方式直观地表现出来。纵坐标为绝对湿度(g/kg),横坐标为干球温度(℃),与横轴成 25°角细虚线为湿球温度(℃),实线为热焓(kJ/kg),表中曲线为相对湿度(%),相对湿度 100%线为饱和水汽线,露点温度(℃)标示在饱和水汽线上,与横轴成 65°角实线为比容积(m³/kg)。例如,干球温度为 30 ℃,湿球温度 25 ℃时,找其交点,水平向右在纵坐标上查知绝对湿度为 18 g/kg,同样向左水平移动在饱和水汽线上查知露点温度为 23 ℃,相对湿度约为 67%,热焓为 76 kJ/kg。

(二)通风器作用时间的校正

将纸条抵住风扇,上足发条,抽出纸条,风扇转动,按秒表,待风扇停止转动后,再按下秒表,其通风器的全部作用时间不得少于 6 min。

(三)通风器发条盒转动的校正

挂好仪器,上弦使之转动,当通风器玻璃孔中发条盒上的标线与孔上红线重合时以纸棒抵住风扇。上满弦,抽掉纸棒,待发条盒转动 1 周,标线与玻璃孔上红线重合时,按秒表,当标线与红线再重合时,再按下秒表。其时间即为发条第二周转动时间。这一时间不应超过检定证上所列时间(6 s)。

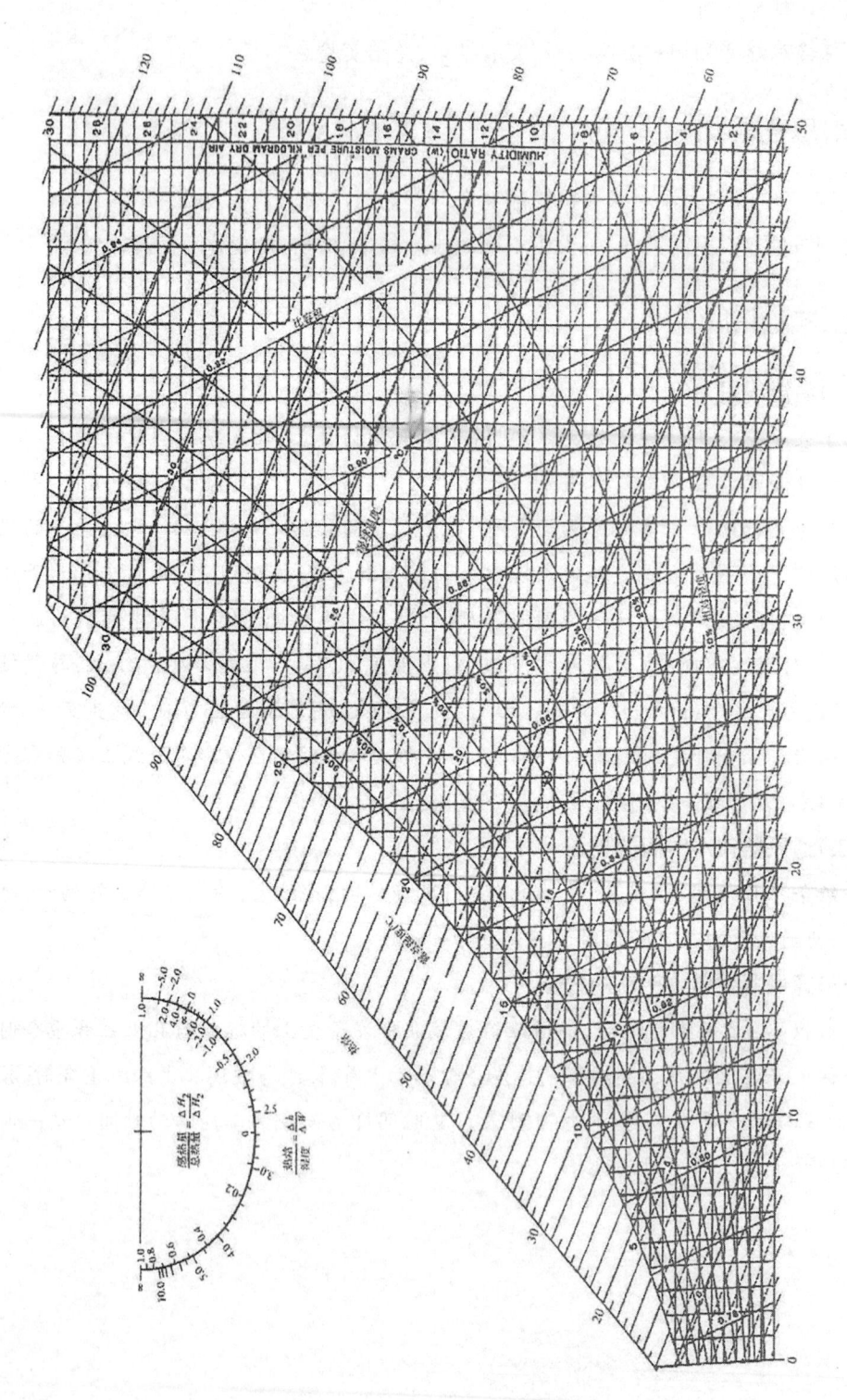

图1-4 湿空气线图

实验 3 气流的测定

空气运动包括水平运动和垂直运动。由于水平方向上的气压差异造成的空气水平运动,称为"风"。风是矢量,具有大小和方向,通常用风向和风速来表示风的状态。加大风速,在高温环境中可促进家畜散热,有利于体热平衡;在寒冷的环境中则加剧冷应激,不利于体热平衡,影响家畜健康和生产性能。

一、实验目的

(1)掌握风向测定仪器、风速测定仪器的工作原理和使用方法。
(2)掌握不同测定目的的布点方法和风向、风速测定的方法。

二、实验原理

(一)风向的测定

1.舍外风向的测定

舍外风向指风吹来的方向,常以8或16个方位表示。为了表明某地区、一定时间内不同风向的频率(如下式),可根据气象台的记录资料绘制成"风向玫瑰图"。

$$f = \frac{T_s}{T_t} \times 100\%$$

式中:

f 为某一风向的频率;

T_s 为某风向在一定时间内出现的次数;

T_t 为各方向在该时间内出现次数的总和。

2.舍内风向的测定

畜舍内气流较小,可用氯化铵烟雾来测定。也可用蚊香、舞台烟雾等测定。

(二)三杯风速计法

该仪器感受风压的部分是固定在十字护架中的3个半球状旋杯,旋杯的凹面在风力作用下,围绕中心轴转动,它的转速与风速有一个固定的关系,中心轴下端连接齿轮系统,最后从指针式表盘读取数据。此外,还附有风向标和方向盘指示风向。

(三)翼状风速计法

原理同杯状风速计,只是以轻质铝制成的薄翼片代替旋杯而已。

(四)热球式电风速计法

电风速计由测杆探头和测量仪表组成。测杆探头有线型、膜型和球型3种,球型探头装有2个串联的热电偶和加热探头的镍铬丝圈。热电偶的冷端连接在碱铜质的支柱上,直接暴露在气流中,当一定大小的电流通过加热圈后,玻璃球被加热温度升高的程度与风速呈现负相关,引起探头电压的变化,然后由仪器显示出来(表式),或通过显示器显示出来(数显式)。

(五)卡他温度计法

卡他温度计(表)的冷却速度主要取决于它同周围环境的温度差和气流速度。如果知道冷却力和温度差,则可以求出气流速度,如图1-5。

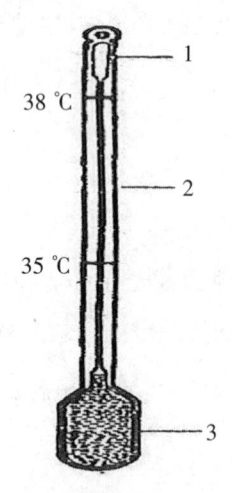

1.安全球 2.杆部 3.球部
图1-5 卡他温度表

三、实验准备

（1）三杯风速计法，旋杯的启动风速不大于0.8 m/s，风速测定误差不大于0.4 m/s。±10°读取风向方位时不大于一个方位，测定范围为1—30 m/s。

（2）翼状风速计法，启动风速不大于0.4 m/s，测定范围0.5—15.0 m/s。

（3）表式热球电风速计或数显式热球电风速计，其最低测试值不应大于0.05 m/s，测量精度在0.05—2.00 m/s范围内，其测量误差不大于测量值的±10%。有方向性电风速计测定方向偏差在5°时，其指示误差不大于被测定值的±5%。

（4）卡他温度计可分为3部分，即较大球体感温部、毛细管的指示部和顶部安全球部。指示部有2个温度刻度。当气温小于30 ℃时，使用常温卡他温度计，其上方温度刻度为38 ℃，下方温度为35 ℃；气温在25—50 ℃之间时，使用高温卡他温度计，其温度刻度为54.5 ℃（上方）和51.5 ℃（下方）。卡他温度计的背面刻有卡他温度计系数。

四、实验方法

（一）三杯风速计法

(1) 取出仪器，切勿用手摸旋杯。

(2) 拉下风向盘的固定套管，风向指针与方向盘所对的读数为风向，指针摆动时可读取中间值。

(3) 压下风速表的启动杆，风速指针回零，放开后测定开始，红色指针开始计时。

(4) 测定时不要按压启动杆，1 min后，时间指针停止转动，风速指针所示数值为指示风速。

（二）翼状风速计法

(1) 按下风速计上方的"回零"键，使指针回到零。

(2) 将风速计置于测定地点，翼轴对准气流方向。

(3) 按下秒表计时，根据气流状况，自主决定测定时间，最后读风速计的累计值和时间并换算成风速。

【注意事项】

①勿用手拨杯（翼），或强迫停止转动。

②避免在腐蚀性气体或粉尘多的地方使用，并注意保持清洁。

③测定气流时，注意勿使身体或其他物体阻挡气流。

(三)热球式电风速计法

1.表式热球电风速计法

(1)轻轻调整电表上的机械调零螺丝,使指针调到零点。

(2)"校正开关"置于"断"的位置,将测杆插头插在插座内,将测杆垂直向上放置。将"校正开关"置于"满度",调整"满度调节"旋钮,使电表指针置满刻度位置。

(3)将"校正开关"置于"零位",调整"粗调""细调"旋钮,将电表指针调到零点位置。

(4)轻轻拉动螺塞,使测杆探头露出,测头上的红点应对准风向,从电表上即可读出风速的值。

2.数显式热球电风速计法

打开电源开关,即可直接显示出风速,不需调整。

3.查校

根据表式或数显式热球电风速计测定的值(指示风速),查校正曲线得实际风速。

(四)卡他温度计法

(1)先将卡他温度计浸入50—80 ℃的热水中,使酒精液柱上升到顶部安全球的2/3处。

(2)从水中取出,用纱布擦干,悬挂到测定部,准备好秒表。

(3)用秒表记录酒精液柱经过上、下两刻度的时间。反复4次,取后3次的平均值为冷却时间。

(4)读取卡他温度计背面的卡他温度计系数。

(5)计算。

①卡他冷却力。

$$H = \frac{F}{t}$$

式中:

H为卡他冷却力[mcal/(cm²·s)](1 cal=4.186 8 J);

F为卡他温度计系数(mcal/cm²);

t为从38 ℃下降至35 ℃的冷却时间(s)。

②温度差。

常温卡他温度计:

$$Q = 36.5 - T$$

高温卡他温度计:

$$Q = 53 - T$$

式中：

Q 为温度差(℃)；

T 为测试时的温度(℃)；

36.5 和 53 分别为测定时卡他温度计的温度中值(℃)。

③气流速度。

常温卡他温度表：

$$V = \left[\left(\frac{H}{Q} - 0.2\right)/0.4\right]^2 \quad H/Q 值<0.6$$

$$V = \left[\left(\frac{H}{Q} - 0.13\right)/0.47\right]^2 \quad H/Q 值>0.6$$

高温卡他温度表：

$$V = \left[\left(\frac{H}{Q} - 0.22\right)/0.35\right]^2 \quad H/Q 值<0.6$$

$$V = \left[\left(\frac{H}{Q} - 0.11\right)/0.46\right]^2 \quad H/Q 值>0.6$$

式中：

V 为气流速度(m/s)。通常可求得 H/Q 值之后，查表1-4求得 V 值。

表1-4 卡他温度表计算气流速度　　　　　　　单位：m·s⁻¹

H/Q	常温卡他温度表 第二位小数值									
	0	1	2	3	4	5	6	7	8	9
0.2									0.040	0.051
0.3	0.063	0.076	0.090	0.106	0.122	0.141	0.160	0.181	0.203	0.226
0.4	0.250	0.276	0.303	0.331	0.360	0.391	0.423	0.455	0.490	0.526
0.5	0.563	0.601	0.640	0.681	0.723	0.766	0.810	0.850	0.903	0.951
0.6	1.00	1.04	1.08	1.13	1.18	1.22	1.27	1.32	1.37	1.42
0.7	1.47	1.52	1.58	1.63	1.68	1.74	1.80	1.85	1.91	1.98
0.8	2.03	2.08	2.16	2.22	2.28	2.34	2.41	2.48	2.54	2.61
0.9	2.68	2.75	2.83	2.90	2.97	3.04	3.12	3.19	3.26	3.35
1.0	3.43			3.66		3.84			4.08	
1.1	4.26			4.52		4.71			4.90	
1.2	5.30			5.48		5.69			5.95	

续表

<table>
<tr><th rowspan="3">H/Q</th><th colspan="10">常温卡他温度表</th></tr>
<tr><th colspan="10">第 二 位 小 数 值</th></tr>
<tr><th>0</th><th>1</th><th>2</th><th>3</th><th>4</th><th>5</th><th>6</th><th>7</th><th>8</th><th>9</th></tr>
<tr><td>1.3</td><td>6.24</td><td></td><td></td><td>6.73</td><td></td><td></td><td></td><td></td><td></td><td></td></tr>
<tr><td>1.4</td><td>7.30</td><td></td><td></td><td>7.88</td><td></td><td></td><td></td><td></td><td></td><td></td></tr>
<tr><td>1.5</td><td>8.49</td><td></td><td></td><td>9.13</td><td></td><td></td><td></td><td></td><td></td><td></td></tr>
<tr><td>1.6</td><td>9.78</td><td></td><td></td><td>10.50</td><td></td><td></td><td></td><td></td><td></td><td></td></tr>
<tr><td>1.7</td><td>11.20</td><td></td><td></td><td>11.90</td><td></td><td></td><td></td><td></td><td></td><td></td></tr>
<tr><td>1.8</td><td>12.60</td><td></td><td></td><td></td><td></td><td></td><td></td><td></td><td></td><td></td></tr>
</table>

<table>
<tr><th rowspan="3">H/Q</th><th colspan="10">高温卡他温度表</th></tr>
<tr><th colspan="10">第 二 位 小 数 值</th></tr>
<tr><th>0</th><th>1</th><th>2</th><th>3</th><th>4</th><th>5</th><th>6</th><th>7</th><th>8</th><th>9</th></tr>
<tr><td>0.2</td><td></td><td></td><td>0.000 52</td><td>0.002 6</td><td>0.006 4</td><td>0.012</td><td>0.019</td><td>0.027</td><td>0.038</td><td>0.049</td></tr>
<tr><td>0.3</td><td>0.063</td><td>0.078</td><td>0.083</td><td>0.110</td><td>0.130</td><td>0.160</td><td>0.180</td><td>0.200</td><td>0.230</td><td>0.260</td></tr>
<tr><td>0.4</td><td>0.29</td><td>0.32</td><td>0.35</td><td>0.39</td><td>0.42</td><td>0.46</td><td>0.50</td><td>0.54</td><td>0.58</td><td>0.63</td></tr>
<tr><td>0.5</td><td>0.67</td><td>0.72</td><td>0.77</td><td>0.82</td><td>0.87</td><td>0.93</td><td>0.94</td><td>0.96</td><td>1.01</td><td>1.05</td></tr>
<tr><td>0.6</td><td>1.09</td><td>1.14</td><td>1.18</td><td>1.23</td><td>1.28</td><td>1.33</td><td>1.38</td><td>1.43</td><td>1.48</td><td>1.54</td></tr>
<tr><td>0.7</td><td>1.59</td><td>1.64</td><td>1.70</td><td>1.76</td><td>1.81</td><td>1.89</td><td>1.93</td><td>1.99</td><td>2.05</td><td>2.12</td></tr>
<tr><td>0.8</td><td>2.18</td><td>2.24</td><td>2.30</td><td>2.38</td><td>2.44</td><td>2.51</td><td>2.58</td><td>2.65</td><td>2.72</td><td>2.79</td></tr>
<tr><td>0.9</td><td>2.86</td><td>2.93</td><td>3.01</td><td>3.08</td><td>3.16</td><td>3.24</td><td>3.32</td><td>3.40</td><td>3.47</td><td>3.56</td></tr>
<tr><td>1.0</td><td>3.64</td><td>3.72</td><td>3.80</td><td>3.89</td><td>3.97</td><td>4.06</td><td>4.15</td><td>4.24</td><td>4.33</td><td>4.41</td></tr>
</table>

注：(1)气温在29—42 ℃之间时，不宜使用常温卡他温度表，因其在此范围内感应非常迟钝，以致无法评定结果。可使用高温卡他温度表。

(2)测定点附近有冷却面或加热面时，不应使用卡他温度表。

(3)卡他温度表一般用于风向不定、风速很低的自然通风场所。

五、实验结果记录与分析

(一)结果记录(卡他温度计法)

(1)卡他温度计系数(F)：_____mcal/cm^2；

(2)从38 ℃下降至35 ℃的冷却时间(t)：_____s；

(3)卡他冷却力(H):_____mcal/(cm²·s);

(4)测试时的温度(T):_____℃;

(5)温度差(Q):_____℃;

(6)气流速度(V):_____m/s。

(二)分析与总结

分析实验结果,总结实验。

六、思考题

(1)气流对家畜体热平衡的影响是什么?

(2)"贼风"是怎样形成的?其危害是什么?

七、实验拓展

台风及其分类

台风是产生于热带洋面上的热低压,它是具有很大破坏力的灾害性天气,台风来临时会产生狂风暴雨和惊涛骇浪,给人民的生命财产和农业生产造成巨大损失,但每年夏秋季处于副热带高压控制下的华南、长江流域地区,干旱少雨,由台风带来的丰沛雨水,可以解除旱象和降温。

根据《热带气旋等级》国家标准(GB/T 19201-2006),热带气旋分为热带低压、热带风暴、强热带风暴、台风、强台风和超强台风6个等级。热带气旋底层中心附近最大平均风速达到10.8—17.1 m/s(风力6—7级)为热带低压,达到17.2—24.4 m/s(风力8—9级)为热带风暴,达到24.5—32.6 m/s(风力10—11级)为强热带风暴,达到32.7—41.4 m/s(风力12—13级)为台风,达到41.5—50.9 m/s(风力14—15级)为强台风,达到或大于51.0 m/s(风力16级或以上)为超强台风。

实验 4 气压的测定

地球大气层中的空气具有质量,地球表面单位面积上所承受的大气柱的压力,称为大气压强,简称"气压"。垂直方向上气压随海拔的升高而降低;水平方向上由于各地热力和动力条件不同,不同地点气压随高度增加而降低的速度不同,所以,同一水平面上气压往往不相等。气压的变化是造成天气变化的原因,引起天气变化的气压变化约3 000—4 000 Pa,对家畜无直接影响;气压对家畜能产生直接影响,其原因在于垂直方向上气压的重大差异,低海拔地区动物突然到达海拔3 000 m以上地区,易出现高山病。

一、实验目的

(1)掌握气压测定仪器的工作原理和使用方法。
(2)掌握不同测定目的的布点方法和测定气压的方法。

二、实验原理

(一)水银气压计法

水银气压计是一个上端封闭,下端开口的真空玻璃管,其下端浸在盛有水银的杯中,大气压力作用于水银杯中的水银面上,使水银升入真空玻璃管中,水银柱就能随大气压的高低而上升或下降,其水银柱的高低,可借玻璃管外面的一个金属套管上的标尺及游标尺读出mmHg(1 mmHg=133.322 Pa)的数值,测量单位为mmHg。

(二)空盒气压表法

根据金属空盒(盒内近于真空)随气压高低的变化而压缩或膨胀的特性测量大气压强。空盒气压表由感应、传递和指示3部分组成。近于真空的弹性金属空盒用弹簧片和气压平衡,随之压缩或膨胀,通过传递放大,以伸张运动传给指针,就可以直接指示气压值。

三、实验准备

(1)动槽式水银气压计、定槽式水银气压计。

(2)空盒气压表(或精密空盒气压表):灵敏度为 0.5 hPa,精度为±2 hPa(空盒气压表)、±1.2 hPa(精密空盒气压表)。

(3)高原空盒气压表灵敏度为 0.5 hPa,精度为±3.3 hPa。

(4)空盒气压表的技术要求应符合 JB/T 9463-2014 规定。

四、实验方法

(一)水银气压计法

(1)常用的水银气压表为福丁(Fortin)式或称"杯状水银气压表"。其主要特点是水银槽上部有一象牙针。水银气压表的外部系一金属套管,在套管内有一盛有水银的玻璃管,其上部真空,下接水银槽。套管上附有标尺和游标尺,并附有温度表。水银气压表装置在室内,垂直挂在坚固的架子上或墙上,高低位置以适于观察者站立观察为准。光线应充足而无阳光直射。

(2)读温度计并记录,轻击套管,调整水银槽内的水银面,配合游标尺进行读数并记录、复验,然后降低水银面。

水银气压表中的水银体积随温度而变化,应按照 0 ℃的温度对气压表的读数加以温度校正。校正时可用下列公式:

$$C_t = \frac{H \times 0.000\,163\,4t}{1 + 0.000\,181\,8}$$

式中:

C_t 为零点校正数;

t 为温度(℃);

H 为在 t ℃时测得的水银柱高。

在实际工作中不必计算校正数,可以从表 1-5 查得。观测时温度在 0 ℃以上时,将查得的校正数从气压表读数中减去,气温在 0 ℃以下时则加上。

表1-5 水银气压表读数温度校正数　　　　　　　　　　　　　　　　　　单位：mmHg

℃	650	660	670	680	690	700	710	720	730	740	750	760	℃
1	0.1	0.1	0.1	0.1	0.1	0.1	0.1	0.1	0.1	0.1	0.1	0.1	-1
2	0.2	0.2	0.2	0.2	0.2	0.2	0.2	0.2	0.2	0.2	0.3	0.3	-2
3	0.3	0.3	0.3	0.3	0.3	0.3	0.4	0.4	0.4	0.4	0.4	0.4	-3
4	0.4	0.4	0.4	0.4	0.5	0.5	0.5	0.5	0.5	0.5	0.5	0.5	-4
5	0.5	0.5	0.6	0.6	0.6	0.6	0.6	0.6	0.6	0.6	0.6	0.6	-5
6	0.6	0.7	0.7	0.7	0.7	0.7	0.7	0.7	0.7	0.7	0.7	0.7	-6
7	0.7	0.8	0.8	0.8	0.8	0.8	0.8	0.8	0.8	0.9	0.9	0.9	-7
8	0.8	0.9	0.9	0.9	0.9	0.9	0.9	0.9	1.0	1.0	1.0	1.0	-8
9	1.0	1.0	1.0	1.0	1.0	1.0	1.0	1.1	1.1	1.1	1.1	1.1	-9
10	1.1	1.1	1.1	1.1	1.1	1.2	1.2	1.2	1.2	1.2	1.2	1.2	-10
11	1.2	1.2	1.2	1.2	1.3	1.3	1.3	1.3	1.3	1.3	1.4	1.4	-11
12	1.3	1.3	1.3	1.3	1.4	1.4	1.4	1.4	1.4	1.4	1.5	1.5	-12
13	1.4	1.4	1.4	1.4	1.5	1.5	1.5	1.5	1.6	1.6	1.6	1.6	-13
14	1.5	1.5	1.5	1.6	1.6	1.6	1.6	1.6	1.7	1.7	1.7	1.7	-14
15	1.6	1.6	1.6	1.7	1.7	1.7	1.7	1.8	1.8	1.8	1.8	1.8	-15
16	1.7	1.7	1.8	1.8	1.8	1.8	1.8	1.9	1.9	1.9	2.0	2.0	-16
17	1.8	1.8	1.9	1.9	1.9	1.9	2.0	2.0	2.0	2.1	2.1	2.1	-17
18	1.9	1.9	2.0	2.0	2.0	2.0	2.1	2.1	2.1	2.2	2.2	2.2	-18
19	2.0	2.0	2.1	2.1	2.2	2.2	2.2	2.2	2.3	2.3	2.3	2.4	-19
20	2.1	2.2	2.2	2.2	2.3	2.3	2.3	2.4	2.4	2.4	2.4	2.5	-20
21	2.2	2.3	2.3	2.3	2.4	2.4	2.4	2.5	2.5	2.5	2.6	2.6	-21
22	2.3	2.4	2.4	2.4	2.5	2.5	2.5	2.6	2.6	2.7	2.7	2.7	-22
23	2.4	2.5	2.5	2.6	2.6	2.6	2.7	2.7	2.7	2.8	2.8	2.9	-23
24	2.5	2.6	2.6	2.7	2.7	2.7	2.8	2.8	2.9	2.9	2.9	3.0	-24
25	2.7	2.7	2.7	2.8	2.8	2.9	2.9	2.9	3.0	3.0	3.1	3.1	-25
26	2.8	2.8	2.8	2.9	2.9	3.0	3.0	3.1	3.1	3.1	3.2	3.2	-26
27	2.9	2.9	2.9	3.0	3.0	3.1	3.1	3.2	3.2	3.3	3.3	3.3	-27
28	3.0	3.0	3.1	3.1	3.1	3.2	3.2	3.3	3.3	3.4	3.4	3.5	-28
29	3.1	3.1	3.2	3.2	3.3	3.3	3.4	3.4	3.4	3.5	3.5	3.6	-29
30	3.2	3.2	3.3	3.3	3.4	3.4	3.5	3.5	3.6	3.6	3.7	3.7	-30
31	3.3	3.3	3.4	3.4	3.5	3.5	3.6	3.6	3.7	3.7	3.8	3.8	-31
32	3.4	3.4	3.5	3.5	3.6	3.6	3.7	3.8	3.8	3.9	3.9	4.0	-32
33	3.5	3.5	3.6	3.7	3.7	3.8	3.8	3.9	3.9	4.0	4.0	4.1	-33
34	3.6	3.7	3.7	3.8	3.8	3.9	3.9	4.0	4.0	4.1	4.1	4.2	-34
35	3.7	3.8	3.8	3.9	3.9	4.0	4.0	4.1	4.2	4.2	4.3	4.3	-35

(二)空盒气压表法

1.仪器校准

空盒气压表(计)每隔3—6个月校准1次,校准可用标准水银气压表进行比较,求出空盒气压表的补充订正值。

空盒气压表的读数须经以下3种订正,才能得到测定时的准确气压值。

(1)刻度订正:订正仪器制造或装配不够精密造成的误差,刻度订正值(P_1)可从仪器上查到。

(2)温度变化对空盒弹性改变造成的误差,由下式计算修正值。

$$P_2 = at$$

式中:

P_2为温度修正值;

a为温度系数,即当温度改变1 ℃时,空盒气压表表示的改变值,可从检定证中查得;

t为空盒气压计附温表上读得的温度。

(3)补充订正:订正空盒的残余形变所引起的误差。空盒气压表在定期与标准气压表校准后得到的补充订正值(P_3),由检定证上可查到。

2.现场测量

打开气压表盒盖后,先读附属温度,准确到0.1 ℃,轻敲盒面(克服空盒气压表内机械摩擦),待指针摆动静止后读数。读数时视线需垂直于刻度面,读数指针尖端所示的数值应该准确地读到0.1 hPa。

3.计算

$$P = P_1 + P_2 + P_3$$

式中:

P为气压;

P_1为刻度订正值;

P_2为温度修正值;

P_3为补充订正值。

五、实验结果记录与分析

(一)结果记录

将观测结果记录在表1-6中。

表1-6 气压记录表　　　　　　　　　　　　　单位:hPa

测量项	测量次数		
	1	2	3
测定值			

(二)分析与总结

分析实验结果,总结实验。

六、思考题

(1)气压与天气的关系是什么?

(2)海拔变化对家畜的影响有哪些?

七、实验拓展

(一)气压对家畜健康的影响

气压对家畜产生直接影响的原因,在于气压垂直分布的重大差异。随着海拔的升高,空气的密度和压力,以及组成空气的每一种气压分压都降低,海拔达3 000 m高度时,气压只有70 130 Pa,氧分压为14 670 Pa,气温自海平面的15 ℃下降为-4.5 ℃,动物肺泡内氧分压自13 870 Pa下降为9 000 Pa左右,血氧饱和度自97%下降为90%。不适应高海拔的家畜易出现一系列的病理变化。临床表现为皮肤和口腔、鼻腔、耳部等黏膜血管扩张,甚至破裂出血,机体疲乏,精神萎靡,呼吸和心跳加快,以及多汗等。因为这种现象发生在2 000 m以上的高海拔地区,故特称"高山病"。慢性高山病还有右心室肥大、扩张,胸下部水肿,肺动脉高血压等症状。

高山病的主要形成原因为空气中氧的分压降低,氧的绝对量减少,使机体缺氧。在正常情况下,健康动物动脉血中血红蛋白有95%左右与氧结合,当海拔升高到3 000—4 000 m高度时,只有85%—90%的血红蛋白与氧结合,如再升高到5 000—6 000 m,只有70%—75%与氧结合,到8 000 m以上,与氧结合的血红蛋白不到50%。到8 500 m,气压下降到320 hPa,与氧结合的血红蛋白降低到45%,生命发生危险,因此这个高度可看作气压的"极限高度",动物一般不易存活。

除组织缺氧外,紫外线过强,温度和湿度下降,气压太低,都是引发高山病的次要原因。气压过低除引起皮肤黏膜血管扩张、破裂外,还可使腹部臌气,发生腹痛。不同海拔的标准大气压和气温,见表1-7。

表1-7 不同海拔的标准大气压和气温

海拔/m（海平面=0 m）	大气压/hPa	氧分压/hPa	气温/℃
-500	1 074.6	225.3	18.3
0	1 013.3	212.0	15.0
500	954.6	200.0	11.8
1 000	898.6	188.0	8.5
1 500	845.3	177.7	5.3
2 000	794.6	166.7	2.0
2 500	746.6	156.0	-1.3
3 000	701.3	146.7	-4.5
3 500	657.3	137.3	-7.8
4 000	615.9	129.3	-11.0
4 500	577.3	121.3	-14.3
5 000	540.0	113.3	-17.5
5 500	505.3	105.3	-20.8

(二)高海拔地区动物的适应性机制

长期处于低气压的高海拔环境中的动物,其生理机能逐渐发生变化,很少发生高山病。其适应性机制为:(1)提高肺通气量,增加余气量,以提高微血管中的氧含量。(2)减少血液的贮存量,以增加血液循环量;同时造血器官受到缺氧的刺激,红细胞和血红蛋白的增生加速,血液中的红细胞数和血红蛋白值均提高,全身血液的总容量亦增加。(3)加强心脏活动;降低组织的氧化过程,提高氧的利用率,以减少氧的需要量。

在海拔3 000 m以上的山区或高原地区发展畜牧业或季节性放牧家畜,应注意防止高山病的发生。通过逐渐过渡,家畜对缺氧的条件逐渐习惯,慢慢适应低压环境。但必须指出,这并不意味着任何非高原或高山种类或品种的家畜,都可成功地引入高山或高原地区。因为每种家畜都有本身的生态特性,当新环境与其生态特性差异过大时,往往会导致生产力和抗病力的下降,或者不能生存下去。例如曾将顿河马、黑白花牛、西门塔尔牛和美利奴羊运往拉萨,其因不能适应空气稀薄的高寒环境而发生心脏病死亡,后来将西门塔尔牛移至藏南林芝,不久恢复健康。

第二章 畜舍空气质量的测定

规模养殖场畜舍[①]产生大量的有害物质,包括氨气、硫化氢、二氧化碳、挥发性脂肪酸、三甲胺、甲烷、粪臭素、硫醇类、悬浮颗粒及微生物等,这些成分混杂在一起散发出难闻的气味。不但严重危害畜(禽)健康,降低畜(禽)抗病力,影响生产性能的发挥,同时还会危害到人尤其是饲养人员的健康。因此,通过对畜舍内空气中有害成分的检测,以了解舍内环境空气卫生状况,有利于调控畜禽健康生长的空气质量条件,并作为评价畜舍通风换气是否适当的科学依据。

一、空气样品的采集方法

采集空气样品分为直接采样法和浓缩采样法。

1. 直接采样法

常用于采集空气中的 CO 和 CO_2。凡采集少量空气即可供测量分析时,多用直接采样法。

2. 浓缩采样法

在需要采集大量空气,浓缩后才能测量其成分的含量时采用此法。可分为溶液吸收法、滤纸或滤膜阻留法和固体吸附剂阻留法。

二、大气采样仪器

现场用大气采样器由收集器、流量计和抽气动力装置3部分组成。

1. 收集器

常用的收集器有气泡吸收管、多孔玻板吸收管、冲击式吸收管等。

气泡吸收管(见图2-1)分大小两种形式,可装2—10 mL吸收液,以0—2 L/min流速采样。为了提高吸收效果,可把两支吸收管串联使用。气泡吸收管主要用于吸收气态和蒸汽态物质。

多孔玻板吸收管(见图2-2)不仅适用于采集气态和蒸汽态物质,也适用于采集气溶

[①] 本书所称"畜舍",其并不限于养殖牲畜(如牛、羊、马)的建筑物,还包括养殖禽类(如鸡、鸭、鹅)的建筑物,后文若未详细区分,均含此义。

胶态物质。

冲击式吸收管适宜采集气溶胶态物质,不适合采集气态和蒸汽态物质。

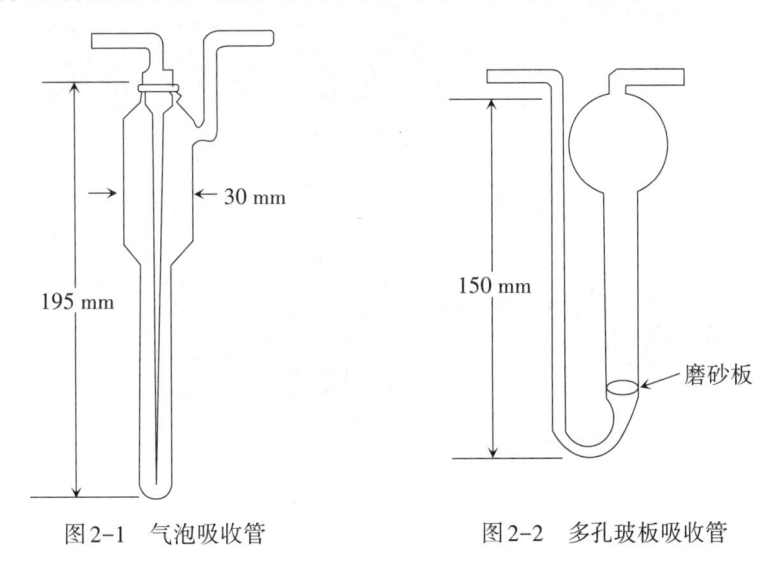

图 2-1　气泡吸收管

图 2-2　多孔玻板吸收管

2. 流量计

流量计是测定空气流量的仪器。应用转子流量计(见图 2-3),当气体由下向上流动时,转子被吸起,根据转子的位置读出气体的流量,转子被吸得越高,流量越大。

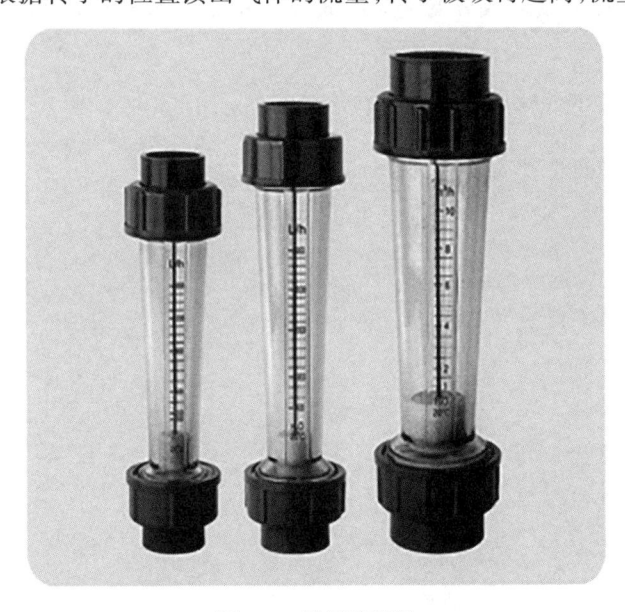

图 2-3　转子流量计

3. 抽气动力装置

目前,常用的小流量采样动力装置多为微电机带动薄膜泵,如 TH-110B 型携带式大气采样器(见图2-4)。

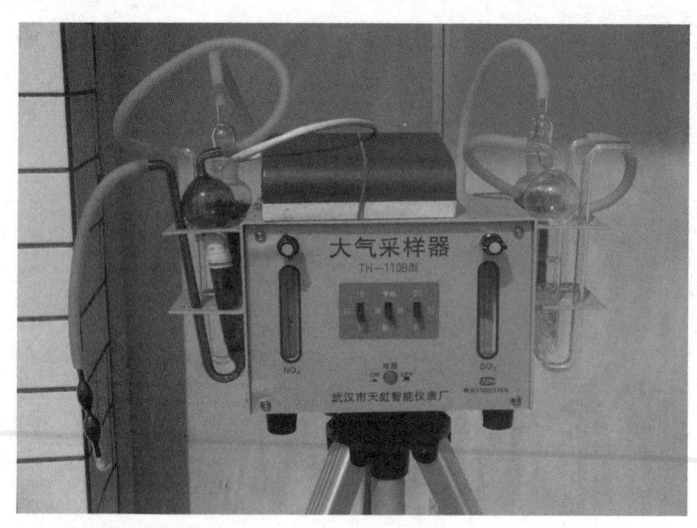

图2-4　大气采样器

三、空气中有害物质浓度的表示

1. 质量浓度

以1 m³空气中有害气体成分的毫克数或微克数表示,即mg/m³或μg/m³。

2. 体积浓度

以1 m³空气中有害气体成分的毫升数表示,即mL/m³。

实验 1 氨气的测定

氨（NH_3）为有强烈刺激性的无色气体。相对分子质量为 17.03；沸点 –33.5 ℃；熔点 –77.8 ℃；对空气的相对密度为 0.596 2（空气为 1）。在标准状况下，1 L 氨气质量为 0.770 8 g。氨极易溶于水、乙醇和乙醚，在 0 ℃时，每升水中能溶解 1 176 L，即 907 g 氨。氨的水溶液由于形成氢氧化铵而呈碱性。氨燃烧时，其火焰稍带绿色；与空气混合氨含量在 16.5%—26.8%（按体积占比）时，能形成爆炸性气体。氨在高温时会分解成氮和氢，有还原作用。有催化剂存在时可被氧化成一氧化氮。

人对氨的嗅阈为 0.5—1.0 mg/m^3，对口、鼻黏膜及上呼吸道有很强的刺激作用，其症状根据氨的浓度、吸入时间以及个人感受性等不同而有轻重。轻度中毒表现有鼻炎、咽炎、气管炎、支气管炎。

一、实验目的

（1）了解纳氏试剂分光光度法测定 NH_3 的原理。
（2）掌握大气采样器的操作方法。
（3）掌握纳氏试剂分光光度法测定 NH_3 的方法及注意事项。

二、实验原理

氨被稀硫酸吸收液吸收后，生成硫酸铵，铵离子与纳氏试剂反应生成黄棕色络合物，该络合物的吸光度与氨的含量成正比，在波长 420 nm 处测定吸光度，根据吸光度计算空气中氨的含量。

【注意事项】

①样品中含有三价铁等金属离子,分析时加入0.50 mL酒石酸钾钠溶液(ρ=500 g/L)络合掩蔽,可消除金属离子的干扰。

②若样品中因硫化物的干扰产生异色时(如硫化物存在时为绿色),可在样品溶液中加入稀盐酸去除干扰。

③样品中存在某些有机物质(如甲醛)可生成沉淀干扰测定,可在比色前用0.1 mol/L的盐酸溶液将吸收液酸化到pH不大于2后煮沸除之。

三、实验准备

(一)仪器设备

空气采样器(流量范围为0.1—1.0 L/min)、玻板吸收管或大气冲击式吸收管(10、50或125 mL)、10 mL具塞比色管、分光光度计(配10 mm光程比色皿)、移液管、容量瓶、Φ6—7 mm玻璃管或聚四氟乙烯管、干燥管(内装变色硅胶或玻璃棉)。

(二)试剂

1. 盐酸[ρ(HCl)=1.18 g/mL]

2. 硫酸吸收液[c(1/2H$_2$SO$_4$)=0.01 mol/L]

量取2.8 mL硫酸(ρ=1.84 g/mL)加入水中,并稀释至1 L,得0.1 mol/L贮备液。临用时再用水稀释10倍。

3. 纳氏试剂

称取12 g氢氧化钠(NaOH)溶于60 mL水中,冷却;称取1.7 g二氯化汞(HgCl$_2$)溶解在30 mL水中;称取3.5 g碘化钾溶于10 mL水中,在搅拌下将上述二氯化汞溶液慢慢加入碘化钾溶液中,直至形成的红色沉淀不再溶解为止;在搅拌下,将冷却至室温的氢氧化钠溶液缓慢地加入到上述二氯化汞和碘化钾的混合液中,再加入剩余的二氯化汞溶液,混匀后于暗处静置24 h,倾出上清液,储于棕色瓶中,用橡皮塞塞紧,2—5 ℃可保存1个月。

【注意事项】

二氯化汞(HgCl$_2$)和碘化汞(HgI$_2$)均为剧毒物质,避免与皮肤和口腔接触。

4. 酒石酸钾钠溶液(ρ=500 g/L)

称取50 g酒石酸钾钠(KNaC$_4$H$_4$O$_6$·4H$_2$O)溶于100 mL水中,加热煮沸以驱除氨,冷却后定容至100 mL。

5. 盐酸溶液[c(HCl)=0.1 mol/L]

取8.5 mL盐酸,加入一定量的水中,定容至1 000 mL。

6.氨标准贮备液[$\rho(NH_3)$=1 000 μg/mL]

称取 0.785 5 g 氯化铵(优级纯,在 100—105 ℃干燥 2 h)溶解于水,移入 250 mL 容量瓶中,用水稀释到标线。

7.氨标准使用溶液[$\rho(NH_3)$=20 μg/mL]

吸取 5.00 mL 氨标准贮备液于 250 mL 容量瓶中,稀释至刻度,摇匀。临用前配制。

四、实验方法

(一)气体采集

采样系统由采样管、干燥管和气体采样泵组成,采样时,应带采样全程空白吸收管。用 10 mL 吸收管,以 0.5—1.0 L/min 的速度采集环境空气至少 45 min。

(二)分析步骤

1.绘制校准曲线

取 7 支 10 mL 具塞比色管,按照表 2-1 制备标准系列。

表 2-1　标准系列

分项	管号						
	0	1	2	3	4	5	6
氨标液/mL	0.00	0.10	0.30	0.50	1.00	1.50	2.00
水/mL	10.00	9.90	9.70	9.50	9.00	8.50	8.00
氨含量/μg	0	2	6	10	20	30	40

按照表 2-1 准确移取相应体积的氨标准使用液,加水至 10 mL,在各管中分别加入 0.50 mL 酒石酸钾钠溶液,摇匀,再加入 0.50 mL 纳氏试剂,摇匀。放置 10 min 后,在波长 420 nm 下,用 10 mm 比色皿,以水作参比,测定吸光度。以氨含量(μg)为横坐标,扣除试剂空白的吸光度为纵坐标绘制校准曲线。

2.样品测定

取一定量样品溶液(吸取量视样品浓度而定)于 10 mL 比色管中,用硫酸吸收液稀释至 10 mL。加入 0.50 mL 酒石酸钾钠溶液,摇匀,再加入 0.50 mL 纳氏试剂,摇匀,放置 10 min 后,在波长 420 nm 下,用 10 mm 比色皿,以水作参比,测定吸光度。

3.空白实验

吸收液空白:以与样品同批配制的吸收液代替样品,按照上述步骤测定吸光度。

采样全程空白:在采样管中加入与样品同批配制的相应体积的吸收液,带到采样现场、未经采样的吸收液,按照上述步骤测定吸光度。

【注意事项】

①用于检查样品采集、运输、贮存过程中样品是否被污染。如果采样全程空白测定结果明显高于同批配制的吸收液空白,则同批次采集的样品作废。

②为了保证纳氏试剂有良好的显色能力,配制时务必控制$HgCl_2$的加入量,至微量HgI_2红色沉淀不再溶解时为止。配制100 mL纳氏试剂所需$HgCl_2$与KI的用量之比约为2.3∶5.0。在配制时为了加快反应速度、节省配制时间,可低温进行加热,防止HgI_2红色沉淀的提前出现。

③酒石酸钾钠试剂铵盐含量较高时,仅加热煮沸或加纳氏试剂沉淀不能完全除去氨。此时加入少量氢氧化钠溶液,煮沸蒸发掉溶液体积的20%—30%,冷却后用无氨水稀释至原体积。

④开启采样泵前,确认采样系统的连接正确,采样泵的进气口端通过干燥管(或缓冲管)与采样管的出气口相连,如果接反会导致酸性吸收液倒吸,污染和损坏仪器。万一出现倒吸的情况,应及时将流量计拆下来,用酒精清洗、干燥,并重新安装,经流量校准合格后方可继续使用。

⑤为避免采样管中的吸收液被污染,运输和贮存过程中勿将采样管倾斜或倒置,并及时更换采样管的密封接头。

(三)计算

氨气的质量浓度按下列公式计算:

$$\rho = \frac{(A - A_0 - a) \times V_s}{b \times V_{nd} \times V_0}$$

式中:

ρ 为氨气的质量浓度(mg/m^3);

A 为样品溶液的吸光度;

A_0 为样品同批配制的吸收液空白的吸光度;

a 为校准曲线截距;

b 为校准曲线斜率;

V_s 为样品吸收液总体积(mL);

V_0 为分析时所取吸收液体积(mL);

V_{nd} 为所采气样标准状态下的体积(101.325 kPa、273 K,L)。

所采气样标准状态下的体积V_{nd}按下式计算:

$$V_{nd} = \frac{V \times P \times 273}{101.325 \times (273 + t)}$$

式中：

V 为采样体积(L)；

P 为采样时大气压(kPa)；

t 为采样温度(℃)。

五、实验结果记录与分析

(一)结果记录

(1)采样体积(V)：_____L；

(2)采样时大气压(P)：_____kPa；

(3)采样温度(t)：_____℃；

(4)样品溶液的吸光度(A)：_____；

(5)样品同批配制的吸收液空白的吸光度(A_0)：_____；

(6)样品吸收液总体积(V_s)：_____mL；

(7)分析时所取吸收液体积(V_0)：_____mL。

(二)分析与总结

分析实验结果，进行实验总结。

六、思考题

(1)本方法测定空气中的氨气，除气温与气压外，还有哪些因素对测定结果产生影响？

(2)养殖场在线测定氨气仪器设备有哪些及工作原理是什么？

七、实验拓展

从19世纪60年代采用湿化学法至今，随着分析技术和传感器技术的发展，愈来愈多的方法被用于氨气的检测，各种方法之间的相互借鉴、联用和融合的趋势越来越明显。便携式在线无损检测成为现代养殖场氨气检测方法的发展趋势，选用何种检测方法取决于不同的研究对象、技术要求和预算。通过短期的高效率、高精度定性定量分析，可为建立氨气排放模型提供公共数据来源，为养殖场的合理规划提供参考依据。

请查阅资料，了解更多空气中的氨气测定方法。

1. 化学分析法

(1)pH试纸法；

(2)比色法、靛酚蓝比色法、水杨酸和次氯酸钠比色法、分子扩散采样—靛酚蓝比色法、亚硝酸盐比色法等；

(3)滴定法；

(4)气体检测管；

(5)化学发光法。

2. 光谱法

(1)差分光学吸收光谱法(DOAS)；

(2)傅里叶变换红外(FTIR)光谱法；

(3)非色散红外光谱(NDIR)；

(4)可调谐二极管激光吸收光谱法(TDLAS)。

3. 电子鼻

实验 2　空气中硫化氢的测定

硫化氢(H_2S)为无色气体,相对分子质量为34.08,沸点为-83 ℃,对空气相对密度为1.19。在标准状况下,1 L气体质量为1.54 g,1体积水溶解2.5体积硫化氢,其水溶液呈酸性。硫化氢能被氧化,氧化条件和氧化剂不同,氧化的产物也不同,与碘溶液作用生成单体硫,在空气中燃烧生成SO_2,和氯或溴水溶液作用生成硫酸。

硫化氢有腐蛋的恶臭味,人对硫化氢的嗅觉阈为0.012—0.030 mg/m³。硫化氢是神经毒物,对呼吸道和眼黏膜也有刺激作用。硫化氢对农作物的毒害要比对人的毒害轻得多。

一、实验目的

(1) 了解亚甲蓝分光光度法测量空气中硫化氢的原理和方法。
(2) 掌握大气采样器的操作方法。

二、实验原理

空气中硫化氢被碱性氢氧化镉悬浮液吸收,形成硫酸镉沉淀。吸收液中加入聚乙烯醇磷酸铵可以降低硫化镉的光分解作用。然后,在硫酸溶液中,硫化氢与对氨基二甲基苯胺溶液和三氯化铁溶液作用,生成亚甲基蓝。根据颜色深浅,比色定量。

三、实验准备

(一)仪器设备

1. 硫化氢渗透管

购置经国家计量部门用称重法校准过的渗透管,渗透率范围为0.02—0.50 μg/min,不确定度为2%。

2.大型气泡吸收管

有10 mL刻度线,并配有黑色避光套。

3.空气采样器

流量范围0.2—2.0 L/min,流量稳定。使用时,用皂膜流量计校准采样系列在采样前和采样后的流量,流量误差应小于5%。

4.具塞比色管(10 mL)

5.分光光度计

用20 mm比色皿,在波长665 nm处测吸光度。

6.渗透管配气载气

渗透管恒温浴的温度应控制在±0.1 ℃之内,配气系统中气体流量误差应小于2%(参考GB/T 5275.10-2009《气体分析 动态体积法制备校准用混合气体 第10部分:渗透法》)。

(二)试剂

1.吸收液

称取4.3 g硫酸镉($3CdSO_4·8H_2O$)和0.3 g氢氧化钠以及10 g聚乙烯醇磷酸铵分别溶于水中。临用时,将三种溶液相混合,强烈振摇至完全混溶,再用水稀释至1 L。此溶液为白色悬浮液,每次用时要强烈振摇均匀再量取,贮于冰箱中可保存一周。

2.对氨基二甲基苯胺溶液

储备液:量取50 mL浓硫酸,缓慢加入30 mL水中,放冷后,称量12 g对氨基二甲基苯胺盐酸盐[$(CH_3)_2NC_6H_4NH_2·2HCl$]溶于硫酸溶液中。置于冰箱中,可保存一年。

使用液:量取2.5 mL储备液,用1+1硫酸溶液稀释至100 mL。

3.三氯化铁溶液

称量100 g三氯化铁($FeCl_3·6H_2O$)溶于水中,稀释至100 mL。若有沉淀,需要过滤后使用。

4.混合显色液

临用时,按1 mL对氨基二甲基苯胺使用液和1滴(0.04 mL)三氯化铁溶液的比例相混合。此混合液要现用现配,若有沉淀物生成,应弃之不用。

5.磷酸氢二铵溶液

称量40 g磷酸氢二铵溶于水中,并稀释至100 mL。

6.硫代硫酸钠标准溶液(0.010 0 mol/L)

准确吸量100 mL 0.100 0 mol/L硫代硫酸钠标准溶液,用新煮沸冷却后的水稀释至1 L。

0.100 0 mol/L碘酸钾标准溶液:准确称量3.566 8 g经105 ℃干燥2 h的碘酸钾(一级),溶于水中,移入1 L容量瓶中,加水稀释至刻度,摇匀。

0.1 mol/L硫代硫酸钠标准溶液:称量25 g硫代硫酸钠($Na_2S_2O_3 \cdot 5H_2O$)溶于新煮沸冷却后的水中,加入0.2 g碳酸钠,并稀释至1 L,贮于棕色瓶中,如浑浊应过滤。放置一周后,标定浓度。

标定方法:准确量取25.00 mL碘酸钾标准溶液于250 mL碘量瓶中,加入75 mL新煮沸冷却的水,再加3 g碘化钾和10 mL冰乙酸。摇匀后,暗处放置3 min,用0.1 mol/L硫代硫酸钠标准溶液滴定析出的碘,至淡黄色。再加1 mL 5 g/L淀粉溶液,呈蓝色,再继续滴定至蓝色刚刚退去,即为终点。记录所用硫代硫酸钠溶液体积。重复做两次滴定,所用硫代硫酸钠溶液体积误差不超过0.05 mL,硫代硫酸钠标准溶液的浓度用下式计算:

$$c = \frac{0.100\ 0 \times 25.00}{V}$$

式中:

c 为硫代硫酸钠标准溶液的浓度(mol/L);

V 为滴定所用硫代硫酸钠标准溶液的体积(mL)。

7.碘溶液(0.10 mol/L)

称量40 g碘化钾,溶于25 mL水中,再称量12.7 g碘,溶于碘化钾溶液中,并用水稀释至1 L。移入棕色瓶中,暗处贮存。

8.碘溶液(0.01 mol/L)

精确吸量100 mL 0.10 mol/L碘溶液于1 L棕色容量瓶中,另称量18 g碘化钾溶于少量水中,移入容量瓶中,用水稀释至刻度。

9.淀粉溶液(5 g/L)

称量0.5 g可溶性淀粉,加5 mL水调成糊状后,再加入100 mL沸水中,并煮沸2—3 min,至溶液透明,冷却,临用现配。

10.盐酸溶液(1+1)

50 mL浓盐酸与50 mL水相混合。

11.标准溶液

取硫化钠晶体($Na_2S \cdot 9H_2O$),用少量水清洗表面,用滤纸吸干。称量0.71 g硫化钠晶体,溶于新煮沸冷却的水中,再稀释至1 L。用下述的碘量法标定浓度。标定后,立即用新煮沸冷却的水稀释成1.00 mL含5 μg的硫化氢标准溶液。由于硫化钠在水溶液中极不稳定,稀释后应立即绘制标准曲线,标准溶液必须每次新配,现标定,现使用。

标定方法:精确吸量20.00 mL 0.01 mol/L碘的标准溶液于250 mL碘量瓶中。加

90 mL水，加1 mL盐酸溶液(1+1)，准确加入10.00 mL硫化钠溶液，混匀，放在暗处3 min。再用0.010 0 mol/L硫代硫酸钠标准溶液滴定至浅黄色，加1 mL新配制的5 g/L淀粉液，呈蓝色，用少量水冲洗瓶的内壁，再继续滴定至蓝色刚刚消失（由于有硫生成，溶液呈微浑浊。此时，要特别注意滴定终点颜色突变）。记录所用硫代硫酸钠标准溶液的体积。同时另取10 mL水做空白滴定，其滴定步骤完全相同，记录空白滴定所用硫代硫酸钠标准溶液的体积。样品滴定和空白滴定各重复做两次，两次滴定所用硫代硫酸钠的体积误差不超过0.05 mL。硫化氢浓度用下式计算。

$$\rho = \frac{(V_2 - V_1)}{10 \times 2} \times c \times 34$$

式中：

ρ 为硫化氢的浓度(mg/mL)；

V_2 为空白滴定所用硫代硫酸钠的体积(mL)；

V_1 为样品滴定所用硫代硫酸钠的体积(mL)；

c 为硫代硫酸钠标准溶液的摩尔浓度(mol/L)；

34 为硫化氢的摩尔质量(g/mol)。

四、实验方法

(一)气体采集

用一个内装10 mL吸收液的大型气泡吸收管，以0.5—1.5 L/min流量，避光采空气样品30 L。根据现场硫化氢浓度，选择采样流量，使最大采样时间不超过1 h。采样后的样品也应置于暗处，并在6 h内显色；或在现场加显色液，带回实验室，在当天内比色测定。记录采样时的温度和大气压力。

(二)分析步骤

1.标准曲线的绘制

(1)用标准溶液绘制标准曲线。

按表2-2制备标准系列管，先加吸收液，再加标准液，立即倒转混匀。

表2-2 硫化氢标准系列

管号	吸收液/mL	标准液/mL	硫化氢含量/μg
0	10.0	0	0
1	9.9	0.10	0.5
2	9.8	0.20	1.0

续表

管号	吸收液/mL	标准液/mL	硫化氢含量/μg
3	9.6	0.40	2.0
4	9.4	0.60	3.0
5	9.2	0.80	4.0

各管立即加 1 mL 混合显色液，加盖倒转，缓缓混合均匀，放置 30 min。加 1 滴磷酸氢二铵溶液，摇匀，以排除 Fe^{3+} 的颜色。用 20 mm 比色皿，以水作参比，在波长 665 nm 处测定各管吸光度。以硫化氢含量(μg)为横坐标，吸光度为纵坐标，绘制标准曲线，并计算回归直线的斜率，以斜率倒数作为样品测定的计算因子 B_s。

（2）用标准气体绘制标准曲线。

将已知渗透率的硫化氢渗透管，在标定渗透率的温度下，恒温 24 h 以上。用纯氮气以较小的流量(约 250 mL/min)将渗透出来的硫化氢气体带出，并与纯空气进行混合和稀释，调节空气的流量得到不同浓度的硫化氢标准气体。用下式计算硫化氢标准气体的浓度。

$$\rho = \frac{P}{F_1 + F_2}$$

式中：

ρ 为在标准状况下硫化氢标准气体的浓度(mg/m^3)；

P 为硫化氢渗透管的渗透率(μg/min)；

F_1 为标准状况下氮气流量(L/min)；

F_2 为标准状况下稀释空气流量(L/min)。

例如：渗透率为 0.05 μg/min，氮气流量为 0.25 L/min，空气流量为 4.75 L/min，则硫化氢浓度为 0.01 mg/m^3。这样，在可测浓度范围内(0.005—0.130 mg/m^3)，至少制备 4 个浓度点的硫化氢标准气体，并以零浓度气体做试剂空白测定。各种浓度点的标准气体，按常规采样的操作条件，采集一定体积的标准气体，采样体积应与预计在现场采集的空气样品的体积相接近(如采样流量 1.0 L/min，采气体积 30 L)。然后，各浓度点的样品溶液用水补至采样前的吸收液的体积，按用标准溶液绘制标准曲线的操作步骤显色，并测定各浓度点的样品溶液的吸光度。以硫化氢标准气体的浓度(mg/m^3)为横坐标，吸光度为纵坐标，绘制标准曲线，并计算回归直线的斜率，以斜率的倒数作为样品测定的计算因子 B_g。

2.样品测定

采样后,用水补充到采样前的吸收液的体积。由于样品溶液不稳定,应在 6 h 内按用标准溶液绘制标准曲线的操作步骤显色,测吸光度。在每批样品测定的同时,用 10 mL 未采样的吸收液做试剂空白的测定。如果样品溶液吸光度超过标准曲线的范围,则可将样品溶液用吸收液稀释后再分析,计算浓度时,要考虑到样品溶液的稀释倍数。

(三)计算

(1)将采样体积换算成标准状态下的采样体积。

(2)空气中硫化氢的浓度计算。

①用标准溶液制备标准曲线时,空气中硫化氢浓度用下式计算:

$$\rho = \frac{(A - A_0) \times B_s}{V_0} \times D$$

②用标准气体制备标准曲线时,空气中硫化氢浓度用下式计算:

$$\rho = (A - A_0) \times B_g \times D$$

式中:

ρ 为空气中硫化氢浓度(mg/m^3);

A 为样品溶液的吸光度;

A_0 为试剂空白的吸光度;

B_s 和 B_g 分别为计算因子;

D 为分析时样品溶液的稀释倍数。

五、实验结果记录与分析

(一)记录结果

(1)样品溶液的吸光度(A):_____;

(2)试剂空白的吸光度(A_0):_____;

(3)计算因子(B_s):_____ μg/吸光度;

(4)计算因子(B_g):_____ $mg/(m^3 \cdot$吸光度);

(5)分析时样品溶液的稀释倍数(D):_____。

(二)总结与分析

分析结果,总结实验的成败经验。

六、思考题

（1）除了本方法以外，还有哪些方法可以对硫化氢进行测定？
（2）本实验测定中，有哪些因素可以影响实验结果的准确性？

七、实验拓展

硫化氢化学测定方法很多，有亚甲基蓝比色法、硫化银比色法、乙酸铅试纸法、检气管法和碘量法等。其中以亚甲基蓝比色法应用最普遍，且方法灵敏，适用于大气测定。

由于硫化氢极不稳定，在采样和放置过程中易被氧化和受日光照射而分解，所以吸收液成分选择应考虑到硫化氢样品的稳定性问题。

因此，在碱性氢氧化镉吸收液中加保护胶体，如阿拉伯半乳聚糖或聚乙烯醇磷酸铵，将所形成的硫化镉隔绝空气和阳光，减小氧化和光分解作用。用锌氨络盐溶液加甘油作吸收液可将H_2S形成络合物而使其稳定。

硫化氢仪器测定有库仑滴定法和火焰光度法。所用选择性过滤器能让H_2S定量通过，又能排除其他干扰气体。

实验 3　二氧化碳的测定

二氧化碳本身为无毒气体,但畜舍二氧化碳浓度过高,说明畜舍通风不良,舍内氧气消耗过多,其他有害气体含量可能较高,引起畜禽慢性中毒,使动物食欲下降、体质减弱。因此,二氧化碳常作为监测畜舍空气污染程度的可靠指标。二氧化碳测定方法主要有体积测量法、滴定法和红外线吸收法等。

一、实验目的

(1)了解草酸容量滴定法测定二氧化碳的原理。
(2)掌握大气采样器的操作方法。
(3)掌握草酸容量滴定法测定CO_2的方法和注意事项。

二、实验原理

空气中的CO_2被过量氢氧化钡吸收,产生白色碳酸钡沉淀。剩余的氢氧化钡被草酸标准溶液滴定至酚酞试剂红色刚退。根据容量法滴定结果与采集空气体积,即可求得采集气体中CO_2的浓度。

$$Ba(OH)_2 + CO_2 \longrightarrow BaCO_3 \downarrow + H_2O$$
$$Ba(OH)_2 + H_2C_2O_4 \longrightarrow BaC_2O_4 \downarrow + 2H_2O$$

三、实验准备

(一)仪器设备

(1)空气采样器。

流量范围 0.2—1.0 L/min,流量稳定。使用时,用皂膜流量计校正采样系列在采样前和采样后的流量,流量误差应小于5%。

(2)吸收管吸收液为 50 mL,当流量为 0.3 L/min 时,吸收管多孔板阻力为 40—50 mm H_2O。

(3)碘量瓶(125 mL)。

(4)酸式滴定管(50 mL)。

(二)试剂

(1)吸收液。

称量 1.4 g 氢氧化钡[$Ba(OH)_2 \cdot 8H_2O$]和 0.08 g 氯化钡($BaCl_2 \cdot 2H_2O$),溶于 800 mL 水中,加入 3 mL 正丁醇,摇匀,用水稀释至 1 000 mL。(此吸收液用于空气中二氧化碳浓度低于 0.15% 时采样,应在采样前两天配制,密封保存,避免接触空气。采样时吸取上清液作为吸收液。)

如空气中二氧化碳浓度在 0.15%—0.50% 时,则使用 2.8 g 氢氧化钡和 0.16 g 氯化钡。

(2)草酸标准溶液。

称取 0.563 7 g 草酸($H_2C_2O_4 \cdot 2H_2O$),溶于 100 mL 烧杯中,1 000 mL 容量瓶定容。[此溶液 1 mL 与标准状况下(0 ℃,101.325 kPa)0.1 mL CO_2 相当。]

(3)酚酞指示剂。

(4)正丁醇(分析纯)。

(5)纯氮气(纯度 99.99%)或经碱石灰管除去二氧化碳后的空气。

四、实验方法

1. 采样

取一个吸收管(事先应充氮或充入经碱石灰处理的空气),加入 50 mL 氢氧化钡吸收液,以 0.3 L/min 流量采样 5—10 min。采样前后,吸收管的进、出气口均用乳胶管连接,以免进入空气。同时,记录采样时的温度和大气压力。

2. 操作步骤

采样后,取出中间砂芯管,加塞静置 3 h,使碳酸钡沉淀完全,吸取上清液 25 mL 置碘量瓶中,加入2滴酚酞指示剂,用草酸滴定至酚酞的红色变为无色,记录样品滴定所消耗的草酸标准溶液体积(mL)。

在每批样品测定的同时,吸取25 mL未采样的氢氧化钡吸收液,按相同步骤作空白滴定,记录空白滴定所消耗的草酸标准溶液的体积(mL)。

【注意事项】

①氢氧化钡和氯化钡均有毒性,使用时应注意安全。

②正丁醇为发泡剂,可增加二氧化碳吸收效率,以1 L吸收液加入3 mL正丁醇为宜。吸收液中发泡剂正丁醇可在采样前一天加入。如正丁醇加入时间过长,则过分发泡,造成采样时泡沫倒吸。

③一般室外空气采样3—5 L,养殖密集的场所1.0—1.5 L,采样时间过长,吸收液逐渐变稀,造成结果变低,如果采样时吸收液全被二氧化碳中和,则样品报废。

3. 计算

(1)将采样气体体积换算成标准状态下气体体积。

(2)空气中二氧化碳浓度按下式计算:

$$w = \frac{20(V_2 - V_1)}{V_0}$$

式中:

w为空气中二氧化碳浓度(%);

V_1为滴定样品消耗草酸标准溶液的体积(mL);

V_2为滴定空白消耗草酸标准溶液的体积(mL);

V_0为换算成标准状况下的采样体积(mL)。

该方法的精密度和准确度:对0.04%—0.27%二氧化碳标准气重点测定的变异系数为2%—4%;对0.04%—0.27%二氧化碳标准气回收率为97%—98%。

五、实验结果记录与分析

(一)结果记录

(1)滴定样品消耗草酸标准溶液的体积(V_1):_____mL;

(2)滴定空白消耗草酸标准溶液的体积(V_2):_____mL;

(3)换算成标准状况下的采样体积(V_0):_____mL。

(二)计算与分析

计算结果,分析实验成败的原因。

六、思考题

(1)除本方法测定二氧化碳外,还有哪些方法可以测定?

(2)查阅资料,思考二氧化碳测定仪工作指标及方法有哪些。

(3)本法测定二氧化碳过程中,测定时间因素对结果有何影响?

七、实验拓展

不分光红外线气体分析法测定二氧化碳

一、原理

二氧化碳对红外线有选择性地吸收。在一定范围内,吸收值与二氧化碳浓度呈线性关系。根据吸收值确定样品中二氧化碳的浓度。

二、试剂和材料

变色硅胶(于12 ℃干燥2 h);氯化钙,分析纯;高纯氮气,纯度99.999%;烧碱石棉,分析纯;0.5 L或1.0 L塑料铝箔复合薄膜采气袋;二氧化碳标准气体,贮于铝合金钢瓶中,不确定度小于1%。

三、仪器和设备

不分光红外线气体分析仪:测量范围0%—0.5%挡;重现性:≤±1%满刻度;零点漂移:≤±2%满刻度/h;跨度漂移:≤±2%满刻度/3 h;温度附加误差:(在10—45 ℃)≤±2%满刻度/10 ℃;一氧化碳干扰:1 250 mg/m³ CO≤±0.3%满刻度;响应时间:t_0—t_{90}<15 s。

四、实验方法

(一)采样

用塑料铝箔复合薄膜采气袋,抽取现场空气冲洗3—4次,采气0.5 L或1.0 L,密封进气口,带回实验室分析。也可以将仪器带到现场间歇进样,或连续测定空气中二氧化碳浓度。

(二)分析步骤

1.仪器校准

仪器零点校准:仪器连接电源后,稳定0.5—1.0 h,将高纯氮气或空气经变色硅胶或氯化钙干燥和烧碱石棉过滤后接入仪器,进行零点校准。

仪器终点校准:用二氧化碳标准气(如0.50%)连接在仪器进样口,进行终点刻度校准。

零点与终点校准重复2—3次,使仪器处在正常工作状态。

2.样品测定

内装空气样品的采气袋经过装有变色硅胶或氯化钙的过滤器与仪器的进气口相连接,样品被自动抽到气室中,仪器显示二氧化碳的浓度。如果将仪器带到现场,可直接读出空气中二氧化碳的浓度。

实验 4　空气微生物的测定

空气是人类赖以生存的必需环境,也是微生物借以扩散的媒介。空气中存在着细菌、真菌、病毒、放线菌等多种微生物粒子,这些微生物粒子是空气污染物的重要组成部分。空气微生物主要来自地面及设施、人和动物的呼吸道、皮肤和毛发等,它附着在空气气溶胶细小颗粒物表面,可较长时间停留在空气中。某些微生物还可以随着空气中细小颗粒存留在肺的深处,给身体健康带来严重危害,也可以随着空气中细小颗粒物被输送到较远地区,传播疾病。因此,空气微生物含量多少可以反映所在区域的空气质量,是空气环境污染的一个重要参数,可用来评价空气的清洁程度。

空气并非微生物的繁殖场所,空气中缺乏水分和营养,紫外线的照射对微生物也有致死作用。因此,大多数病原菌在空气中不易存活,但结核菌、葡萄球菌和链球菌等可以在空气中存活一段时间。微生物产生的孢子也可以长期飘浮在空气中,形成"气溶胶",借风力传播。空气中的微生物,真菌的孢子数量最多,细菌较少。而且藻类、酵母菌、病毒都会存在于空气中。尘埃多的地方,如畜舍、公共场所、医院、城市街道的空气中,微生物数量较多;而高山、海洋、森林、积雪的山脉和高纬度地带的空气中,微生物较少。

目前,还无统一的关于空气的卫生学指标,一般以室内 1 m³ 空气中细菌总数为 50—1 000 个以上作为空气污染的指标。

【细菌总数】

一、实验目的

(1) 了解空气中细菌的分布状况,学习空气现场采样检测法。
(2) 掌握空气中细菌总数的检测方法。

二、实验原理

采用撞击法或自然沉降法采样、营养琼脂培养基培养计数的方法测定空气中的细菌总数。

三、实验准备

(一)仪器设备

六级筛孔撞击式微生物采样器、高压蒸汽灭菌器、恒温培养箱、平皿 Φ90 mm、采样支架。

(二)试剂

营养琼脂培养基成分:蛋白胨10 g、氯化钠5 g、肉膏5 g、琼脂20 g、蒸馏水1 000 mL。

制法:将蛋白胨、氯化钠、肉膏溶于蒸馏水中,校正pH为7.2—7.6,加入琼脂,121 ℃、20 min灭菌备用。

四、实验方法

(一)采样点的布置

室内面积不足50 m²的设置1个采样点,50—200 m²的设置2个采样点,200 m²以上的设置3—5个采样点(撞击法)。室内面积不足50 m²的设置3个采样点,50 m²以上的设置5个采样点(自然沉降法)。采样点距离地面高度1.2—1.5 m,距离墙壁不小于1 m。采样点按均匀布点原则布置,室内1个采样点时设置在中央,2个采样点时设置在室内对称点上,3个采样点时设置在室内对角线四等分的3个等分点上,5个采样点时按梅花布点,其他的按均匀布点原则布置。采样点应避开通风口、通风管道等。

(二)实验步骤

采样时,关闭门窗15—30 min,记录室内人员数量、温湿度与天气状况等。

1.撞击法

无菌操作,使用撞击式微生物采样器以28.3 L/min流量采集5—15 min,采样器使用按照说明书要求进行。

将采集细菌后的营养琼脂平皿置35—37 ℃培养48 h,菌落计数。

2.自然沉降法

将营养琼脂平板置于采样点处,打开皿盖,暴露5 min。

将采集细菌后的营养琼脂平皿置35—37 ℃培养48 h,菌落计数。

五、实验结果记录与分析

(一)撞击法

1.采样点细菌总数结果计算

菌落计数,记录结果并按稀释比与采气体积换算成 CFU/m^3(每立方米空气中菌落形成单位)。

2.一个区域细菌总数测定结果

一个区域空气中细菌总数的测定结果按该区域全部采样点中细菌总数测定值中的最大值给出。

(二)自然沉降法

计数每块平板上生长的菌落数,求出全部采样点的平均菌落数,检验结果以每平皿菌落数(CFU/皿)给出。

【真菌总数】

一、实验目的

(1)了解空气中真菌的分布状况,学习空气现场采样检测法。
(2)掌握空气中真菌总数的检测方法。

二、实验原理

采用撞击法或自然沉降法采样、沙氏琼脂培养基培养计数的方法测定空气中的真菌总数。

三、实验准备

(一)仪器设备

六级筛孔撞击式微生物采样器、高压蒸汽灭菌器、恒温培养箱、平皿Φ90 mm、采样支架。

(二)试剂

沙氏琼脂培养基成分:蛋白胨10 g、葡萄糖40 g、琼脂20 g、蒸馏水1 000 mL。

制法:将蛋白胨、葡萄糖溶于蒸馏水中,校正pH为5.5—6.0,加入琼脂,115 ℃、15 min灭菌备用。

四、实验方法

（一）采样点的布置

参照细菌总数的测定。

（二）实验步骤

采样时，关闭门窗 15—30 min，记录室内人员数量、温湿度与天气状况等。

1. 撞击法

无菌操作，使用撞击式微生物采样器以 28.3 L/min 流量采集 5—15 min，按照说明书要求使用采样器。

将采集真菌后的沙氏琼脂培养基平皿置 28 ℃培养，逐日观察并于第 5 天记录结果。若真菌数量过多可于第 3 天计数，并记录培养时间。

2. 自然沉降法

将沙氏琼脂平板置于采样点处，打开皿盖，暴露 5 min。

将采集真菌后的沙氏琼脂培养基平皿置 28 ℃培养，逐日观察并于第 5 天记录结果。若真菌数量过多可于第 3 天计数，并记录培养时间。

五、实验结果记录与分析

（一）撞击法

1. 采样点真菌总数结果计算

菌落计数，记录结果并按稀释比与采气体积换算成 CFU/m^3（每立方米空气中菌落形成单位）。

2. 一个区域真菌总数测定结果

一个区域空气中真菌总数的测定结果按该区域全部采样点中真菌总数测定值中的最大值给出。

（二）自然沉降法

计数每块平板上生长的菌落数，求出全部采样点的平均菌落数，检验结果以每平皿菌落数（CFU/皿）给出。

【β-溶血性链球菌】

一、实验目的

(1)掌握测定β-溶血性链球菌的实验原理。
(2)掌握空气中β-溶血性链球菌的检测方法。

二、实验原理

采用撞击法采样、血琼脂培养基培养计数的方法测定空气中的β-溶血性链球菌数量。

三、实验准备

(一)仪器设备

六级筛孔撞击式微生物采样器、高压蒸汽灭菌器、恒温培养箱、平皿Φ 90 mm。

(二)试剂

血琼脂培养基成分:蛋白胨10 g、氯化钠5 g、肉膏5 g、琼脂20 g、脱纤维羊血5—10 mL、蒸馏水1 000 mL。

制法:将蛋白胨、氯化钠、肉膏加热溶化于蒸馏水中,校正pH为7.4—7.6,加入琼脂,121 ℃、20 min灭菌,待冷却至50 ℃左右,以无菌操作加入脱纤维羊血,摇匀倾皿。

四、实验方法

(一)采样

参照细菌总数的测定。

(二)实验步骤

1.培养

采样后的血琼脂平板在35—37 ℃下培养24—48 h。

2.结果观察

培养后,在血琼脂平板上形成呈灰白色、表面突起、直径0.5—0.7 mm的细小菌落,菌落透明或半透明,表面光滑有乳光;镜检为革兰氏阳性无芽孢球菌,圆形或卵圆形,呈链状排列,受培养与操作条件影响,链的长度在4—8个细胞至几十个细胞之间;菌落周围有明显的2—4 mm界线分明、完全透明的无色溶血环。符合上述特征的菌落为β-溶血性链球菌。

五、实验结果记录与分析

(1)采样点β-溶血性链球菌结果计算。

菌落计数,记录结果并按稀释比与采气体积换算成 CFU/m³(每立方米空气中菌落形成单位)。

(2)一个区域β-溶血性链球菌测定结果。

一个区域空气中β-溶血性链球菌的测定结果按该区域全部采样点中β-溶血性链球菌测定值中的最大值给出。

【嗜肺军团菌】

一、实验目的

(1)掌握测定嗜肺军团菌的实验原理。
(2)掌握空气中嗜肺军团菌的检测方法。

二、实验原理

采用液体冲击法采样,培养法定性测定空气中的嗜肺军团菌。

三、实验准备

(一)仪器设备

微生物气溶胶浓缩器(采样流量≥100 L/min,直径3.0 μm以上粒子的捕集效率应≥80%,或浓缩比≥8);液体冲击式微生物气溶胶采样器(采样流量7—15 L/min,直径0.5 μm以上粒子的捕集效率≥90%);离心管(容积50 mL);平皿(Φ90 mm);CO_2培养器(35—37 ℃);紫外线灯(波长360 nm±2 nm);涡旋振荡器;普通光学显微镜、荧光显微镜;水浴箱。

(二)试剂

1.采样吸收液1(GVPC液体培养基)

(1)GVPC添加剂成分:多黏菌素B硫酸盐10 mg、万古霉素0.5 mg、放线菌酮80 mg。

(2)BCYE添加剂成分:α-酮戊二酸1.0 g、N-2-乙酰胺基-2-氨基乙烷磺酸(ACES)10.0 g、氢氧化钾2.88 g、L-半胱氨酸盐酸盐0.4 g、焦磷酸铁0.25 g。

(3)吸收液成分:活性炭2 g、酵母浸出粉10 g、GVPC添加剂、BCYE添加剂、蒸馏水1 000 mL。

(4)制法:将活性炭、酵母浸出粉加水至1 000 mL,121 ℃下高压灭菌15 min,加入GVPC添加剂和BCYE添加剂,分装于灭菌后的离心管中备用。

2.**采样吸收液2(酵母提取液)**

(1)吸收液成分:酵母浸出粉12 g、蒸馏水1 000 mL。

(2)制法:将酵母浸出粉加水至1 000 mL,121 ℃下高压灭菌15 min,分装于灭菌后的离心管中备用。

3.**盐酸氯化钾溶液**[$c(HCl\cdot KCl)=0.01$ mol/L]

(1)成分:盐酸(0.2 mol/L)3.9 mL、氯化钾(0.2 mol/L)25 mL。

(2)制法:将上述成分混合,用1 mol/L氢氧化钾调整pH至2.2±0.2,121 ℃下高压灭菌15 min备用。

4.**GVPC琼脂平板**

5.**BCYE琼脂平板**

6.**BCYE-CYE琼脂平板**

7.**革兰氏染色液**

8.**马尿酸盐生化反应管**

9.**军团菌分型血清试剂**

四、实验方法

(一)采样点的布置

参照细菌总数的测定。

(二)采样

(1)将20 mL采样吸收液1倒入微生物气溶胶采样器中,然后用吸管加入矿物油1—2滴。

(2)将微生物气溶胶浓缩器与微生物气溶胶采样器连接,按照微生物气溶胶浓缩器和微生物气溶胶采样器的流量要求调整主流量和浓缩流量。

(3)按浓缩器和采样器说明书操作,每个气溶胶样品采集空气量1—2 m^3。

(4)将20 mL采样吸收液2倒入微生物气溶胶采样器中,然后用吸管加入矿物油1—2滴;在相同采样点重复2、3步骤。

(5)采集的样品不必冷冻,但要避光和防止受热,4 h内送实验室检验。

(三)检测步骤

1. 样品的酸处理

采样后的吸收液1和吸收液2原液各取1 mL,分别加入盐酸氯化钾溶液充分混合,调pH至2.2,静置15 min。

2. 样品的接种

在酸处理后的两种样品中分别加入1 mol/L氢氧化钾溶液,中和至pH为6.9,各取悬液0.2—0.3 mL分别接种于GVPC平板。

3. 样品的培养

将接种平板静置于浓度为5%、温度为35—37 ℃的CO_2培养箱中,孵育10 d。

4. 菌落观察

从孵育第3天开始观察菌落。军团菌的菌落颜色多样,通常呈白色、灰色、蓝色或紫色,也能显深褐色、灰绿色、深红色;菌落整齐,表面光滑,呈典型磨砂玻璃状,在紫外灯下,部分菌落有荧光。

5. 菌落验证

从平皿上挑取2个可疑菌落,接种BCYE琼脂平板和BCYE-CYE琼脂平板,35—37 ℃培养2 d,凡在BCYE琼脂平板上生长而在BCYE-CYE琼脂平板不生长的则为军团菌菌落。

6. 菌型确定

应进行生化培养与血清学实验确定嗜肺军团菌。生化培养:氧化酶(-/弱+),硝酸盐还原(-),尿素酶(-),明胶液化(+),水解马尿酸。血清学实验:用嗜肺军团菌诊断血清进行分型。

五、实验结果记录与分析

1. 采样点测定结果

两种采样吸收液中至少有一种吸收液培养出嗜肺军团菌,即为该采样点嗜肺军团菌阳性。

2. 一个区域测定结果

一个区域中任意一个采样点嗜肺军团菌阳性,即该区域空气中嗜肺军团菌的测定结果为阳性。

六、思考题

(1)根据实验结果,请描述培养物的形态特征。

(2)计算空气中微生物含量,分析被测空气卫生状况如何。

七、实验拓展

养殖场圈舍中微生物总量的测定:采用简易定量测定法,用无菌注射器定量抽取空气,将所取空气压入培养基内部,经培养后,即可定量、定性测定空气中细菌、真菌等微生物,此法简单易行。

采样点:设猪床下方15 cm为采样区域,各点每天分别选在8:00、11:00、15:00、20:00、22:00进行,连续2—3 d,按照"田"字形进行样品的采集,菌落数取平均值。

【细菌总数的测定】

(一)实验准备

(1)实验试剂:营养琼脂培养基。

(2)实验器材:无菌注射器、无菌培养皿、温湿度培养箱、灭菌锅、烧杯、量筒、天平、玻璃棒、pH试纸、温度计、湿度计。

(二)实验步骤

(1)按比例配制培养细菌用的营养琼脂培养基,灭菌后融化,在50 ℃水浴中保温备用。

(2)利用50—100 mL无菌注射器抽取待测环境空气20—100 mL。

(3)在无菌操作下,取已融化培养基倒入无菌平皿中,平皿稍作倾斜,将注射器插入培养基深处,缓慢将空气压入培养基内,轻轻摇匀以消除气泡。待培养基凝固,置于30 ℃恒温箱中培养3 d后统计细菌菌落数量,推算1 L空气所含细菌量。

环境因素测定:采样同时记录猪舍内外温度和相对湿度。

(三)实验结果

统计菌落形成单位数(CFU)。

【真菌总数的测定】

(一)实验准备

(1)实验试剂:PDA培养基。

(2)实验器材:无菌注射器、无菌培养皿、温湿度培养箱、灭菌锅、烧杯、量筒、天平、玻璃棒、pH试纸等。

(二)实验步骤

(1)配制培养真菌用的PDA培养基,灭菌后融化,在50 ℃水浴中保温备用。

(2)利用50—100 mL无菌注射器抽取待测环境空气20—100 mL。

(3)在无菌操作下,取已融化培养基倒入无菌平皿中,平皿稍作倾斜,将注射器插入培养基深处,缓慢将空气压入培养基内,轻轻摇匀以消除气泡。待培养基凝固,置于30 ℃恒温箱中培养5 d后统计真菌菌落数量,推算1 L空气所含真菌量。统计霉菌数量时培养的时间稍许延长。应用此法需多做平行实验,求其平均值以提高准确性。

环境因素测定:采样同时记录猪舍内外温度和相对湿度。

(三)实验结果

统计菌落形成单位数(CFU)。

实验 5　总悬浮颗粒物的测定

总悬浮颗粒物(TSP)指能悬浮在空气中,空气动力学当量直径≤100 μm的颗粒物。总悬浮颗粒物是环境空气质量标准中的主要指标之一,它包括地面扬尘、燃烧烟尘和工业中产生的炭黑尘、玻璃棉尘、石英粉尘等颗粒物。大气中悬浮颗粒物不仅是严重危害人体健康的主要污染物,也是气态、液态污染物的载体,成分复杂,并具有特殊的理化特性及生物活性,对人体健康、植被生态和能见度等都有着非常重要的直接和间接影响。因此,对这类污染物的浓度进行测定是大气环境污染研究中的一项重要工作。

一、实验目的

(1)学习和掌握重量法(指质量法)测定大气中总悬浮颗粒物的方法。
(2)掌握中流量TSP采样基本技术及采样方法。

二、实验原理

借助具有一定切割特性的采样器,以恒速抽取定量体积的空气,使环境空气中的总悬浮颗粒物被截留在已知质量的滤膜上。根据采样前、后滤膜重量差和采样体积,计算总悬浮颗粒物的质量浓度。

三、实验准备

(1)大流量或中流量采样器:其性能和技术指标应符合HJ/T 374-2007的有关规定。
(2)流量校准器:
大流量流量校准器:在0.7—1.4 m^3/min 范围内;相对误差在±2%以内。
中流量流量校准器:在70—160 L/min 范围内;相对误差在±2%以内。

(3)分析天平:实际分度值不超过0.000 1 g。

(4)恒温恒湿设备(室):设备(室)内空气温度控制在15—30 ℃任意一点,控制精度±1 ℃,湿度应控制在(50%±5%)RH范围内;恒温恒湿设备(室)可连续工作。

(5)滤膜:根据样品采集目的可选用玻璃纤维滤膜、石英滤膜等无机滤膜或聚四氟乙烯、聚氯乙烯、聚丙乙烯、混合纤维等有机滤膜;可选滤膜尺寸为200 mm×250 mm的方形滤膜或直径为90 mm的圆形滤膜;对直径为0.3 μm标准粒子的捕集效率不低于99%;在气流速度为0.45 m/s时,单张滤膜阻力不大于3.5 kPa,在同样气流速度下,抽取经高效过滤器净化的空气5 h,1 cm²滤膜失重不大于0.012 mg。

四、实验方法

(一)样品的采集

(1)监测点位布设要求应满足HJ 194-2017或GB 16297-1996的有关规定。当多台采样器同时采样时,中流量采样器相互之间的距离为1 m左右,大流量采样器相互之间的距离为2—4 m。

(2)采样前,应现场使用流量校准器对采样器的采样流量进行检测。若流量测试误差超过采样器设定流量的±2%,应对采样流量进行校准,校准方法参考HJ 1263-2022。

(3)打开采样头,取出滤膜夹。用清洁无绒干布擦去采样头内及滤膜夹的灰尘。

(4)将经过检查和称重的滤膜放入洁净采样夹内的滤网上,滤膜毛面应朝向进气方向,将滤膜牢固压紧至不漏气。安装好采样头,按照采样器使用说明,设置采样时间,启动采样。

(5)根据工作需要,可选择设置采样时长:测定颗粒物日均浓度按GB 3095-2012有关规定执行。应确保滤膜增重不小于分析天平实际分度值的100倍。当分析天平的实际分度值为0.000 1 g时,滤膜增重不小于10 mg;当分析天平的实际分度值为0.000 01 g时,滤膜增重不小于1 mg。

(6)采样结束后,打开采样头,取出滤膜。使用大流量采样器采样时,将滤膜尘面两次对折,放入滤膜袋中;使用中流量采样器采样时,将滤膜尘面朝上,平放入滤膜盒中。

(7)滤膜取出时,若发现滤膜损坏或滤膜采样区域的边缘轮廓不清晰,则该样品作废;若滤膜上粘有液滴或异物,则该样品作废。

(二)样品分析

1.采样前滤膜称量

(1)将滤膜放在恒温恒湿设备中平衡至少24 h后称量。

(2)滤膜平衡后用分析天平对滤膜进行称量,每张滤膜称量两次,间隔至少1 h。当天平实际分度值为0.000 1 g时,两次重量之差小于1 mg;当天平实际分度值为0.000 01 g时,两次重量之差小于0.1 mg;以两次称量结果的平均值作为滤膜称量值。

(3)滤膜称量后,平放至滤膜袋/盒中,不得弯曲或折叠。

2.采样后滤膜称量

参考采样前滤膜称量步骤。

(三)计算

环境空气中总悬浮颗粒物的质量浓度按照下式计算:

$$\rho = \frac{(W_2 - W_1)}{V} \times 1\,000$$

式中:

ρ 为总悬浮颗粒物的质量浓度($\mu g/m^3$);

W_1 为采样前滤膜的质量(mg);

W_2 为采样后滤膜的质量(mg);

V 为根据相关质量标准或排放标准采用相应状态下的采样体积(m^3);

1 000 为mg与μg质量单位换算系数。

五、实验结果记录与分析

(一)结果记录

(1)采样前滤膜的质量(W_1):_____mg;

(2)采样后滤膜的质量(W_2):_____mg;

(3)标准状态下的采样体积(V):_____m^3。

(二)分析与总结

计算并分析实验结果,总结实验成败的原因。

六、思考题

(1)总悬浮颗粒物为什么是大气质量评价中的一个通用的重要指标?

(2)总悬浮颗粒物是指悬浮在空气中,空气动力学直径≤100 μm的颗粒物。同类的其他常见概念有PM_{10}、$PM_{2.5}$等,其测定方法是什么?

七、实验拓展

$PM_{2.5}$ 和 PM_{10}

$PM_{2.5}$ 指悬浮在空气中，空气动力学直径≤2.5 μm的颗粒物，也称细颗粒物、可入肺颗粒物。$PM_{2.5}$ 的主要来源是发电、工业生产、汽车尾气排放等过程中经过燃烧而排放的残留物。$PM_{2.5}$ 粒径小，不易被鼻腔内部结构阻挡，被吸入人体后，可引发包括哮喘、支气管炎和心血管病等方面的疾病。而且，$PM_{2.5}$ 易附带有毒、有害物质，在大气中停留时间长、输送距离远，因而对人体健康和大气环境质量的影响较大。

PM_{10} 指悬浮在空气中，空气动力学直径≤10 μm的颗粒物，又称可吸入颗粒物，主要是由工业过程中直接排放的超细颗粒物、大气中二次形成的超细颗粒物和气溶胶等产生的。PM_{10} 能够进入上呼吸道，部分可被鼻腔内部的绒毛阻挡，部分可通过痰液等排出体外。和 $PM_{2.5}$ 相比，PM_{10} 对人体健康危害相对较小。但 PM_{10} 可使慢性支气管炎、尘肺等呼吸系统疾病恶化，并可引起心脏自主神经系统在心率、血黏度等方面的变化，增加突发心肌梗死的危险。

环境空气中 $PM_{2.5}$ 和 PM_{10} 的测定使用的是重量法（HJ 618-2011），其测定原理和测量方法与测定TSP相似。

第三章　光照与噪声的测定

实验 1　光照强度的测定

光照是影响家畜生长发育、生产力水平和健康的重要环境因素之一。衡量光照的指标有光照强度、光照时间、光周期、采光系数、自然光照系数等。光照强度即照度,指物体被照明的程度,单位是勒克斯(lx)。

一、实验目的

(1)掌握畜禽场或畜禽舍照度的测定方法。
(2)对畜禽场或畜禽舍的光照强度作出正确评价。

二、实验原理

光照强度的测定仪器是照度计。照度计是利用光敏半导体元件的物理光电现象制成的。当观测点的光线照射到硒光电池(光电元件)后,硒光电池即将光能转变为电能,通过电流值转化为光的照度值。

三、实验准备

(1)照度计。
(2)测定光照强度的场地面积在 100 m² 以上。

四、实验方法

(一)观测点的确定

整体照明:一般测定点的高度确定为地面以上 80—90 cm。每 100 m² 均匀布置 10 个点为宜,求平均值作为观测值。

局部照明:因特殊需要,亦可测量其中狭小范围内有代表性的一点,作为观测值。但要根据实际情况合理选择观测点,并要在测定结果中注明观测点位置。

(二)照度计测定照度

观测方法:将照度计测光探头的光敏面置于待测位置,打开照度计电源,选择合适的量程,再打开遮光罩,待显示屏出现的数字相对稳定后按保持键,记录观测数据。

【注意事项】

①为了光源的稳定性,测定开始前,白炽灯至少开 5 min,气体放电灯至少开 30 min。

②为了使受光器不产生初始效应,在测量前至少曝光 5 min。受光器上必须洁净无尘。

③测定时受光器一律水平放置于测定面上。注意测定者所处的位置、服装颜色,以及观测点周围的其他物体,不要影响测定结果。

五、实验结果记录与分析

(一)实验结果

每组在实验场地不同的 10 个点测定其光照强度,每个点重复测定 5 次(间隔 10 s),并将测定结果记录在表 3-1 中。

表 3-1 光照强度测定记录表 单位:lx

次数	测定点									
	1	2	3	4	5	6	7	8	9	10
1										
2										
3										
4										
5										
平均数										

(二)结果分析

对测定的数据进行分析讨论(数据的可靠性,数据得出的结论、意见或建议)。

六、思考题

(1)如何合理地布置舍内光源?

(2)影响畜舍光照强度的因素有哪些?

七、实验拓展

光照培养箱具有超温和传感器异常保护功能,保障仪器和样品安全;选配全光谱的植物生长灯,有利于植物的生长,提高抗病性。具有掉电记忆、掉电时间自动补偿功能;恒温控制系统反应快,控温精度高。光照培养箱微电脑全自动控制,触摸开关,操作简便;可编程多段控制方式,白天、黑夜均可单独设置温度、湿度、光照度和时间等。风道式通风,工作室风速柔和,温度均匀;中空反射钢化镀膜玻璃,绝热性能好,美观大方。有全封闭不透光灯罩,可选装工作室电源、消毒装置等。

利用光照培养箱观测不同环境条件下受精蛋的发育情况,并分析其原因。

实验 2　采光系数的测定

生产中常用采光系数来衡量和设计畜舍的采光。采光系数是指窗户的有效采光面积与舍内地面面积之比,它是反映畜禽舍自然光照量的一个常见指标。采光系数越大,进入舍内的光越多。

一、实验目的

(1)掌握畜禽舍采光系数的测定方法。
(2)正确评价畜禽舍的采光情况。

二、实验原理

用直尺或卷尺精确测量采光口的有效采光面积(含双侧采光)和室内地面面积,求出两者之比。由于采光系数未考虑当地气候、采光口的朝向、窗户环境和前排建筑物的遮光影响,因此它只是评价自然采光状况的一个粗略指标。

三、实验准备

(1)直尺和卷尺。
(2)测定的房间面积在 50 m^2 以上。

四、实验方法

精确测量:用直尺或卷尺逐一测量房间内每块玻璃的长、宽(双层窗只测量一层,不要把窗框计算在内)及该房间内地面的长、宽(包括物品所占面积),将其记录下来并计算采光系数。

粗略测量：用直尺或卷尺逐一测量房间内每个窗户的长、宽（包括窗框在内）及该房间内地面的长、宽（包括物品所占面积），将其记录下来并计算其采光系数，如下式。其有效采光面积为包括窗框在内的窗户面积乘以0.8。

$$C_o = \frac{S_w}{S_f}$$

式中：

C_o 为采光系数；

S_w 为窗户有效采光面积（m²）；

S_f 为舍内地面面积（m²）。

五、实验结果记录与分析

（一）实验结果

将精确测量和粗略测量结果分别记录在表3-2和表3-3中。

表3-2　窗户采光系数精确测量记录表

测项	窗户序号				
	1	2	3	4	5
长/m					
宽/m					
面积/m²					
窗户总面积/m²					
舍内地面面积/m²					
采光系数					
备注					

表3-3　窗户采光系数粗略测量记录表

测项	窗户序号				
	1	2	3	4	5
长/m					
宽/m					
面积/m²					
有效采光面积/m²					
舍内地面面积/m²					
采光系数					

(二)结果分析

对测定的数据进行分析讨论(数据的可靠性、数据得出的结论、意见或建议)。

六、思考题

(1)如何解决畜禽舍采光系数过小的问题？

(2)畜禽舍采光系数是不是越大越好？

七、实验拓展

产蛋鸡的养殖模式主要有两种：一种是开放式的养殖模式，一种是封闭式的养殖模式。这两种养殖模式各有利弊。开放式鸡舍的优点是造价低，节省能源；缺点是受外界环境的影响较大，尤其是光照的影响最大，不能很好地控制鸡的性成熟，饲养实践中很容易出现过早开产、蛋重小的问题，而且强光下容易引起鸡啄癖。另外，高温季节容易造成蛋鸡采食量减少，饲料转化率下降，蛋重减轻，蛋壳质量下降，产蛋率下降，死淘率上升，甚至大批热死。封闭式鸡舍的缺点是投资大，电耗高；其优点是环境控制容易，产蛋率高，强制换羽也容易操作。

将一定数量的畜禽放置在自然光照、人工光照和完全黑暗的三个地方，一定时期后，观测其生长发育、生产水平及健康指标的差异性。

实验 3 噪声的测定

噪声是节奏感和韵律感差、干扰人们正常活动的声音。噪声对人畜的影响包括声波频率和声压两个指标。单位时间内声波振动的次数,称为声波频率,人类可以感受到的声波频率为 20—20 000 Hz。声波对物体所产生的压强,称之为声压。声压常用声压级来表示,声压级就是声压与基准声压之比的对数的 20 倍,即:

$$L_p = 20\lg(P/P_0)$$

式中:

L_p 为声压级(分贝,dB);

P 为声压(帕,Pa);

P_0 为基准声压(P_0 等于 2×10^{-5} Pa)。

一、实验目的

(1)掌握养殖场和畜禽舍噪声(声压级)的测定方法。

(2)正确评价养殖场和畜禽舍噪声情况。

二、实验原理

噪声(声级)计中的频率计权网络有 A、B、C 三种标准计权网络。A 网络是模拟人耳对等响曲线中 40 方纯音的响应,它的曲线形状与 340 方的等响曲线相反,从而使电信号的中、低频段有较大的衰减。B 网络是模拟人耳对 70 方纯音的响应,它使电信号的低频段有一定的衰减。C 网络是模拟人耳对 100 方纯音的响应,在整个声频范围内有近乎平直的响应。声级计经过频率计权网络测得的声压级称为声级,根据所使用的计权网络的不同,分别称为 A 声级、B 声级和 C 声级,单位记作 dB(A)、dB(B)和 dB(C)。声级计可以外接滤波器和记录仪,对噪声做频谱分析。

养殖场所用的声级计一般用 A 计权网络,其测得的声级,即 A 声级。

三、实验准备

(1)声级计。
(2)测定噪声的场地面积在 500 m^2 以上。

四、实验方法

(一)测定点的确定

舍外及养殖场附近待测区域测定点的确定:将待测养殖场看作一个噪声测定功能区域。若面积较大,可以将整个区域划分为 25×25 的网格,测量点选在网格的中心。

畜禽舍内观测点的确定:在舍中央取一点作为观测点。

(二)噪声的测定步骤

1.声级计的安装

将声级计固定在观测点的三脚架上。使传声器指向被测声源,尽可能减少周围环境的反射影响。要求传声器安放在距离地面 1.2 m 的高度。与观测者距离 0.5 m 左右,与墙壁和其他主要反射面距离不小于 1 m。

2.测量及读数方法

不同的噪声源及不同的观测目的用不同的读数方法。稳态与似稳态噪声用快挡读取指示值或平均值;周期性变化噪声用慢挡读取最大值并同时记录其时间变化特性;脉冲噪声读取峰值和脉冲保持值;无规则变化噪声用慢挡,在此期间每隔 5 s 读数一次。读 100 个数据(若声级升降大于 10 dB 时,应读取 200 个数据),代表该时段的噪声分布。记录测量数据时还应判断主要噪声来源。

3.数据处理

将在规定时间内测得的所有瞬时 A 声级数据(例如 100 个数据),按声级的大小顺序排列并编号(由大到小),则第一个 L1 就是最大值。第 10 个值 L10 表示在规定时间内有 10% 的时间的声级超过此声级,它相当于在规定时间内噪声的平均峰值;L50 为第 50 个规定时间内噪声的平均值;L90 为第 90 个数据,表示在规定时间内有 90% 的时间的声级超过此声级,它相当于规定时间内噪声的背景值。

五、实验结果记录与分析

在实验场地取5个点测定噪声值,每个点测定10次(间隔5 s),将测定值记录在表3-4中。

表3-4　噪声测定记录表　　　　　　　　　　　　　　　　　单位:dB

测定点	1	2	3	4	5	6	7	8	9	10	平均数
1											
2											
3											
4											
5											
备注											

对测定的数据进行排序,记录在表3-5中,并对测定结果展开讨论(数据的可靠性,数据得出的结论、意见或建议)。

表3-5　噪声测定排序记录表　　　　　　　　　　　　　　　单位:dB

测定点	1	2	3	4	5	6	7	8	9	10
1										
2										
3										
4										
5										

六、思考题

(1)降低养殖场或畜禽舍噪声的方法有哪些?

(2)噪声对畜禽有什么危害?

七、实验拓展

有源定向扬声器

普通扬声器发出的声音是向四面八方传播的，要实现定向，扬声器的直径必须做得非常大。与传统扬声器的原理不同，有源定向扬声器首先将低频声音信号载于指向性很强的高频信号之上，再经过放大，发射到空气中，而后，空气会将高频信号迅速过滤，其可听声音信号便会自然滤出，实现像激光一样定向传播。有源定向扬声器能够把声波控制在特定区域内，在这个区域内的声波很强，而出了这个区域，声波就会很弱，甚至没有。如果广场舞者使用这种扬声器播放音乐，其扰民尴尬就能迎刃而解。

第四章　畜舍热量和换气量的测定与计算

实验 1　辐射热的测定

辐射是机体与周围环境换热的主要机制之一。辐射热测定是热环境研究中的重要环节,它分成两类:一类是测定周围环境表面的平均辐射温度,常用黑球温度计;另一类是测量方向性的辐射温度,常用单向辐射热计。热辐射强度是指单位时间内单位面积所收到的热辐射能量[J/(cm²·min)],分为单向热辐射强度和平均热辐射强度。太阳辐射可改变畜牧场小气候,并能透过围护结构影响到舍内的温热环境,从而阻碍家畜的辐射散热,加重高温对动物体的影响。本实验的目的是掌握畜舍内辐射热测定仪器的工作原理、测定方法,为畜舍温热环境的评价奠定基础。

一、实验目的

(1)了解黑球温度计法和单向热电偶辐射热计法检测辐射热的原理。
(2)掌握黑球温度计法和单向热电偶辐射热计法测定辐射热的方法。

二、实验原理

(一)黑球温度计法

黑球温度计是由空心铜球和温度计组成,铜球用约0.5 mm厚的铜皮制成,球直径150 mm,铜球外表面用烟熏黑或涂上无光黑漆或墨汁,上部开孔(直径16 mm),用软木塞塞好,水银温度计通过软木塞插入球心。环境中的辐射热被表面涂黑的铜球吸收,使铜球内气温升高,用温度计测量铜球内的气温,同时测量铜球外空气温度、风速。由于铜球内气温与外部空气温度、风速和环境中辐射热的强度有关,可以根据铜球内的气温、外部空气温度和风速计算出环境的平均辐射温度。

(二)单向热电偶辐射热计法

单向热电偶辐射热计的正面为热电堆部分,它是由串联在一起的240对康铜丝热电偶组成,在它上面贴有一层铝箔,在铝箔上与热电偶热端相应处还涂上一层烟黑,形成黑白相间的小方块,利用黑色平面几乎能全部吸收辐射热,而白色平面几乎不吸收辐射热的性质,将其放在一起。在辐射热的照射下,黑色平面温度升高,与白色平面形成温差。在黑白平面之后接上由热电偶组成的热电堆,由于温差而使热电偶产生电动势,电动势接到连接的电流计上,电流的大小即可直接反映辐射的强度。该仪器对热辐射反应快,受气流影响不大,还可测定机体头部、胸部、腿部等部位的热辐射强度。

三、实验准备

(一)黑球温度计法

黑色铜球(直径150 mm,厚0.5 mm),表面涂无光黑漆或墨汁,上部开孔并用带孔软木塞塞紧。玻璃液体温度计(刻度最小分值不大于0.2 ℃。测量精度为±0.5 ℃,温度计的测量范围为0—80 ℃)、风速计、悬挂支架各一件。

(二)单向热电偶辐射热计法

单向热电偶辐射热计[灵敏度为1 cal/(cm^2·min)产生的电动势不小于3 mV]。

四、实验方法

(一)仪器校准

1.黑球温度计校准方法

所用温度计的校正参见玻璃液体温度计的校正。

2.单向热电偶辐射热计校准方法

单向热电偶辐射热计每隔一年就需校准一次。校准需用标准辐射源,在一定的距离,调整标准辐射源强度,分别在2.093、4.187、8.373、16.747、33.494、41.868 J/(cm^2·min)辐射度下校正。

仪器量程测量最小分度:2卡挡为0.05 cal/(cm^2·min)。10卡挡为0.25 cal/(cm^2·min)。测量范围:0—10 cal/(cm^2·min)。

(二)测量步骤

1.黑球温度计法

(1)将玻璃液体温度计插入黑球木塞小孔,悬挂于监测点上方1 m高处。

(2)15 min后读数,过3 min后再读一次,两次读数相同即为黑球温度,如第二次读数较第一次高,应过3 min后再读一次,直到温度恒定为止。

(3)测量同一地点的气温,测量时温度计感应部需采取热遮蔽措施,以防辐射热的影响。

(4)用电风速计法或数字风速表法测定监测点的平均风速。

【注意事项】

铜球表面黑色要涂均匀,但不要过分光亮和反光,故不应使用反光漆;温度计的使用要求见玻璃液体温度计实验部分。

(5)计算。

自然对流时平均辐射温度的计算公式为:

$$T_r = [(T_g + 273)^4 + 0.4 \times 10^8 (T_g - T_a)^{5/4}]^{1/4} - 273$$

强迫对流时平均辐射温度的计算公式为:

$$T_r = [(T_g + 273)^4 + 2.5 \times 10^8 \times V^{0.6}(T_g - T_a)]^{1/4} - 273$$

式中:

T_r为平均辐射温度(℃);

T_g为黑球温度(℃);

T_a为测点气温(℃);

V为测定时平均风速(m/s)。

2.单向热电偶辐射热计法

(1)打开仪器盒盖,将仪器放于水平位置,调节仪表机械零点螺丝,使指针指向零刻度。不能指零时应更换电池。

(2)拨动"调零"开关,转动"零点调整"旋钮,使指针指零。

(3)根据辐射强度,适当按下"2卡"或"10卡"挡。

(4)将敏感元件插头插入仪表面板插孔,打开前盖板,对准辐射源方向。

(5)10 min左右,待电表读数稳定后即可读数,记录。

(6)测量完毕后盖好盖板,切断电源。

注:我国能量(功,热)法定计量单位为焦耳(J),已不用卡(cal),但至今使用的某些辐射热计仍以卡(cal)表示,所以本方法仍以卡来介绍。但监测结果应以法定计量单位(J)报告。故应作以下换算:1 cal=4.186 8 J。其他同处理。

五、实验结果记录与分析

(一)结果记录

1. 黑球温度计法

(1) 黑球温度(T_g):_____℃;

(2) 测点气温(T_a):_____℃;

(3) 测定时平均风速(V):_____m/s。

2. 单向热电偶辐射热计法

将测得的数据记录在表4-1中。

表4-1　实验结果记录表　　　　　　　　　　　　　　　单位:℃

辐射温度	测点编号			
	1	2	3	4

(二)分析与总结

分析实验结果,总结实验成功或失败的原因。

六、思考题

黑球温度计法测定热辐射时,为什么要选用铜质黑球?

七、实验拓展

基尔霍夫辐射定律

物体由于具有温度而辐射电磁波。热辐射是热量传递的方式之一。一切温度高于绝对零度的物体都能产生热辐射,温度愈高,辐射出的总能量就愈大,短波成分也愈多。热辐射的光谱是连续的,波长覆盖范围理论上可从0 nm直至∞,一般的热辐射主要靠波长较长的可见光和红外线传播。由于电磁波的传播无须任何介质,所以热辐射是在真空中唯一的传热方式。

物体在向外辐射的同时,还吸收从其他物体辐射来的能量。物体辐射或吸收的能量与它的温度、表面积、黑度等因素有关。但是,在热平衡状态下,所有物体在一定温度下的辐射功率密度和辐射吸收比的比值都相同。在数值上,对全辐射而言,仅为其温度的函数;对光谱辐射而言,则为其波长和温度的函数,但都与物体性质无关,称为基尔霍夫辐射定律,由德国物理学家G.R.基尔霍夫于1859年建立。吸收比a的定义是:被物体吸收的单位波长间隔内的辐射通量与入射到该物体的辐射通量之比。该定律表明，热辐射辐出度大的物体其吸收比也大，反之亦然。

黑体是一种特殊的辐射体，它对所有波长电磁辐射的吸收比恒为1。黑体在自然条件下并不存在，它只是一种理想化模型，但可人工制作接近于黑体的模拟物。即在一封闭空腔壁上开一小孔，任何波长的光穿过小孔进入空腔后，在空腔内壁反复反射，重新从小孔穿出的机会极小，即使有机会从小孔穿出，由于经历了多次反射而损失了大部分能量。对空腔外的观察者而言，小孔对任何波长电磁辐射的吸收比都接近于1，故可看作黑体。

实验 2　水分蒸发量的测定

动物之所以具有形形色色的生命活动是由于在体内进行着各种新陈代谢,维持机体正常机能,保持其活力,以维持物种的稳定性。生物稳定性的基础是体温调节机能,它将各种物质代谢过程所产生的热量在体内循环,并几乎以与产热相同的速度,通过显热和潜热散热方式向体外发散,维持着体温的恒定。本实验目的是通过测定蒸发量,计算出潜热散热量,了解机体蒸发散热的规律。

一、实验目的

(1) 了解测定水分蒸发量的原理。
(2) 掌握测定水分蒸发量的方法。

二、实验原理

在排气量一定的条件下,测定检测小室的进气、排气的绝对湿度(g/kg),计算被检验者的蒸发量。即通过排气中所含的水汽量与进气所含的水汽量之差求得被检验者的蒸发量。

三、实验准备

测定小室包括换气泵、小风扇、流量计、干湿球温度计、记录仪等,仪器的构成见图4-1。

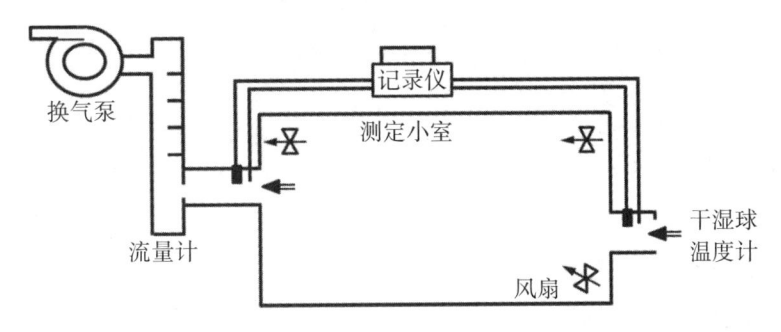

图4-1 开放式水汽产生量测定装置

四、实验方法

(一)步骤

(1)随机以某些学生作为实验检测对象,被检验者进入测定小室,在椅子上静坐(每人约8 min)。

(2)关上测定小室的门。打开记录仪,每分钟记录1次温度测定值。

(3)测定期间同时记录流量。

(二)计算

1.进气和排气的绝对湿度

可以用干球温度与湿球温度在湿空气线图上交点所对应的纵坐标求得,排气的比容积根据图上的斜线求得。

2.小室排气量

排气的体积用下式换算成标准状况下的排气量:

$$V_0 = \frac{V_t \times P \times T_0}{P_0 \times (T + 273)}$$

式中:

V_0为标准状况下的排气量(L);

V_t为排气量,由流量计示数乘以采样时间而得(L);

T_0为标准状况的热力学温度,273 K;

P_0为标准状况的大气压,1 013 hPa;

P为测定时的大气压(hPa);

T为测定期间的排气温度(℃)。

3.水汽产生量

水汽产生量按下式计算:

$$G_w = \frac{V_0 \times (X_o - X_i)}{V}$$

式中：

G_w 为水汽产生量(g/h)；

V_0 为排气量(m³/h)；

X_i、X_o 为进气和排气的绝对湿度(g/kg)；

V 为排气的比容积(m³/kg)。

4.潜热量

1 g 水的汽化热按 2.43 kJ 计算，则可计算全部水汽蒸发量所耗的潜热量。

五、实验结果记录与分析

(一)结果记录

(1)流量计示数乘以采样时间而得的排气量(V_t)：_____ L；

(2)测定时的大气压(P)：_____ hPa；

(3)测定期间的排气温度(T)：_____ ℃；

(4)标准状况下的排气量(V_0)：_____ m³/h；

(5)进气的绝对湿度(X_i)：_____ g/kg；

(6)排气的绝对湿度(X_o)：_____ g/kg；

(7)排气的比容积(V)：_____ m³/kg；

(8)水汽产生量(G_w)：_____ g/h；

(9)潜热量：_____ kJ。

(二)分析与总结

分析实验结果，并总结实验。

六、思考题

不同排气量条件下水汽蒸发量有什么样的变化规律？

七、实验拓展

潜热和显热的区别

显热对固态、液态或气态的物质加热，只要它的形态不变，则热量加进去后，物质的温度就升高，加进热量的多少在温度上能显示出来，即不改变物质的形态而引起其温度变化的热量称为显热。

显热热量的多少与被加热物体质量和温升有关，其计算公式为：

$$Q_1 = c \times m \times (t_2 - t_1)$$

式中：

Q_1 为物体吸收显热热量（kcal）；

m 为物体的质量（kg）；

t_1 为物体起始温度（℃）；

t_2 为物体最终温度（℃）；

c 为物体的比热容[kcal/(kg·℃)]。

物质在吸热或放热的过程中，只发生形态变化而不发生温度变化称为潜热。如对液态的水加热，水的温度升高，当达到沸点时，虽然热量不断加入，但水的温度不升高，一直停留在沸点，加进的热量仅使水变成水蒸气，即由液态变为气态。因此，这种不改变物质的温度而引起物态变化的热量称为潜热。潜热计算公式为：

$$Q_2 = m \times r$$

式中：

Q_2 为潜热热量（kcal）；

m 为物体的质量（kg）；

r 为汽化热（kcal/kg）。

其中，汽化热是在一定温度下，单位质量的液体物质完全变成相同温度的气态物质时所需要的热量。不同物质汽化热均不同，而同一物质随着温度的变化，汽化热值也不同。表4-2列举了水在不同温度下的汽化热值。

表4-2　水在不同温度下的汽化热

温度/℃	r/(kcal·kg^{-1})	温度/℃	r/(kcal·kg^{-1})	温度/℃	r/(kcal·kg^{-1})
20	585	100	539	150	504
50	568	110	532	180	482
80	551	120	526	200	463

实验 3 皮温和热流量的测定

体内产生的热量主要依赖血液循环从中心部移动到体表，散出体外。皮温和热流量受产热量、循环量、体外气温、风速等因素的影响。

一、实验目的

(1) 了解皮温和热流量的测定原理。
(2) 掌握皮温和热流量的测定方法。

二、实验原理

热流测定的探头是由包埋在可绕性材料中的串联热电偶组成的温差式温度计，其输出量为探头两面的温差所产生的热电势。因探头的形状和热阻值是已知的，根据傅里叶定律，探头两面的温差与热流密度成正比，故能测定热流量。

三、实验准备

热电偶温度计、热流计、记录仪、风速仪、卡他温度计、风扇、医用纸质胶带。

四、实验方法

(一) 步骤

(1) 随机确定某些学生作为实验检测对象。
(2) 手指、手腕、手臂3点的温度分布：将3支热电偶温度计分别用医用纸质胶带固定于测定部位内侧。
(3) 热流量的测定：在腕部用医用纸质胶带固定热流计探头。
(4) 条件与测定：无风、送风、无风和着衣，分别记录热电偶和热流计探头的热电势和风速值、卡他冷却力以及自身的感受。

(二)计算

1.温度

温度按下式计算：

$$T = 25.813\,1E - 0.614\,1E^2 \quad (0\text{—}50\ ^\circ\text{C})$$

式中：

T 为皮肤温度(℃)；

E 为热电偶输出电势(mV)。

2.热流量

热流量按下式计算：

$$Q = \frac{E}{C}$$

式中：

Q 为热流量(W/m^2)；

E 为热流探头的输出电势(mV)；

C 为热流探头感度$[mV/(W\cdot m^{-2})]$。

五、实验结果记录与分析

(一)结果记录

1.皮肤温度

将测试结果填入表4-3中。

表4-3　热电偶输出电势　　　　　　　　　　　　单位:mV

热电偶输出电势	测试部位		
	手指	手腕	手臂

2.热流量

将测试结果填入表4-4中。

表4-4 热流量测试记录表

指标	无风	送风	无风和着衣
热流探头的输出电势/mV			
热流探头感度/[mV/(W·m^{-2})]			
热流量/(W·m^{-2})			

（二）分析与讨论

计算皮温和热流量，并进行结果分析和讨论。

六、思考题

在炎热（寒冷）天气下，家畜机体如何进行热平衡调节来保持体温恒定？

七、实验拓展

红外热成像技术

动物体表的温度分布是表征其生理状态和疾病的重要指标，可用于异常行为识别、发育状况评估、炎症检测、排卵预测及发热诊断。

红外热成像（IRT）测温技术因其非接触式、灵敏度高、响应时间短，且不会造成应激反应等负面影响的优点，在畜牧动物检测中备受关注。其测温原理是利用非制冷红外探测器捕获动物体表辐射的长波段红外线（波长范围通常为7—13 μm），并将辐射强度按一定的空间分辨率转换为数字图像，以反映体表各点温度的高低与分布，继而揭示动物的生理状态及健康状况。近年来已被用于动物医学和动物科学领域，主要用于动物体表或核心温度的波动监测、早期疾病的监测预测、动物应激水平的监测、与恐惧和疼痛相关的生理反应的评估。

实验 4 保温隔热设计

为了维持畜舍的最低换气量和生产所必需的舍内设计温度,应首先依靠隔热设计降低畜舍外围护结构的热传导和热辐射损失,充分利用家畜的显热散热量,加热换气所导入的冷空气,减轻低温空气的不良影响。热量不足以维持舍内适宜温度时再补充必要的采暖热源。

一、实验目的

(1)了解保温隔热设计原理。
(2)掌握保温隔热设计方法。

二、实验原理

保温隔热设计是根据地区气候差异和畜种气候生理的要求选择适当的建筑材料和合理的畜舍外围护结构,使围护结构总热阻值达到基本要求。建筑热工设计过程中根据冬季低限热阻来确定围护结构的构造方案。

(一)冬季畜舍的热平衡

冬季畜舍的热平衡可用下式计算:

$$Q_a + Q_e + Q_s + Q_w + Q_{vo} = Q_b + Q_{vi}$$

式中:

Q_a 为家畜的显热散热量(kJ/h);

Q_e 为舍内电器的散热量(kJ/h);

Q_s 为采暖热量(kJ/h);

Q_w 为结露释放出的显热量(+)或水汽蒸发消耗的显热量(-);

Q_{vo}为排气的显热量(kJ/h);

Q_b为畜舍外围护结构的失热量(kJ/h);

Q_{vi}为进气的显热量(kJ/h)。

由于Q_e极小可忽略不计。结露主要发生在隔热不足且窗户面积很大的畜舍,在隔热良好的畜舍结露极少发生,水汽蒸发量(饮水器漏水、粪尿处理不当)一般条件下很少,Q_w也可忽略。这样畜舍的热平衡公式可以简化为:

$$Q_b = Q_a + Q_s + Q_{vo} - Q_{vi}$$

其中:

$$Q_{vi} - Q_{vo} = C_p(V_e/v)(T_i - T_o)$$

式中:

C_p为空气的定压比热容[1.005 kJ/(kgDA·℃)];

V_e为换气量(m³/h);

T_i为舍内气温(℃);

T_o为舍外气温(℃);

v为舍内外气温平均值时的空气比容积(m³/kgDA)。

$$Q_b = FK(T_i - T_o)$$

式中:

F为外围护结构的总面积(m²);

K为外围护结构的平均总传热系数[kJ/(m²·K·h)]。

(二)不采暖条件下畜舍热平衡方程

外围护结构主要包括:屋顶、墙壁、窗、门、基础五部分,FK为各围护结构面积(F)和总传热系数(K)的乘积和($\Sigma F_i K_i$)。一般说来,畜牧科技人员提出的设计参数包括最低换气量(V_e)、畜栏及平面布局及相应面积,以及门、窗、墙壁、屋顶的各部分尺寸。因此,围护结构各部分的面积(F)也就被确定了,余下来的工作就是选材,根据导热系数,确定围护结构的材料层厚度,试算出各部分传导系数(K),使之符合根据上式计算的FK值的要求。

$$FK = \frac{Q_a}{T_i - T_o} - \frac{1.005 V_e}{v}$$

(三)采暖热量

当仅仅依赖围护结构隔热不能满足要求时(FK视为负值),或者隔热要求过高,在技术经济难以承受的情况下,补充采暖则成为必要的环境调节手段。补充采暖热量可用下式计算:

$$Q_s = \left(FK + \frac{1.005V_e}{v}\right)(T_i - T_o) - Q_a$$

三、实验准备

水银温度计、红外测距仪、皮尺、计算器或电脑。

四、实验方法

(1)调查某密闭式畜禽舍尺寸,在不加热的情况下关闭门窗直到温度恒定后,测定室内外温度。

(2)查阅资料,计算该畜禽舍内动物总产热量。

(3)计算没有采暖和通风的情况下,该畜禽舍总的结构传热系数。

五、思考题

冬冷地区,采用哪些技术措施可以减少热量通过外围护结构向外传递?

六、实验拓展

围护结构保温设计室外计算参数

因为严寒和寒冷地区围护结构保温设计采用的是稳态设计方法,所以在设计时,应确定一个固定的冬季室外计算温度(T_o)。现行热工规范中以单个参数的形式给出保温设计时确定冬季室外计算温度所需的采暖室外计算温度(T_w)和累年最低日平均温度($T_{e,min}$)。围护结构稳态保温设计室外计算参数统计计算方法如下。

1.采暖室外计算温度

累年年平均不保证5 d的日平均温度。即选择连续n年(至少10 a)的逐日日平均干球温度,将365n个日平均温度从小到大排序,第5n + 1个日平均温度为采暖室外计算温度。"累年"特指整编气象资料时,所采用的以往一段连续年份的累积。由于采暖室外计算温度反映的是多年以来的冬季室外温度的平均状况,因此,应采用"累年"的数据进行统计计算。

2.累年最低日平均温度

历年最低日平均温度中的最小值。即选择连续n年(至少10a)的逐日日平均干球温度,将365n个日平均温度从小到大排序,第1个日平均温度为累年最低日平均温度。"历年"即逐年,特指整编气象资料时,所采用的以往一段连续年份中的每一年。由于累年最低日平均温度反映的是多年以来的冬季室外温度的极端状况,因此,应采用"历年"的数据进行统计计算。

3.冬季室外计算温度

在确定冬季室外计算温度时,必须考虑当地冬季室外温度变化规律,同时又要兼顾围护结构的热稳定性,这主要是减弱室外温度波动对内表面温度产生的影响,即保证当室外温度低于计算值时,围护结构内表面温度不会降低过多,避免发生冷凝。因此,冬季室外计算温度(T_o)应根据围护结构热惰性指标D值的不同,采用不同的确定方法,由采暖室外计算温度(T_w)和累年最低日平均温度($T_{e,min}$)计算得到(见表4-5)。

表4-5 冬季室外温度确定方法

围护结构热惰性指标	计算温度确定方法
$6.0 \leq D$	$T_o = T_w$
$4.1 \leq D < 6.0$	$T_o = 0.6T_w + 0.4T_{e,min}$
$1.6 \leq D < 4.1$	$T_o = 0.3T_w + 0.7T_{e,min}$
$D < 1.6$	$T_o = T_{e,min}$

实验 5

外围护结构总热阻的计算

热量在由围护结构传出或传入的过程中,要受到内外表面层流边界层(由表面流动的空气形成)的阻碍作用,还要受到围护结构材料层的阻碍作用。由于热量的传出或传入受到围护结构的阻碍作用,故围护结构的保温隔热能力常用热阻来衡量。

一、实验目的

(1)了解外围护结构总热阻计算的原理。
(2)掌握外围护结构总热阻计算的方法。

二、实验原理

围护结构的总传热系数(K)之倒数称为围护结构总热阻,因其大小与保温隔热能力成正比,因此实际工作中较为常用。全国建筑热工设计分为四区:严寒地区,全年最冷月平均温度低于-10 ℃的地区;寒冷地区,全年最冷月平均温度在-10—0 ℃的地区;温暖地区,全年最冷月平均温度高于 0 ℃,最热月平均温度低于 28 ℃的地区;炎热地区,全年最热月平均温度高于 28 ℃的地区。炎热地区主要包括长江流域的苏、皖、湘、鄂、赣等地区,四川盆地和东南沿海地带的闽、粤、台地区以及桂、黔、滇的部分地区。严寒地区的建筑应以满足冬季保温设计要求为主,适当兼顾夏季防暑。温暖地区的建筑应兼顾冬季保温和夏季防暑,结合本地区传统做法作适当处理。炎热地区的建筑应以满足夏季防暑设计要求为主,适当兼顾冬季保温。炎热地区中,日平均温度高于或等于 30 ℃,累年平均超过 15 d 的城市,如南京、合肥、芜湖、九江、南昌、武汉、宜昌、长沙、赣州、衡阳、株洲、重庆等,建筑设计上应加强夏季防暑措施。新疆的吐鲁番盆地,夏季极端炎热,空气干燥,但冬季寒冷,气温日较差和年较差均大于其他地区,建筑设计上宜加强围护结构热稳定性。

(一)围护结构最小总热阻

集中采暖时围护结构(窗户、外门和天窗除外)的总热阻,应根据技术经济比较确定,但不小于按下式确定的最小总热阻:

$$R_{o,\min} = \frac{n(T_i - T_o)R_n}{\Delta T}$$

式中:

$R_{o,\min}$ 为围护结构最小总热阻($m^2 \cdot K \cdot h/kJ$);

T_i 为冬季舍内计算温度(℃),育肥猪舍取 T_i=13 ℃;

T_o 为围护结构冬季舍外计算温度(℃);

n 为温差修正系数,外墙、平屋顶及直接接触室外空气的楼板等,取 1.00;带通风间屋层的平屋顶、坡屋顶、闷顶等,取 0.90;

R_n 为围护结构内表面热转移阻,0.032 $m^2 \cdot K \cdot h/kJ$。

ΔT 为室内空气与围护结构内表面之间的允许温差(℃),通常取 7 ℃。

表4-6列举了窗户的总热阻和总传热系数,供参考。

表4-6 窗户的总热阻和总传热系数

窗户类型	总热阻 R_o/($m^2 \cdot K \cdot h/kJ$)	总传热系数 K_o/[kJ/($m^2 \cdot K \cdot h$)]
单层木窗	0.172	5.28
双层木窗	0.344	2.91
单层金属窗	0.156	6.40
双层金属窗	0.307	3.26
双层玻璃、单层窗	0.287	3.49
单层玻璃,内侧有木板	0.215	4.65

(二)单一材料层的热阻

$$R = \delta/\lambda_c$$

式中:

R 为材料层的热阻($m^2 \cdot K \cdot h/kJ$);

δ 为材料层的厚度(m);

λ_c 为材料的计算导热系数[kJ/($m \cdot K \cdot h$)]。

(三)多层围护结构的热阻

$$R = R_1 + R_2 + \cdots + R_n$$

式中:$R_1, R_2, \cdots, R_n$ 为各材料层的热阻($m^2 \cdot K \cdot h/kJ$)。

(四)围护结构总热阻

一般无天花板的坡屋顶、平屋顶和墙壁的总热阻等于围护结构热阻与内外表面换热阻之和。

$$R_o = R_n + R + R_w$$

式中：

R_o 为围护结构总热阻($m^2 \cdot K \cdot h/kJ$)；

R_n 为内表面热转移阻，为 0.032 $m^2 \cdot K \cdot h/kJ$；

R_w 为外表面热转移阻，为 0.012 $m^2 \cdot K \cdot h/kJ$；

R 为围护结构热阻($m^2 \cdot K \cdot h/kJ$)。

有天花板的平屋顶，若为通风良好的空气间层，其空气热阻可不予考虑。这种空气间层的间层温度可取外气温度，其表面换热阻(R_w)为 0.080 $m^2 \cdot K \cdot h/kJ$。

有天花板的坡屋面，其隔热层主要设计在天花板上，屋面多为波形瓦，这种空气间层的间层温度亦可取外气温度，其表面换热阻(R_w)为 0.023 $m^2 \cdot K \cdot h/kJ$。

三、实验准备

水银温度计、红外测距仪、皮尺、计算器或电脑。

四、实验方法

(1)查阅资料，了解待设计地点的气候特点，以及畜禽的生理指标。

(2)调查两栋尺寸相似、结构不同的密闭式畜禽舍，在不加热的情况下关闭门窗直到温度恒定后，测定室内外温度。

(3)查阅资料，了解各畜禽舍内动物适宜温度，确定相应的室内最低设计温度。

(4)根据某地区1月份平均气温确定舍外计算温度，计算某地区相应畜禽舍的低限热阻。

(5)在没有采暖和通风的情况下，分别计算两栋畜禽舍总结构传热系数和结构热阻。

(6)比较两栋畜禽舍各部分结构差异和热阻差异，分析两栋畜禽舍温度产生差异的原因，评估其保温隔热性能。

(7)提出利用当地实用建筑材料改进畜禽舍保温隔热性能的技术措施。

五、思考题

（1）为什么可以通过各层材料热阻直接相加得到结构热阻，而围护结构传热系数不能直接通过材料的传热系数求和来计算？

（2）可以使用哪些方法来检测建筑围护结构的传热系数？提高畜禽舍围护结构热阻应该考虑哪些因素？

六、实验拓展

保温材料及影响其导热系数的因素

保温材料通常是利用固体材料将导热率低的气体通过特殊的结构阻止其发生相对运动以达到保温效果。使用保温材料建筑墙体，不仅可以提高保温性能，降低能耗，同时，利用保温材料的多孔、疏松的特点，可以提高墙体的隔音性能。从材质上可分为有机和无机两种类型，从形态上可分为纤维状、多孔型和颗粒状等类型，从结构上可分为重质、轻质和超轻质等类型，见表4-7。

表4-7 保温材料的分类

类型		保温材料
材质	有机型	EPS板、XPS板、稻草板、木丝板、木屑板等
	无机型	玻璃棉、超细玻璃棉、硅酸铝纤维棉、岩棉等
形态	纤维状	矿棉、岩棉、玻璃棉、陶瓷纤维、硅酸铝纤维等
	多孔型	EPS板、硬质聚氨酯泡沫纤维等
	颗粒状	泡沫玻璃、膨胀珍珠岩、膨胀硅石等
结构	重质	水泥膨胀珍珠岩、水泥膨胀硅石等
	轻质	EPS板、泡沫玻璃等
	超轻质	EPS板、硬质聚氨酯泡沫塑料等

影响材料导热系数的因素除了材料本身的特性（如材料的分子结构、化学成分、密度、孔隙率等）外，在应用中，外界的温度、湿度、构造特点、使用情况等都会对导热系数产生一定的影响。受潮的材料导热系数会增高。材料的温度升高，其固体分子的热运动会增强，而且增强了空隙中空气的导热和孔壁间辐射换热，使材料的导热系数加大。此外，温度应力、风载荷作用、受压等都可能导致材料本身热阻的变化。

实验 6　最小换气量的计算

虽然与家畜生产和疾病密切相关的空气环境卫生日益受到人们的重视,但是,通常畜舍设计最关心的不是空气环境而是温热环境。冬季换气量不当是增加生产成本的重要因素。在能量成本高的时候,人们往往把换气量降低,这可能会危害畜禽健康和生产力的水平。轻视空气质量不仅降低产品的数量与质量,而且会导致家畜患病,死淘率上升。因此,畜舍换气量调节是空气环境调控的重点。

一、实验目的

(1)了解最小换气量的计算原理。
(2)掌握最小换气量的计算方法。

二、实验原理

通风换气量的确定,可以根据畜舍内产生的二氧化碳、水汽、热能来计算,但通常是根据家畜通风换气的参数来确定。

(一)空气环境卫生指标

舍内空气环境调节的经验数值用二氧化碳浓度表示,育肥—育成舍应低于0.3%,挤乳—哺乳—育雏舍低于0.2%;短时间耐受值,育肥—育成舍低于0.5%,挤乳—哺乳—育雏舍低于0.3%。为提高动物生产力,目前多数畜禽舍二氧化碳浓度卫生标准通常要求低于0.15%。

(二)物质平衡方程

畜舍内家畜产生二氧化碳,且通过换气进行舍内外空气交换时,下面的物质平衡方程成立:

$$Gdt = Vd\sigma + \sigma V_e dt$$

式中:

G 为二氧化碳产生量(m^3/s);

V 为畜舍的容积(m^3);

V_e 为换气量(m^3/s);

σ 为舍内外二氧化碳浓度差(%);

t 为时间(s)。

在初始条件 $t=0$ 时, $\sigma=0$, 积分系数为 V_e/G, 在 t 时间后舍内二氧化碳浓度积聚至 C_t, 舍外二氧化碳浓度为 C_0, 则 $\sigma=C_t-C_0$; 一定的时间后, 二氧化碳浓度达到恒定值 C_i 时, 则下面的关系成立:

$$V_e = \frac{G}{C_t - C_0}$$

把舍外二氧化碳浓度视为定值, $C_0=0.034\%$, 舍内二氧化碳浓度 C_i 为设定值, $C_i=0.3\%$ 或 $C_i=0.2\%$, 只要知道二氧化碳的产生量, 则可以计算保持空气卫生环境的最低换气量。

(三)实用公式

Brody(1945)推断动物平均每产生 24.6 kJ 热量就会呼出 0.001 m^3 的二氧化碳, 1981 年 Bruce 换算为 $4.5\times10^{-8} m^3/(s\cdot W)$, 1983 年 Scott 实验证实其可行性。目前, 产热量测定主要采用氧气消耗量来估算, 故二氧化碳产生量数据贫乏。而利用产热量计算最低换气量增加了对最新数据的利用途径, 保证 C_i 为 0.2%、0.3%、0.5% 的换气量计算公式分别列于下:

$$V_{0.2} = 2.71 \times 10^{-2} Q_{HP}$$
$$V_{0.3} = 1.69 \times 10^{-2} Q_{HP}$$
$$V_{0.5} = 9.66 \times 10^{-3} Q_{HP}$$

式中:

$V_{0.2}$、$V_{0.3}$、$V_{0.5}$ 是舍内二氧化碳浓度保持 0.2%、0.3%、0.5% 水平时的换气量(m^3/h);

Q_{HP} 是舍内所有家畜的产热量之和(kJ/h)。

散热量的数据, 按乳牛(Yeck 与 Stwart, 1959; 颜培实, 2002)、生长猪和母猪(Bond, 1959; 颜培实, 2000)、雏鸡(Longhouse, 1960)和蛋鸡(Longhouse, 1968)等, 分别整理列于图 4-2。

测算证实在舍外设计温度为 5 ℃以下时, 二氧化碳浓度法确定的最低换气量高于水汽平衡法确定的换气量, 故此换气可充分地除去舍内的水汽。

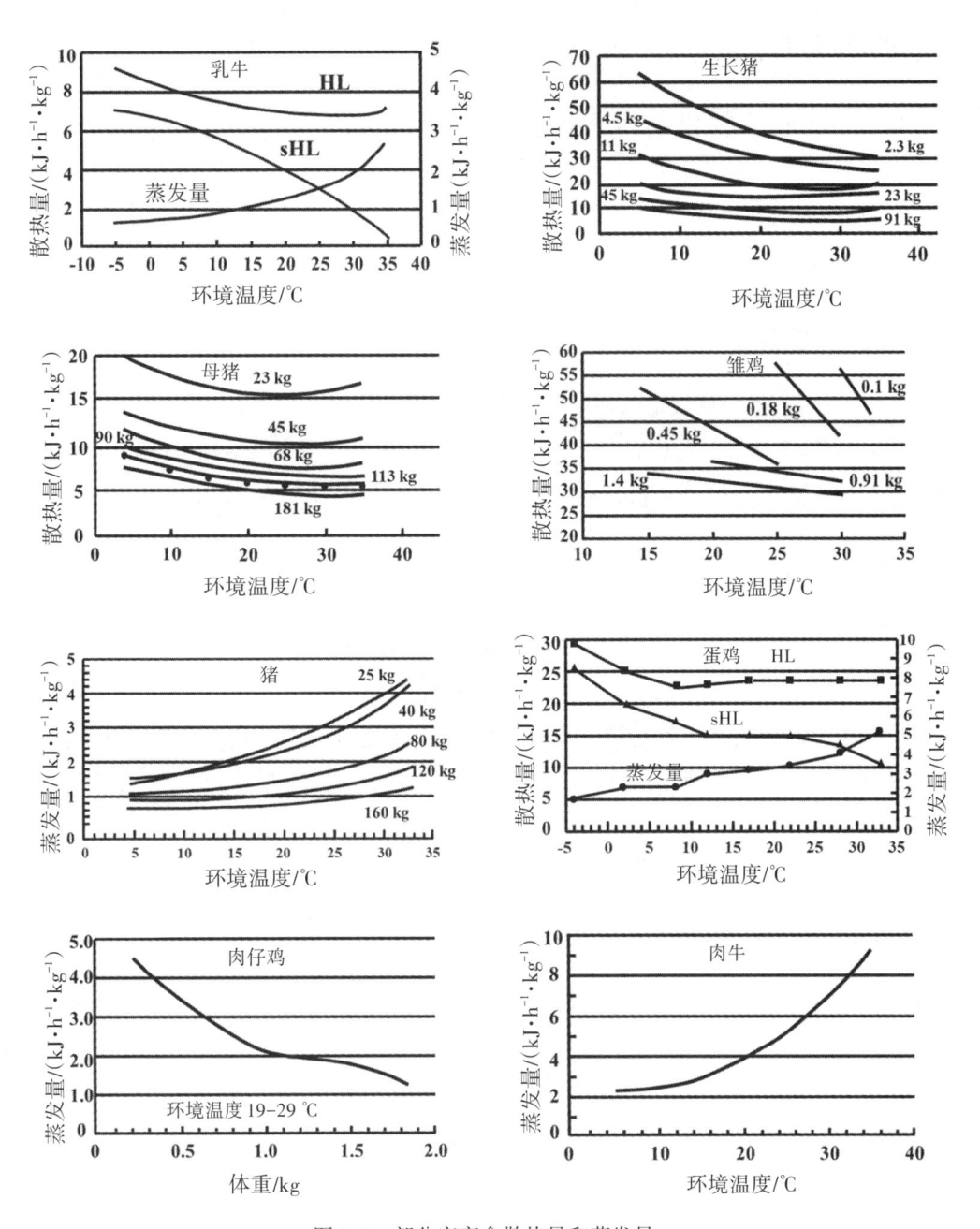

图 4-2　部分家畜禽散热量和蒸发量

三、实验准备

二氧化碳浓度测定仪、计算器或电脑。

四、实验方法

(1)了解待设计地点的气候特点。

(2)查阅资料,找到畜禽二氧化碳产生量参数。

(3)调查某地区的某种畜禽舍设计模式,假定舍内最低允许二氧化碳浓度为0.15%时,对其进行最小换气量计算。

五、思考题

(1)计算舍内最小换气量的目的是什么?

(2)某猪舍长70 m,宽12 m,平均高度2.55 m,饲养育肥猪约750头,气温为5 ℃,二氧化碳卫生标准浓度为0.15%,试计算冬季最小换气量及每小时换气次数?

六、实验拓展

示踪法测量畜舍自然通风量

示踪法常作为检验其他方法不确定性的参考方法,通过在舍内人工释放示踪气体,基于示踪气体在通风过程中质量守恒的原理公式,通过监测示踪气体的释放速率和浓度变化计算通风量。

$$V\frac{dC_{TG}}{dt} = P_{TG}(t) + Q(t)C_{TG,B} - Q(t)C_{TG}(t)$$

式中:

V 为畜舍容积(m^3);

$\frac{dC_{TG}}{dt}$ 为气体浓度随时间变化值(mg/m^3);

$C_{TG,B}$ 和 $C_{TG}(t)$ 分别是舍外示踪气体的背景浓度和示踪气体释放 t 时刻后的舍内浓度(mg/m^3);

$Q(t)$ 为通风量(m^3/s);

P_{TG} 是示踪气体的释放率(mg/s)。

研究中使用的示踪气体包括一氧化二氮、一氧化碳、四氢噻吩、六氟化硫和三氟甲基五氟化硫等。其中,六氟化硫是应用最广泛的示踪气体,但其温室效应较强,在欧洲等地区已被禁用。

根据示踪气体释放方式和测量方式的不同,示踪法又分为衰减法、恒定浓度法和恒定释放量法。

衰减法需要先将被测建筑密闭,然后注入示踪气体并达到一定的浓度($C_{TG,0}$)。假设示踪气体与舍内空气完全混合,开启通风口后监测t_1时刻的气体浓度($C_{TG,1}$),根据该时刻浓度差的变化按下式计算通风量。这种方法需要的设备最少,但不适合长期测量,而且在实际情况下,如果通风量很大,示踪气体稀释太快,很难计算通风量。

$$Q_{TG,1} = V \frac{\lg(C_{TG,0}) - \lg(C_{TG,1})}{t_1}$$

恒定浓度法假设示踪气体与室内空气完全混合,且通风速率恒定,不需要通风口在一开始时关闭,但将示踪气体释放后需要使得气体达到易于测量的浓度且保持恒定,利用室内外示踪气体的浓度差和释放率计算通风量。然而,在自然通风中很难保持恒定的通风量和示踪气体浓度。

恒定释放量法将示踪气体以恒定的释放速率注入舍内,使得舍内的示踪气体达到易于测量的浓度,通过已知的释放速率和舍内外示踪气体浓度差值计算通风量。恒定释放量法是估算自然通风畜舍通风量最常用的技术,其可操作性强、准确率高,能进行连续监测。然而,恒定释放量法对于仪器精密度的要求更高,以保证示踪气体实现恒定释放,使用中需要同步监测释放流量,减小系统误差。

实验 7 最大换气量的计算

在可导致家畜热应激的高温环境下,换气设计应以改善温热环境为重点。在不使用制冷系统的条件下,要想将舍内气温降到舍外气温以下很困难,最好的办法是提供最大换气量带走家畜产生的水汽和热量,同时在家畜周围形成较大的气流促进家畜散热,从而减少热应激的危害。

一、实验目的

(1)理解最大换气量的计算原理。
(2)掌握最大换气量的计算方法。

二、实验原理

舍内外气温差越小,换气量需求越大。加大温差可以减少通风量,但必须提高围护结构热阻,这可能导致建筑成本太高。在炎热地区应在建筑成本和运行成本之间取得平衡,根据生产经验,通常温差1—3 ℃即视为适宜。

$$V_{max} = \left(\frac{Q_a}{\Delta T} - KF\right)v/C_p$$

式中:

V_{max} 为最大换气量(m^3/h);

Q_a 为家畜的显热散热量(kJ/h);

ΔT 为舍内外温差(℃),1—3 ℃;

K 为结构传热系数[kJ/(m^2·K·h)];

F 为围护结构面积(m^2);

v 为排气的比容积(m^3/kg)。

C_p 为空气的定压比热容[1.005 kJ/(kgDA·℃)];

窗户的总热阻和总传热系数参考表4-6。

三、实验准备

水银温度计、皮尺、红外测距仪、计算器或电脑。

四、实验方法

(1)了解待设计地点的气候特点。
(2)查询家畜的产热、建筑材料和结构热阻等技术参数。
(3)测定某畜禽舍尺寸和材料厚度。
(4)计算该畜禽舍最大换气量。

五、思考题

(1)计算舍内最大换气量的目的是什么?
(2)对多栋畜禽舍的建筑结构进行调查,计算理论最大换气量,比较差异并分析造成差异的原因。

六、实验拓展

Airworks空气控制系统

Airworks即为空气工作装置系统,是Whiteshire公司总结出的一种空气控制系统,其改变了传统的通风模式,将水平通风模式改变为垂直通风模式(见图4-3)。该系统采用全封闭式猪舍建筑,单向通风换气,通过电脑自动控制调节风扇风速和风量,保证猪舍温度的稳定,给猪提供最舒适的饲养环境。与水平通风相比,其主要优势在于:(1)新鲜空气从檐口进入,在屋脊进行预处理后进入舍内,污浊空气从地沟排走,舍内一直保持空气清洁;(2)粉尘通过负压抽到粪坑下,减少舍内空气的漂浮物,猪只不易得呼吸道疾病。

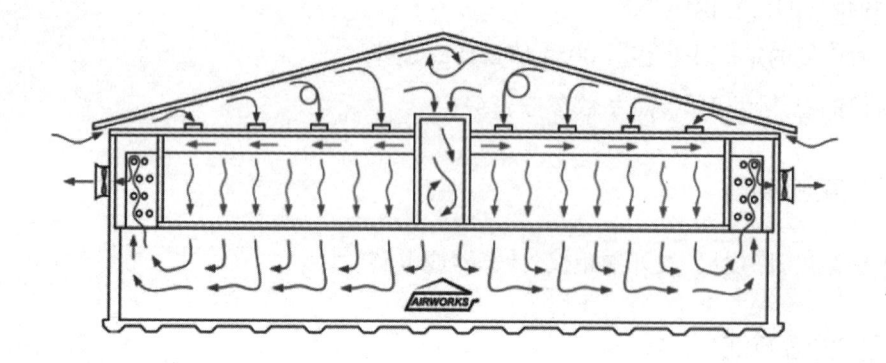

图 4-3 Airworks猪舍垂直通风模式示意图

实验 8 有效换气量的估测

通风换气是畜舍内环境控制的重要手段,要保证有效通风,设计合理的通风系统,必须确定适宜的通风量。掌握最低换气量、最大换气量的计算方法以及有效换气量估测方法,可以为评价畜舍通风换气状态和设计畜舍通风系统提供依据。

一、实验目的

(1)理解有效换气量估测的原理。
(2)掌握有效换气量估测的方法。

二、实验原理

(一)水汽产生量

对无窗畜舍,可利用水汽平衡方程估测畜舍内的水汽产生量:

$$G_w = V_o \times (x_o - x_i)/v$$

式中:

G_w 为水汽产生量(g/h);

V_o 为有效换气量(m³/h);

x_i, x_o 为进气和排气的绝对湿度(g/kg);

v 为排气的比容积(m³/kg)。

(二)换气量

在机械强制换气的条件下,在每台风机的正压侧,方形口均匀分为4—16个等面积,圆形口按同心圆分为4—16个等面积,测定气流速度,计算平均风速再乘风口面积即可求得换气量。

自然换气舍没有稳定的进气和排气口，极难利用风速法测定换气量，因气流短路的影响，机械换气舍的测定值与有效换气量存在较大的差异。利用水汽平衡法测定有效换气量，其误差在10%左右，可满足环境评价的需要。计算公式为：

$$V_o = vG_w/(x_o - x_i)$$

式中：

V_o为有效换气量(m³/h)；

G_w为水汽产生量(g/h)；

x_i, x_o为进气和排气的绝对湿度(g/kg)；

v为排气的比容积(m³/kg)。

(三) 家畜全蒸发的水汽产生量

家畜全蒸发的水汽产生量，乳牛(Yeck和Stwart, 1959)、肉牛、蛋鸡(Aey, 1983)、猪(Boud等, 1959)、肉仔鸡(MWPS, 1983)等列于图4-2。适宜换气量可根据维持水汽平衡换气量、最低换气量、最大换气量和维持热平衡换气量的计算结果进行综合判定(见图4-4)。

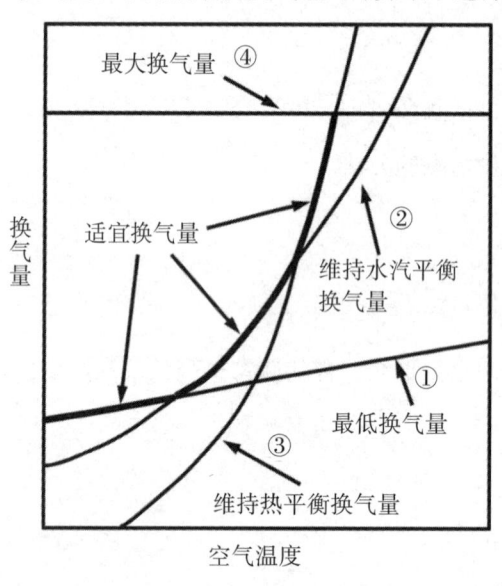

图4-4 畜禽换气量曲线

三、实验准备

湿度计、水银温度计、皮尺、红外测距仪、计算器或电脑。

四、实验方法

(1)测定某畜禽舍内外绝对湿度。
(2)查询家畜的通风换气量的技术参数。
(3)计算该畜禽舍有效换气量和适宜换气量。

五、思考题

(1)估测有效换气量的影响因素有哪些?
(2)对于超长猪舍,排风机应该安装在哪个位置?且风机选择应注意哪些事项?

六、实验拓展

猪舍的隧道式通风

隧道式通风是在猪舍一侧端墙或端墙附近的两侧纵墙上安装风机,另一侧端墙或端墙附近的两侧纵墙上设置进风口(见图4-5),风机开启,舍内形成负压,气流从进风口进入,沿畜舍长轴方向流动,从风机一侧排出。

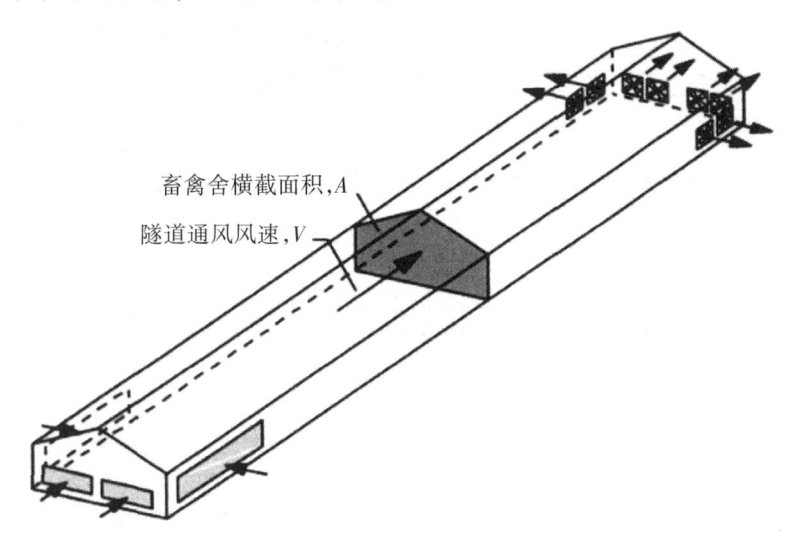

图4-5 隧道式通风模式示意图

风速是隧道式通风设计的核心,计算通风量时,通常按照设计风速2 m/s进行计算,通风量等于设计风速乘以猪舍横截面积。

除了风速,还要关注换气率和静压差两个指标。

1.换气率

进入舍内的新鲜空气沿着猪舍长轴流动的过程中空气质量逐渐下降,因此,越靠近风机端的空气质量越差。尤其在夏季时,风机端空气温度会过高,影响通风效果,因此,需要控制升温的幅度,一般来说,风机端空气温度比进风口空气温度上升不超过2 ℃。可针对猪舍具体保温和猪群情况进行试算,也可按照每小时换气次数100次这个指标控制。隧道式通风猪舍设计时要在换气率控制的通风量和风速控制的通风量中选较大值进行风机选配。

2.静压差(舍内外的气压差)

静压差是一个很关键的控制指标,新鲜空气在经过进风口和流经猪舍的过程中,都需要克服阻力,猪舍的静压差逐渐增大,而静压差越大,风机的风量则越小,因此,在实施隧道式通风时需要注意控制猪舍的静压差,隧道式通风猪舍风机两侧的静压差尽量控制在25 Pa以内。

影响静压差的因素主要有以下几点:

(1)风速。

压力与速度的平方成正比。风速越大需要的动力越大,相应的静压差也越大,提供过高风速,能耗会增加很多,而增加的风速对应的降温效果会减小。所以说风速也并不是越大越好,通常猪舍隧道式通风风速指标一般采用2 m/s。

(2)进风口大小。

进风口的大小会影响到静压差的大小。过小的进风口不但会增大静压差、减小通风量,还有可能产生通风死角。

(3)湿帘。

如进风口位置安装湿帘也会增大静压差。在湿帘选型时,除了关注蒸发效率,还要特别注意湿帘的压降数据。

(4)纱窗。

有些猪舍为了防止异物进入湿帘会在湿帘外侧增加一层纱窗。这层纱窗会增加通风的阻力,阻力与线径、目数、气流速度和进风口的长宽比有关。实际使用中,纱网一般取水帘面积的2—3倍,以减少对通风的影响。

第五章　畜牧场设计图的识别与绘制

实验1　畜牧场地形图的识别

地图在野外工作中被比作"协同作战的共同语言""无声向导""调查员的眼睛"等等，这生动、恰当地表明了地图的重要性。地形图是详细表示地表上居民地、道路、水系、境界、土质、植被等基本地理要素，且用等高线表示地面起伏的一种按统一规范绘制的普通地图。地形图的方位是上北下南、左西右东，它可以非常详细精确地反映实地地形，把每个地物和实地按一定比例一一对照起来，同时还可以反映地表复杂地物的空间关系。规模化畜牧场通常占地较广，设计时需要现场考察并对地形图进行分析，才能做到畜牧场因地制宜，合理布局。虽然地形图是平面的，但它所反映的山地、丘陵、平地等是高低起伏的，因此，搞清楚高低起伏的地表特征是如何准确、形象地在平面的地图上反映出来的，并学会识别畜牧场地形图，是畜牧场科学规划和设计的基础要求。

一、实验目的

（1）学习并理解等高线的概念，在等高线地形图上，识别山峰、山脊、山谷，判断坡的陡缓，估算海拔与相对高度。

（2）在地形图上识别5种主要的地形类型。

二、实验准备

标注了海拔和等高线的山地和丘陵区地形图（包含比例）若干、白纸一沓、铅笔、尺子、圆规等。

三、实验方法

地形图是表示地形、地物的平面图件,是用测量仪器把实地测量出来,并用特定的方法按一定比例缩绘而成,它是地面上地形和地物位置实际情况的反映。地形图主要由图外注记、地物符号、地貌构成。

(一)认识地形图的图外注记

图名:通常是用图内最重要的地名来表示。从图名上大致可判断地形图所在的范围。

图号:根据地形图分幅和编号方法编定。

接图表:标示本图幅与相邻图幅的关系。

图廓:地形图边界,内有经纬度和纵横坐标(公里网)。

比例尺:地形图上任意一线段的长度与地面上相应线段的水平距离之比。

数字比例尺:如1:10 000。

图示比例尺:标上一个基本单位长度所表示的实地距离。

地形图的方向:一般地形图方向为上北下南、左西右东。

(二)认识地形图中的地物符号

地形图中各种地物是以不同符号表示出来的,有以下4种:

(1)比例符号:是将实物按照图的比例尺直接缩绘在图上的相似图形,所以也称为轮廓符号。

(2)非比例符号:当地物实际面积非常小,以致不能用测图比例尺把它缩绘在图纸上时,常用一些特定符号标注出来它的位置。

(3)线性符号(半比例符号):长度按比例,而宽窄不能按比例缩绘的符号。如某种地物呈带状或狭长形(如铁路、公路),其长度可按测图比例尺缩绘,宽窄却不按比例尺。

(4)地物注记:用文字、数字或特有符号对地物加以说明。如地物名称、江河流向、森林类别等。

(三)认识地形图中各种地貌

地球表面高低起伏的自然形态称地貌,用等高线表示。高程相等的相邻点连接而成的闭合曲线即为等高线。高程指的是绝对海拔高度,则海拔相同的各点连成线,即为等高线,如图5-1所示。

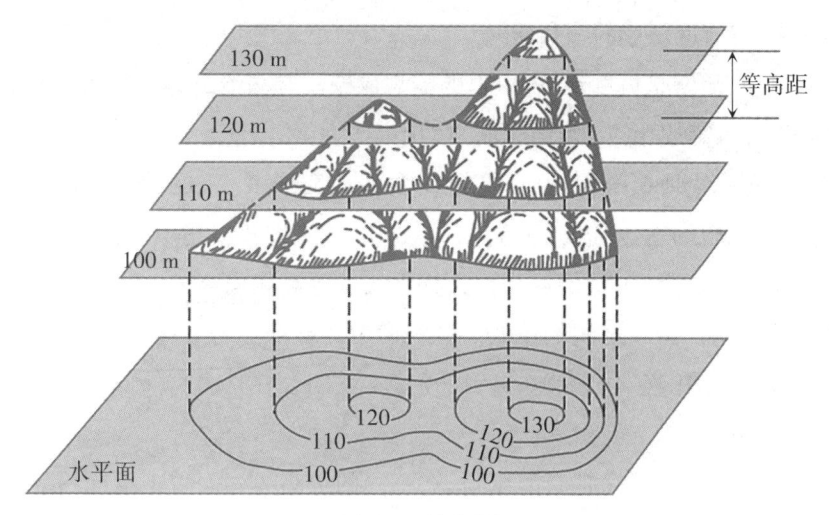

图 5-1 等高线

等高距指的是相邻两等高线的高程之差,在同一幅图上,等高距相同,常用的等高距有 0.5、1.0、2.0、5.0 m。图上相邻两等高线之间的距离为等高线平距。平距越大的地方坡度越缓,反之,等高线越密的地方坡度越陡。

部分典型地貌的等高线见图 5-2:

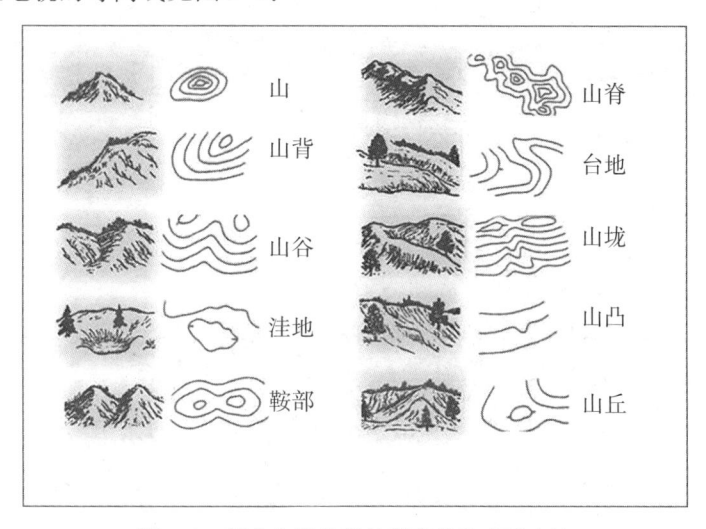

图 5-2 部分典型地貌的等高线和表示方法

山丘和洼地(盆地):闭合曲线,内圈等高线的高程注记大于外圈者为山丘,小于外圈者为洼地。或用示坡线来表示,示坡线从内圈指向外圈,为山丘;从外圈指向内圈,为洼地。

山脊和山谷:山脊等高线凸向低处,山谷等高线凸向高处。

鞍部:鞍部是相邻两山头之间呈马鞍形的低凹部位。鞍部等高线的特点是在一圈大的闭合曲线内,套有两组小的闭合曲线。

峭壁和悬崖:峭壁是坡度在70°以上的陡峭崖壁。等高线重叠。悬崖是上部突出,下部凹进的陡崖。等高线相交,隐蔽的等高线用虚线表示。

在同一幅等高线地形图上,地面越高,等高线条数越多。一般来说,等高线密集的地方坡陡,等高线稀疏的地方坡缓,凡等高线重合处,必为峭壁。等高线的形状是从山顶起逐渐向外凸出的为山脊,山脊的连线称为分水线。等高线向高处凹的为山谷,谷地的连线称为集水线。两个山顶之间的较低部分称为山的鞍部。若等高线形成较小的封闭曲线时,这一地区便是山峰、洼地或小岛,山顶等高线闭合并且内高外低,盆地等高线闭合并且外高内低。

按照越高越亮或者越高越暗的原则,在不同的等高线之间着上不同的颜色,可以一目了然地看出地面的高低形态和海底的起伏状况,这种地图就叫作分层设色地形图(见图5-3)。

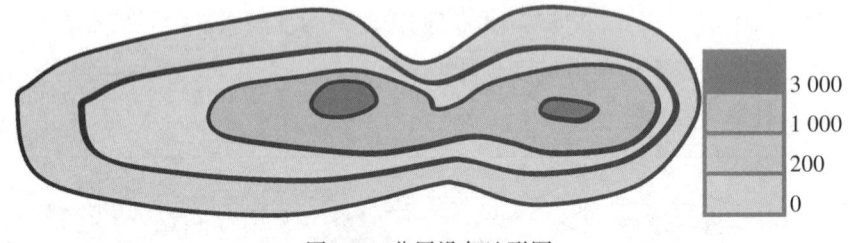

图5-3 分层设色地形图

四、思考题

(1)下列四图中,表示河流流向正确的是哪一个?

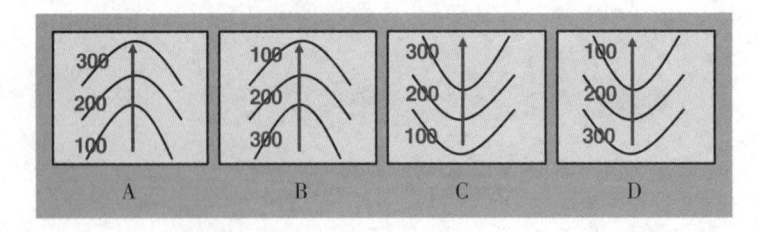

(2)如下图,根据等高线的弯曲和疏密特点来判断等高线地形图上山地5种地形。分别沿路线①、②、③登山的话,有何不同?

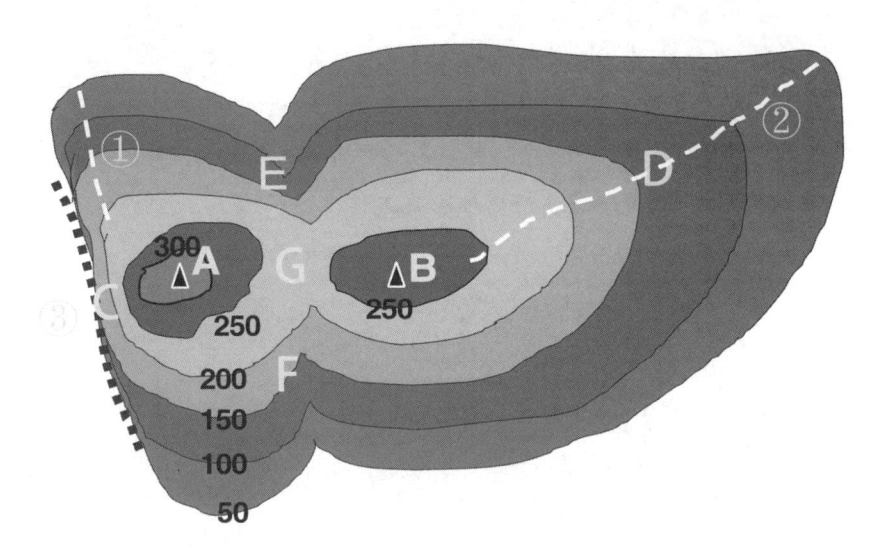

(3)下图中a、b、c、d四条河流中,水速最慢的是_____,河流中分布有瀑布的是_____,图中A为_____地形区,理由是_____。当地政府准备在此修一座水库,则坝址应选1-2、1-3、2-3、2-4中的哪一个?计划修建一条甲村到乙村的露天公路应选择直线方案,还是曲线方案,为什么?

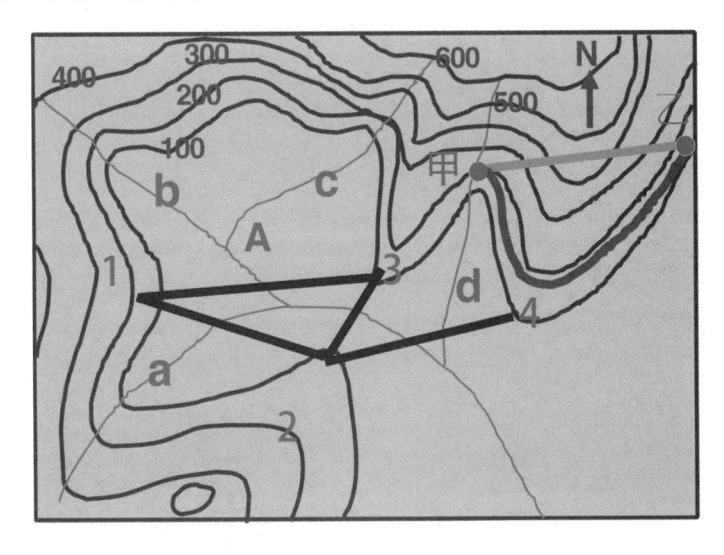

五、实验拓展

地形图的绘制常用全站仪,即全站型电子速测仪,又被称为"电子全站仪",是指由电子经纬仪、光电测距仪和电子记录器组成的,可实现自动测角、自动测距、自动计算和自动记录的一种多功能高效率的地面测量仪器。电子全站仪进行空间数据采集与更新,实现测绘的数字化。它的优势在于快速的数据处理与准确性。全站仪自身带有数据处理系统,可以快速而准确地对空间数据进行处理,计算出放样点的方位角与该点到测距点的距离。随着科技的发展,利用GPS和"北斗"卫星系统远程观测地形成了常用的手段,地图数据可通过GIS等软件下载,同时可以在软件界面自动绘制等高线、形成山谷剖面图、测量距离与地形面积,可加速畜场选址准备工作。

实验 2 畜牧场设计图的识别

畜牧场设计图是一整套比较复杂的工程设计图,一般包括标题页、建筑施工图(建施)、结构施工图(结施)、设备施工图(设施),有时可能有几十张,须按顺序进行识读。必须根据由大到小、由粗到细的原则,有次序有步骤地进行阅读识别。

标题页包括整套图纸目录、工程说明、技术经济指标。根据标题页可以了解整套图纸的全部内容,包括这套图纸张数及每张图纸的名称和图号,根据图名和图号就能方便查找到所需的图纸。在看每一张图纸时,要注意其中的标题栏和说明。标题栏中详列这张图纸的工程名称、项目、图名、图号、设计单位及设计人员、校核人员、审核人员、设计日期等。标题栏不但是根据标题页查找图纸的依据,同时我们看图时对图纸中有疑问之处,可根据标题栏找到设计单位进行质询和提出修正建议。每张图纸的说明清楚地标注了许多图纸中不便表示的事项,也必须阅读。然后按照总平面图、各平面图、立面图、剖面图的顺序阅读畜牧场建筑施工图,了解每栋畜舍的构造,最后还要详细了解结构详图。

图纸中还包括结构施工图和设备施工图。前者包括结构设计说明书、结构布置平面图、各种构件结构详图。后者包括给排水工程图、采暖通风工程图、电气照明工程图。结构施工图纸,先读结构布置平面图,后读构件详图。设备施工图纸先看说明和图例,再读平面布置图和系统图,后读详图。在识读每张图样时,应先看图标、文字,后读图样,看图样则应由整体到局部、由外向里、由粗到细地仔细阅读。每一建筑物的各张工程图纸都是有密切关系的,看图时必须相互对照进行阅读。

一、实验目的

(1)知道畜牧场设计图包括哪些内容,在了解全局的基础上,识别平面图、立面图、剖面图和结构详图。

(2)能够根据图标、文字和数字识别每张图的设计、构造、布局等。

二、实验准备

某猪场的总平面图、配种母猪舍平面图、配种母猪舍一个单元的剖面图、配种母猪舍各方向的立面图。

三、实验方法

(一)识读设计图的图名和比例

建筑图图名一般在图样的下面,在图名下有一段与之等长的粗实线。建筑图比例是指制图尺寸和实际尺寸的比例,用1:X表示,一般注写在图名的右侧,详图比例一般注写在详图标志的右下角。制图标准对建筑图比例的规定如表5-1所示。

表5-1 建筑制图常用比例

图名	常用比例	必要时可增加的比例
总平面图	1:500,1:1 000,1:2 000	1:2 500,1:5 000,1:10 000
总图专业的断面图	1:100,1:200,1:1 000,1:2 000	1:500,1:5 000
平面图、剖面图、立面图	1:50,1:100,1:200	1:150,1:300
次要平面图	1:300,1:400	1:500
详图	1:1,1:2,1:5,1:10,1:20,1:25,1:50	1:3,1:4,1:30,1:40

(二)识读图中常用的图线和符号

1.定位轴线

在施工图中通常将房屋的基础、墙、柱、墩和屋架等承重构件的轴线画出,并进行编号,以便施工时定位放线和查阅图纸。这些轴线称为定位轴线。

根据"国标"规定,定位轴线采用细单点长线表示。轴线编号的圆圈用细实线,直径一般为8—10 mm,如图5-4。轴线编号写在圆圈内,在平面图上横向编号采用阿拉伯数字,从左向右依次编写。竖向编号用大写英文字母,自下而上顺序编写。英文字母中的I、O、Z三个字母不得作轴线编号,以免与数字1、0、2混淆。在较简单或对称的房屋中,平面图的轴线编号,一般标注在图样的下方及左侧。较复杂或不对称的房屋,图形上方和右侧也可以标注。

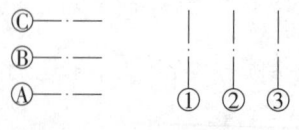

图5-4 定位轴线

2.其他图线

图样是由不同类型和粗细的图线组成的。图线线型可分为实线、虚线、点划线、折断线和波浪线,前三种线型又分粗、中粗和细三种(实线有时还用到特粗线),后两种均为细线。各类图线的规格和用途见表5-2。

表5-2 图线模型

名称	线型	线宽	适用范围
特粗实线	———	1.5—2.0b	立面图上的室外地坪线
粗实线	———	b	立面的外轮廓线,平面图及剖面图截面轮廓线、剖切线、截面图的钢筋线,图框线等
中粗实线	———	$b/2$	平、立、剖面图的门、窗、檐口等外轮廓线
细实线	———	$b/4$	尺寸线、尺寸界线、引出线及材料图例线,立、剖面图的次要图线(粉刷、门窗格等)
粗点划线	—·—·—	b	结构平面图中的梁、屋架轴线位置线
中粗点划线	—·—·—	$b/2$	平面图中的吊车轨道线等
细点划线	—·—·—	$b/4$	中心线,定位轴线等
粗虚线	- - - - -	b	地下建筑物和构筑物(地下管道等)位置线
中粗虚线	- - - - -	$b/2$	不可见部分(通道、地沟等)的轮廓线
细虚线	- - - - -	$b/4$	未剖切到且不可见构件(地窗、风机孔等)位置线,拟扩建的预留地、建筑物范围
折断线	∼∧∼	$b/4$	长距离图面的断开线
波浪线	∼∼∼	$b/4$	表示构造层次的局部界线,长杆件的断裂线

注:b的宽度应根据图形大小和复杂程度决定,在房屋建筑图中,b可在0.4—1.2 mm范围内选择。

同一图样上,相同比例的各图的同类线条宽度一致;点划线的起止是线段而不应是圆点,线段长度和间距大致相等,约分别为15—20 mm和2 mm;点划线与其他图线相交时,均以线段部分相交;圆心以两相垂直的点划线(中心线)交点表示,点划线超出圆周5 mm(圆的直径<12 mm时,用实线画中心线并超出圆周3 mm);虚线的线段长度及间距分别保持一致,约分别为3—6 mm和0.5—1.0 mm,虚线与虚线或其他图线相交时均以线段部分相交,如果交于垂足处为止时,不留有空隙,而虚线处于实线的延长线位置时,则两种线之间留有间隙,圆与圆或其他图线相切时,切点处的图线恰等于单根图线的宽度。

3.字体

工程图样除了以物体的形状表示外,还注写有表示其大小的尺寸数字、字母代号、文字说明等。字体书写的好坏、清楚与否，不仅影响图面质量，还有可能影响施工和造成工程事故。故字体应该书写端正，排列整齐，笔画清晰。

工程图中的汉字采用国家颁布实施的简化汉字，并常采用长仿宋字体，其高与宽比例为3∶2，大小与图形协调配合，一般字距≤1/4字高，行距≥1/3字高，保证排列整齐。工程图中的数字均采用阿拉伯数字，书写分直体和斜体。数字与汉字同行书写时其大小比汉字小一号，并宜用正体字，斜体写法为向右与垂直线成15°角。工程图中的英文字母用于轴线编号、构件代号等，但不得使用I、O、Z三个字母。

4. 尺寸标注

尺寸标注由尺寸线、尺寸界线、起止点和数字组成（见图5-5）。尺寸线是与要标注尺寸部位的轮廓线相平行的细实线，表示所注尺寸的方向和范围。

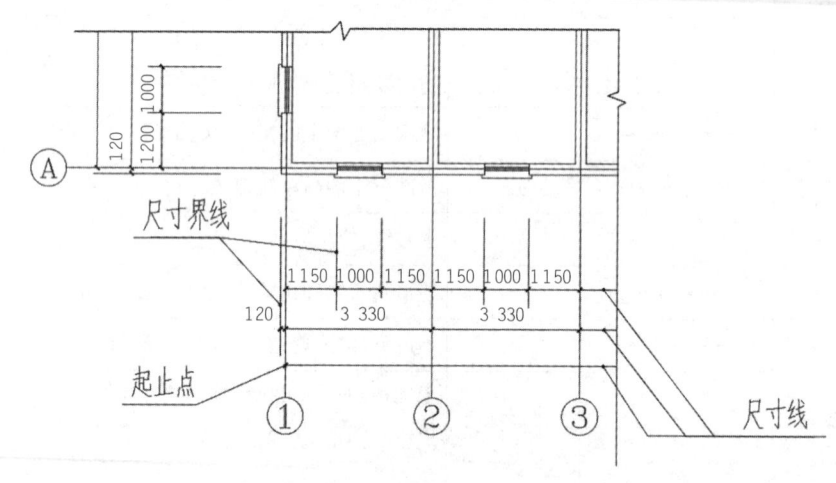

图5-5 尺寸注法

尺寸线一般距所注部位的轮廓线15—20 mm，距另一条与之平行的尺寸线5—10 mm。尺寸界线是从需要标注尺寸的部位引出的细实线（亦可用轴线、中心线作为尺寸界线），表示所注尺寸的范围。尺寸界线与尺寸线相交，并在相交处各自延长2—3 mm。最外边的尺寸界线，从接近图形中的所指处引出，中间的尺寸界线可画成短线。起止点是画在尺寸界线与尺寸线相交点上的45°粗短线，表示所注尺寸的起、止，起止点短斜线画法按注写数字的方向自右上向左下。标注的实际尺寸不需要注明单位，其单位除标高和总平面图默认为米外，其余一律默认为毫米。尺寸数字的注写方向依所注尺寸线的位置而定，当尺寸线为水平方向时，数字注写在尺寸线的上方，当尺寸线为垂直方向时则注写在尺寸线的左边，即顺时针转动图纸90°使垂直的尺寸线变为水平时，尺寸数字仍然注写在尺寸线的上方。尺寸数字注写在图形轮廓线以外，接近尺寸线并在其中间部位。半径、直径、角度、标高及倾斜尺寸线等特殊情况的尺寸数字，其注写方法见图5-6。

(a)半径、直径、角度等的标注方法

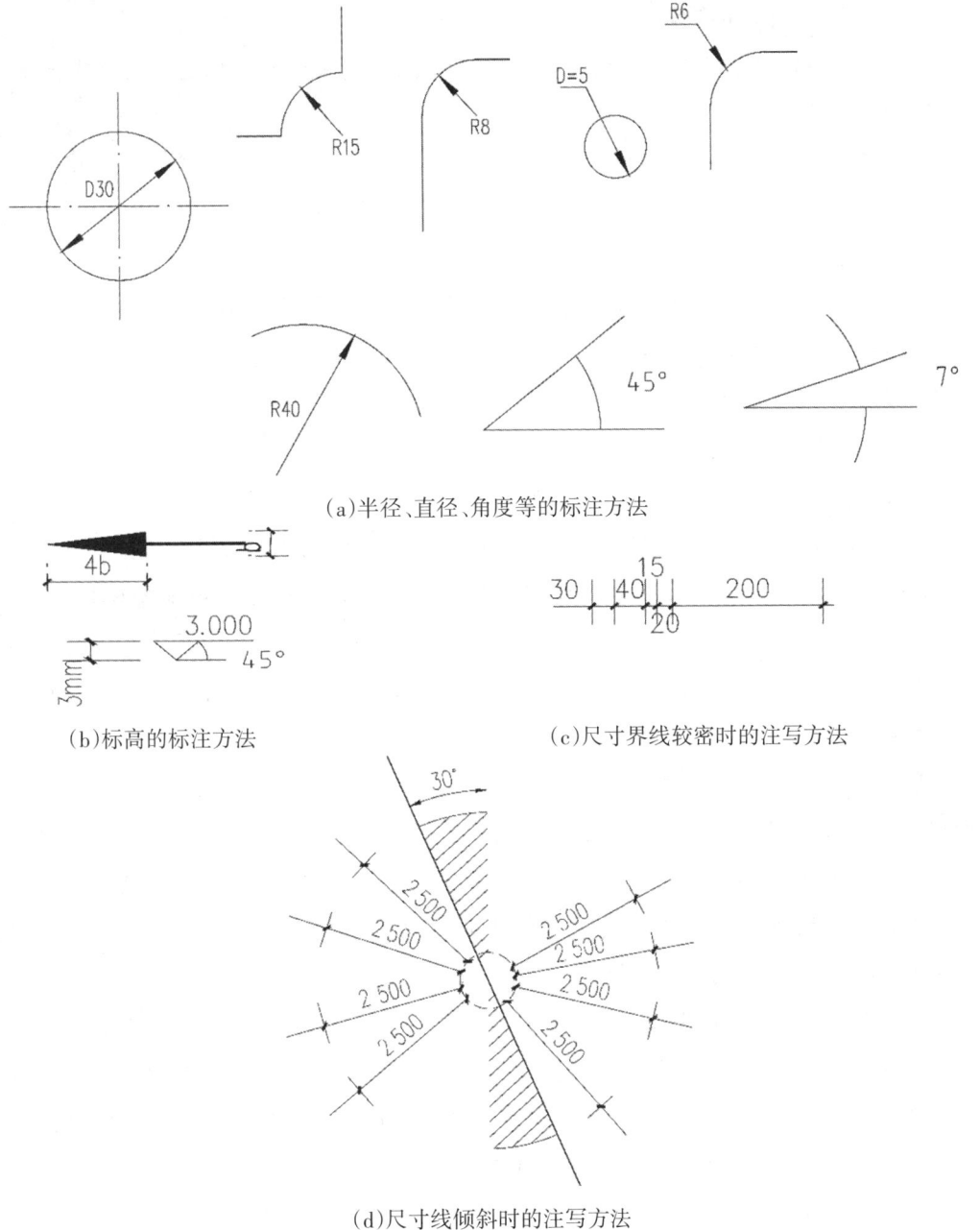

(b)标高的标注方法

(c)尺寸界线较密时的注写方法

(d)尺寸线倾斜时的注写方法

图5-6　各种特殊情况的尺寸注法

(三)畜禽场总平面图的识读

总平面图表示一个工程的总体布局。畜牧场的总平面图主要表示原有和新建畜舍等的位置、标高、道路布置、构筑物、地形、地貌等,作为新建牧场建筑物的定性、施工放线、土方施工以及施工总平面布置的依据。

1.总平面图的基本内容

(1)表明新建筑区的总体布局。如批准地号范围、各建筑物和构筑物的位置、道路、管网的布置等。

(2)确定各建筑物的平面位置。

(3)表明建筑物首层地面的绝对标高,舍外地坪、道路的绝对标高,说明土方填挖情况、地面坡度及排水方向。

(4)用指北针表示房屋的朝向;用风向玫瑰图表示常年风向频率。

(5)根据工程的需要,有时还有水、暖、电等管线总平面图,各种管线综合布置图,道路纵横剖面图以及绿化布置等。

2.总平面图的阅读方法

(1)先看图标、图名、图例和文字说明。

(2)了解场区概况。了解场区的范围、场区的划分、场地的地形地势、周围的环境、全年和冬夏季主风向、道路及绿化的规划和配置、房舍的幢数、房舍占地面积和建筑系数等。

(3)了解每种建筑物具体情况。每幢房舍的层数、朝向、平面形状、轮廓尺寸、所处位置、室内外标高、与其他建筑物的关系和相互间距离等。

(4)了解其他细部。如畜禽舍周围道路的分类(场内外净道、污道)、宽度、布置及路面材料、做法;场区地面排水的方式(排水沟、自由排水)、排水沟的布置、排水方向等;畜禽舍与场前区、隔离区的相对位置、距离及该区附属用房的种类、位置、尺寸等;防疫消毒用房及设施的种类和位置;全场的绿化布置;隔离区的建筑物构筑物种类、位置和尺寸、与生产区的相对位置及距离;等等。

(四)畜禽舍平面图的识读

畜舍的平面图,就是一栋畜舍的水平剖视图,即用一假想水平面把一栋畜舍的窗台以上部分切掉,切平以下部分的水平投影图。图中表示畜舍占地面积,内部分隔,房间的大小,走道、门、窗、台阶等局部位置和大小,墙的厚度等。

1.平面图的基本内容

(1)表明建筑物的形状、内部的布置及朝向。

(2)表明建筑物的尺寸和建筑物地面标高。

(3)表明建筑物结构形式及主要建筑材料。

(4)表明门窗及其过梁的编号,门的开启方向。

(5)表明剖面图、详图和标准配件的位置及其编号。

(6)综合反映工艺、水、暖、电对土建的要求。

(7)表明舍内装饰做法,包括舍内地面、墙面、天棚等处的材料做法。

(8)文字说明。

2.平面图的阅读方法

(1)对主体畜禽舍房间设计图的识读。平面图:应根据图标了解该图是何房舍的平面图、图的比例,然后再按照由墙外至墙内的顺序进行阅读;看该房舍的形状、外轮廓尺寸、间数(每两条梁或柱轴线之间为一间)及开间、进深;房间类型的划分、数量、名称及用途、相互之间的关系;出入房舍和每个房间的通路、房舍内通道的设置;等等。对该房舍的形状、长度和跨度、间数、房间划分、房间的布置及用途等有全面的了解。

(2)对畜禽舍外部设施设计图的识读。根据图纸读出畜禽运动场、出入房舍的台阶坡道、散水等的形状、布置和尺寸,各内外墙、柱的尺寸、作用以及墙上门窗设置、尺寸和形式(以不同图例符号表示);每个房间内部设备(笼具、栏圈、饲喂及饮水设备、清粪及排水设备、通风供暖及照明设备等)的种类、用途、布置、尺寸和相互关系;室内地坪的标高、坡度、与室外地坪的高差。对房舍各细部进行全面了解。

(3)对各种构配件和设备、设施详图的识读。比较复杂的构配件和设备、设施都有详图或者有国家标准图集。检查其是否有详图及其所在图纸号,查看房舍有几个剖面图、其剖切的方式和位置,这样可通过其他图样对房舍作进一步了解。

(五)畜禽舍剖面图的识读

剖面图是用一假想平面沿建筑物垂直方向切开,切开后的正立面投影图。剖面图主要表明建筑物内部在高度方面的情况。如屋顶的坡度,房间和门窗各部分的高度,同时也可以表示出建筑所采用的形式。剖面图的剖切处置一般选择建筑物内部做法有代表性和空间变化比较复杂的位置。为了表明建筑物平面图或剖面图作切面的位置,一般在其平面图纸上画有切面位置线。

阅读步骤:

(1)由平面图详图索引查到需要的剖面图。由图纸的图标可了解到图名和比例,然后对照平面图中的剖切位置线和轴线编号。了解该剖面图的剖视方向,然后了解该截面的轮廓形状、与平面图对应的水平总尺寸和高度总尺寸,室内外地坪标高、坡度等地面的高度变化情况,室内房间在截面方向的划分和布置情况,室内主要设备在截面方向的布置情况等。

(2)剖面图应该按由下向上的顺序进行阅读。先是墙体基础的深度、宽度、结构及材料,地面的结构、材料,地面倾斜度、粪尿沟、饲槽的尺寸和样式等;其次是窗户样式,窗上部檐口的结构、屋架结构、材料规格等；最后屋面结构用一条竖线通过屋面多层，在竖线上画出与屋面结构层数相应的横线，按照多层的顺序，自上而下写明屋面的结构、材料、规格。

(3)由外向里分别了解房间的层高和屋面高度、各种室内外构配件、设备和设施(檐口、门窗上下沿、墙裙、勒脚、笼具、栏圈、饲槽、饮水器、风机风管等细部)的高度尺寸，垂直方向的布置和相互之间的关系，剖切到的构配件的材料和做法，了解沟、槽及地下埋管的标高尺寸等。

(4)了解平面图已经标出和未标出的详图索引标志。查看剖面图上的尺寸线，了解与平面图、立面图对应部分的尺寸。

(六)畜禽舍立面图的识读

立面图是建筑物的正面投影图或侧面投影图，表示建筑物或设备的外观形式、尺寸、艺术造型、使用材料等情况。如畜舍长、宽、高尺寸，房顶的形式，门窗洞口的位置，外墙饰面材料及做法等。

阅读步骤：

(1)由图名和轴线了解该立面图是何朝向的立面(正立面、背立面、左侧立面、右侧立面)，先看该正面的外形、总高度、层数和层高、屋顶的形式、墙面和屋顶的材料或墙面粉刷等；了解该向立面是否设有门窗和有哪些可见的设备、设施等(运动场栏杆、屋顶风管风帽、墙面上的风机孔等)。

(2)了解该立面门窗的数量、形式安排和标高；各设备设施和细部(檐口、雨罩、台阶坡道、勒脚等)的安排、相对位置、标高等，室外地面的高度、台阶的踏步数、踢步高等。

(3)有的立面图上直接画出了局部剖面图，或画出了局部详图的索引标志，阅读时也应注意。

四、思考题

(1)建筑工程的施工图包括哪些图纸?
(2)简述畜舍平面图、立面图、剖面图的内容和阅读步骤。

五、实验拓展

小李在暑假期间去一规模猪场实习，因为猪场规模较大，为了更好地控制环境，场区内人员只能在自己工作范围内活动，小李只知道他所在实习猪舍为育肥猪舍，周边猪舍也都是育肥猪舍，然而整个场区有多大，还有哪些建筑，他完全不知道。为了更多地了解该猪场,小李努力找到了猪场的场区设计图,通过看图才知道自己一直处于猪场的一角,场区的很多地方自己非常感兴趣。有一次外出,小李准备去装猪台看看,但是设计图上字太小看不清,就按照自己的理解寻找一个侧门。"正门进来,侧门出去,净道污道分离,应该没错!"小李这样想。等他到达侧门才发现,附近都是污水处理和粪污处理建筑设施,设置侧门就是为了运输粪污,这里根本不是装猪台。

请根据以上案例思考场区设计图的重要性和识读技巧。

实验 3　畜禽舍设计图的绘制

畜牧场设计一般须经初步设计、技术设计和施工图设计三个阶段，包含了建筑工程方向的几乎所有专业的知识和技术，畜牧兽医工作者只需也只能一般地掌握必要的建筑基本知识和建筑制图基本知识，并根据畜牧生产特点和要求做出初步设计，用工程技术语言与建筑工程技术人员进行交流，在畜牧和工程两学科间架起一座沟通的桥梁，由工程专业人员根据初步设计的要求完成技术设计和施工图设计。畜禽舍的建筑图是牧场建设全套施工图的一部分，包括房舍平面图、立面图、剖面图、构造详图和全场总平面图。

一、实验目的

(1) 了解建筑图的主要构成，知道每张建筑图具体的画图顺序。
(2) 了解每张建筑图的基本制作步骤和画法，并在画板上进行实际操作。
(3) 根据学生培养的实际需要，下载 AutoCAD 软件，并学会在软件上画图。

二、实验准备

1. 图板

图板是固定图纸的工具，板面用胶合板制成，要求光滑平整，边框用硬木制作，要求平直。固定图纸需用胶纸条粘贴。

2. 丁字尺

丁字尺是画水平线的工具，并可与三角板配合画垂直线和 15°倍数的斜线。丁字尺可用木材或有机玻璃制作，要求平直、光滑，不得用刀沿工作边裁纸，禁止用丁字尺敲打物件。使用时紧贴图板左侧边，上下移动至画线位置，用笔沿工作边由左向右画水平线。画长线或所画线段接近尺尾时，应将左手移向尺身并按紧，以防尺身摆动或翘起。每画一线之前,都要用左手向右按一下尺头,以保证画线水平。

3. 三角板

三角板是画垂线及斜线的工具,由两块组成一副,一块是30°、60°三角板。另一块是45°三角板。三角板用有机玻璃制成,规格有200、250、300、350 mm数种。画垂线时,将一个直角边紧贴丁字尺,另一直角边放在左边,由下向上画线,画斜线时,用三角板的左工作边由下向上画,用右工作边时则由上向下画。

4. 圆规、分规

圆规是画圆或圆弧的仪器,使用时应顺时针方向旋转,使圆规略向运动方向倾斜,并应一次画完,切勿反转或往复旋转,以防针孔扩大。

分规是用来等分线段或在线段上量裁尺寸的仪器。在比例尺上量取尺寸时,不应用针尖扎在尺上。

5. 直线笔

直线笔是画黑线的工具。由两片可调节距离的钢片组成,从而可画出粗细不同的图线。

6. 比例尺

比例尺是根据建筑制图常用比例特制的尺。使用比例尺可以不用计算而直接从尺面上截取或读出某线段代表的物体实际长度。

除以上仪器和工具外,还需准备铅笔(带HB、H、2H标志的)、刀片、橡皮、曲线板、橡皮擦、墨水、胶带纸、排刷(扫除橡皮屑用)等,有条件的情况下可以在电脑上用AutoCAD软件作图。

三、实验方法

(一)平面设计图的绘制

房舍平面图(见图5-7)是用一假想的水平剖切平面在房舍适当的高度(一般在门、窗台以上)作水平剖切,移去上部后用正投影法对切面以下部分作H面投影而得的水平剖面图。畜舍的平面图表示其墙、柱、门、窗、房间的平面布置及尺寸,以及舍内通道、沟槽、饲养管理设备及环境调控设备的平面布置及尺寸等。单层房舍或多层建筑的首层平面图还表示室外台阶、坡道、散水、畜禽运动场等。多层建筑每层都要给出一两个平面图(首层、一层……),完全相同的楼层可用一张图(称为标准层平面图),在施工图中,还应绘制屋顶平面和某些需要详示的局部平面图。现以天津某万头猪场的配种猪舍为例说明房舍平面图的画法(见图5-8)。

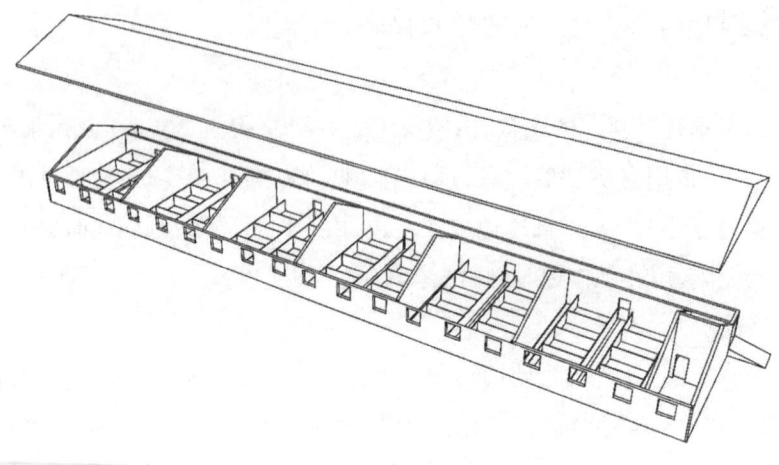

图5-7 房舍平面图

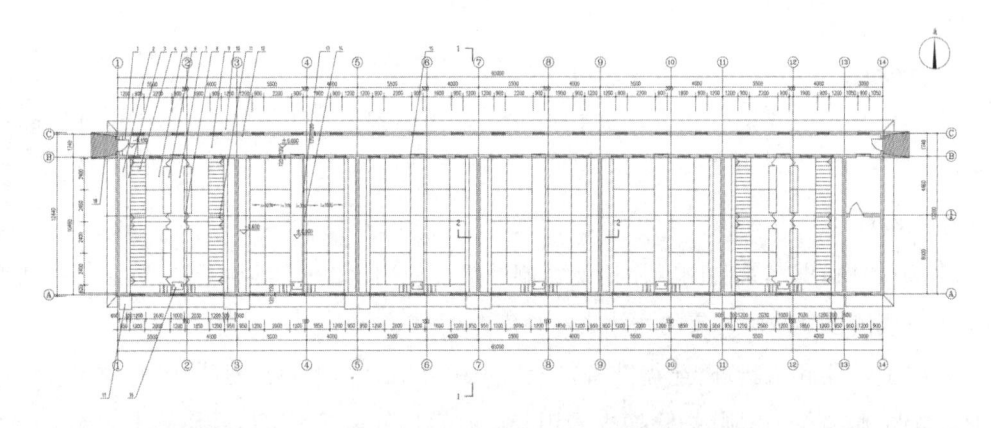

1.消毒池 2.清粪通道 3.清粪沟 4.缝隙地板 5.猪床地面 6.分隔饲槽 7.喂饲通道 8.猪栏门 9.北走廊 10.排水沟 11.猪饮水器 12.冲水龙头及地漏 13.排水沟 14.冲圈龙头 15.推拉门 16.沉淀池 17.集粪池 18.坡道

图5-8 某万头猪场配种猪舍平面图

1.布置图面

布置图面首先要确定绘制图样的数量和所用的比例。一般在图幅允许的情况下,尽量将房舍的平、立、剖面图画在两张图纸上,尺寸较大的畜舍建筑,平、立、剖面亦可分张绘制。建筑平面图的比例一般用1:100,较小但内部布置复杂的房舍或局部平面,可用1:50,畜舍建筑长度较大,亦可采用1:200。

图样数量和所用比例确定后,即可选定图幅。安排各图样在图面上的位置,并考虑尺寸、符号、文字等注写的位置。各图样间也要留出适当的距离,使图面整齐、清晰、匀称。

2.画轴线

轴线(中心线、定位轴线)是施工的控制线,房舍各部均以其为准来确定和标注尺寸,轴线间距由设计决定,房舍主要承重构件及围护构件(墙、柱、梁、屋架等)的轴线均应以细点划线绘出,垂直轴线(跨度方向)自左至右用阿拉伯数字编号,水平轴线(长度方向)自下而上用英文字母编号(I、O、Z三个字母不用),每个编号写在轴线正对圆心、直径为8 mm的圆圈中。

3.画墙柱轮廓线

根据墙厚、柱断面尺寸与轴线的相对位置,以轴线为准画出墙、柱的轮廓线。轴线可以被设计为墙、柱中心线,亦可不为中心,如360 mm厚墙,可以是轴线内120 mm、外240 mm。画线时要用细线轻画,待所有图样底稿绘完后再加粗加深。

4.画门窗

按门窗的设计位置和宽度用细线画出。

5.画细部

畜舍建筑的内部布置一般比民用建筑复杂,要将设计确定的各种通道、排粪尿和水的沟槽、饲槽、饮水设备、笼具、畜栏、局部供暖及通风设备等的位置、尺寸,在图中表示清楚。此外,地面的坡度、墙面内粉刷、各种预埋铁件等,均须认真、详尽地反映到平面图中。有些因尺寸较小而无法按比例表示的,可用规定符号表示(如水龙头、地漏等),无规定符号的(如饮水器、缝隙地板等),可自定符号表示其位置或形状,并在图中注明,必要时须出详图。

6.加深图线

底稿完成后,要认真细致地检查,审核无误后,擦去多余的图线,按制图标准规定的线型加深图线或上墨线。凡剖切到的墙、柱等切面轮廓线用粗实线,不在切面上但可见部分的墙轮廓线(如门窗洞)用中实线,其余细部用细实线。图中的门窗、台阶、孔洞等,须按规定画上相应的图例符号。加深图线后,要求轮廓清楚,线型运用恰当,粗细分明,图面整洁。

7.标注尺寸和文字

畜舍平面图的尺寸线应标注三条,最外一条是房舍的总长度和总宽度;中间一条标注轴线间距;里边一条标注墙厚度、柱和墙垛尺寸、门窗洞口宽度等,跨越轴线的尺寸,应注写轴线两侧的相关尺寸。畜舍建筑内部结构复杂,可在最里边再加一条尺寸线,标注舍内各种设备、设施的位置和尺寸,跨越轴线的部分,可不与轴线相联系进行标注。平面图的尺寸单位一律为毫米。

畜舍建筑非标设计内容较多，因此，除尺寸和标高外，需做必要的简要文字说明。需另出详图的构件，应画出详图索引标志，有多个详图时，其索引标志应有顺序号；根据绘制剖面图的安排，在相应的部位画出剖切位置线，有几个剖面图时应顺序编号。

（二）剖面图的绘制

房舍剖面图是用一假想的剖切平面将房舍作垂直剖切，移去不需要的部分，对需表达的部分作V面（沿房舍长度方向）或W面（沿房舍跨度方向）正投影而得的垂直剖面图，平行于V面做垂直剖切和投影得到的投影图是房舍的纵剖面图，平行于W面作垂直剖切和投影得到的投影图是房舍的横剖面图（见图5-9），后者应用较多。剖切的位置需根据欲表达的内容而定，构造简单的房舍一般只需画一个剖面图，复杂的房舍有时需要画几个剖面图。剖面图的图名必须冠以该剖面剖切位置线的编号，如A-A剖面图、B-B剖面图……或1-1剖面图、2-2剖面图等。

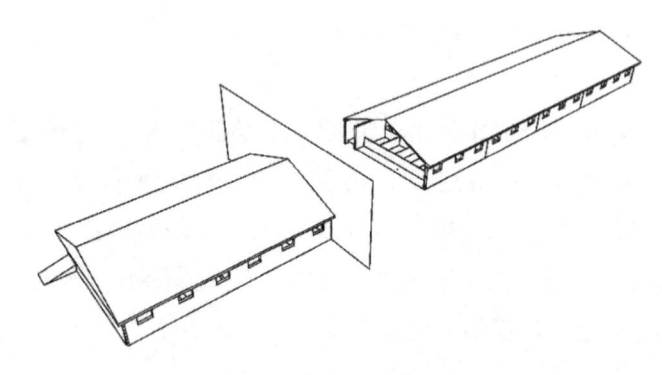

图5-9 房舍剖面的形成

剖面图表示房舍各部高度（垂直）方向的形状、位置和尺寸，如室内外地坪的高度、门窗洞高度、各种设备和设施的高度、沟槽的深度、檐口及屋顶的形式等。这些高度方向的情况，应与立面图的标高相配合并一致。此外，剖面图还表示剖切面的水平尺寸并与平面图中的相应部位的尺寸一致。由此可见，一般在平面图设计完成后，才能设计剖面图，而剖面图设计完成后，立面图自然也就产生了。

剖面图的画法和步骤与平面图基本相同，现以某配种猪舍的剖面图为例加以必要的说明（见图5-10）。

1-1 剖面图

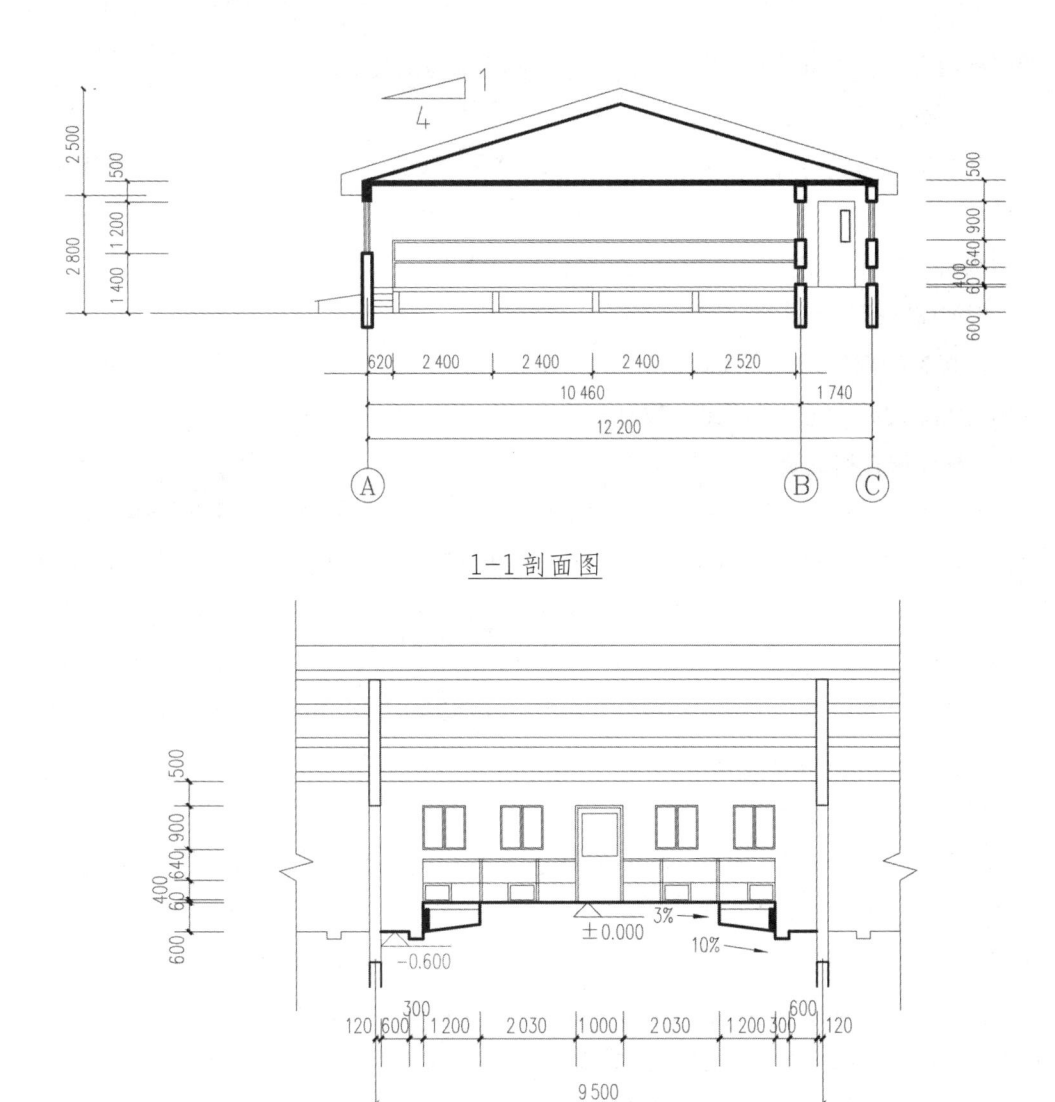

2-2 剖面图

图 5-10　某万头猪场配种猪舍剖面图

1. 剖切位置的选择

应选在地面有高差、设备和设施复杂的地方,并应通过门窗洞口,以使剖面图尽可能多地反映出房舍内部的空间构造情况。需要画几个剖面图时,应尽量减少图面的重复,如果用阶梯剖面图可以表达不同部位的空间情况,就尽量减少剖面图的数量。确定了剖切位置后,应在平面图上画出其剖切位置线,剖视(即投影)的方向一般应根据需要表示的内容而定。剖面图一般选用与平面图相同或稍大些的比例。

2. 画底稿

与画平面图一样,画底稿之前应按要求布置图面,然后画墙柱轴线、层高线或屋架上下弦中心线、出檐高度和宽度、室内外地坪线等控制线,再据此画出相应构件的轮廓线,最后画出门窗洞、室内各种设备设施的高度轮廓线。

3. 加深图线

剖切到的部位的轮廓线画粗实线,并在截面上按规定画出相应的材料图例符号,未剖到的可见部分的轮廓线用细实线画出。

4. 标注尺寸和说明

水平方向的尺寸、轴线编号等,按平面图相应的尺寸和编号标注,垂直(高度)方向的尺寸、标高(室内外地坪、缝隙地板底面、沟槽底标高、门窗洞高、楼面底面或顶棚高等)按设计尺寸标注,台阶、坡道、地窗等不出详图时,也应标出其高度。重要构配件(如屋面、顶棚、梁板、地面等)还要按规定方法注明其构造和做法。无法表示和说明的以及平面图中已标出详图标志的构配件,在剖面图中也应标注详图标志,并与平面图中的符号和编号相呼应,新增的须按顺序往下编号。

(三)立面图的绘制

房舍立面图是以平行于房舍外墙面的投影面绘制的正投影图(如图 5-8 和图 5-11,对照阅读)。如果房舍的四个垂直面各不相同,则每个面都需作出立面图,即正立面、背立面、东侧立面和西侧立面图。如有外形相同的立面时,则可减少立面图的数量。如果房舍垂直面不止四个,则需增加立面图的数量。如果房舍平面图左右对称时,可将两个相对的立面画在一个图样上,正中画对称符号,其左右各画不同立面的一半。

立面图主要表示房舍的外形及装饰,包括屋顶、墙面、门窗、台阶、坡道、雨罩、勒脚、屋顶通风管、烟囱等的形状、位置和其中主要部分的材料和做法。

立面图一般采用与平面图相同的比例。如果将平、立、剖面图或平、立面图布置在同一张图纸上,则可按"长对正、高平齐、宽相等"的原则,较容易快捷地作出立面图,方法是在图面布置时将正、背立面图置于已绘好的平面图上方,正立面图在下、背立面图在上;将东、西两个侧立面图放在正、背立面图的右侧,东侧立面图在下、西侧立面图在上;当图形较大时,亦可分别在不同图纸中绘出。现仍以图 5-8 的配种猪舍为例说明立面图的具体画法和步骤(见图 5-11)。

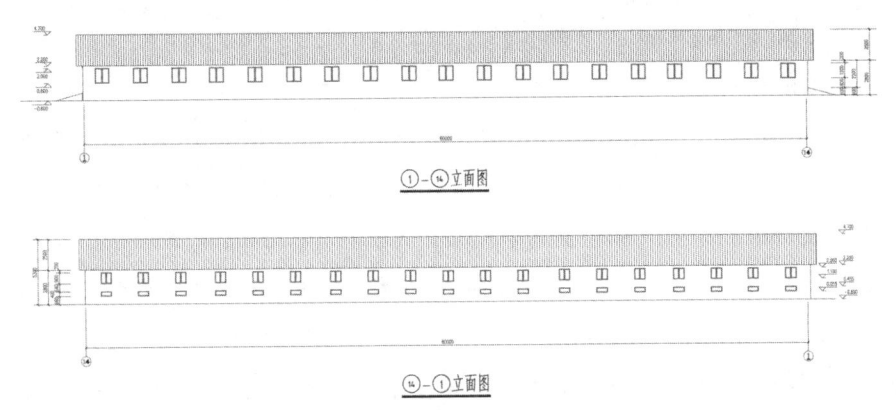

图 5-11　某万头猪场配种猪舍立面图

1. 画轮廓线

先在平面图上方适当位置画出正、背立面图的室外地坪线,然后由平面图的南纵墙上的各特征点(墙及墙垛、柱、门窗、台阶、坡道等)直接引线,在立面图地坪线以上以其垂线定出各特征点的位置线,再根据剖面图上各相应特征点构配件的高度尺寸,确定它们的高度位置,从而画出屋脊线、檐口线、门窗口上下沿线、勒脚线等轮廓线。

应当注意,背立面图不能由平面图的北纵墙特征点直接引线,因为背立面图与平面图相比,是将房舍旋转了180°而作的V面投影,故必须以长对正。确定东西山墙位置线后,按东西相反的方向由平面图上的尺寸顺序将各特征点量取到背立面图上,再由剖面图上各部的尺寸确定背立面图上相应的高度位置,画出各部的轮廓线。

东、西侧立面图的轮廓线,可按"高平齐"的原则由正、背立面图引水平线,再按"宽相等"的原则由平面图引线,以其与东侧立面图上的水平引线相交,由各交点确定各特征点的位置,画出各部轮廓线;西侧立面图则需量取平面图的有关尺寸,在相应的水平引线上确定各特征点的位置,画出各部轮廓线。

2. 画细部

在画出轮廓线的基础上,即可画出门窗、台阶、坡道等细部,以及屋面、外墙材料或饰面材料等。各构配件的细部相同者,可只画出一两处,其余只画轮廓即可,如一排相同的窗户,可只画一樘的外形、开启方向等,但窗台须一一画出。

3. 加深图线和注写文字

立面图不注尺寸,只以引出线和标高符号注写檐口、窗口上下沿、室内外地坪等的标高,其单位为米,并注写到小数点后三位。此外,还应以短垂线画出第二条和最后一条轴线(正、背立面图中为东西山墙的轴线,东、西侧立面图中为南北纵墙的轴线)。如果立面图与平面图不在同张图纸上只能按上述步骤根据平面图和剖面图的水平及高度尺寸进行绘制。

(四)详图的绘制

平、立、剖面图因限于比例,有些细部无法表达清楚,可借助于较大比例的详图。如门窗详图、檐口及楼梯间、阳台等详图,这些涉及工程技术的内容本书不作讨论,但有些详图需由畜牧兽医工作者按工艺要求来提出。凡出具详图的细部,在平、立、剖面图中的相应部位须用引出线和索引标志指明该部分另有详图(见图5-12)。索引标志为直径8—10 mm的单圆圈,过圆心画圆的水平直径,直径上边写详图编号,下边为详图所在图纸的编号;如果详图就在本张图纸上时,则在直径下边画一短横线,引出线一般为45°、60°或90°的细直线,并对准索引标志的圆心与其圆周相接。在详图索引标志所指明的详图所在图纸上,必须画出双线圆的详图标志,外圆用细线,直径16 mm,内圆用粗线,直径14 mm,详图编号写在内圆里,为了更明确地表示该号详图的索引标志所在的图纸号,亦可在内圆中画出水平直径,直径上、下分别写详图编号和该详图被索引的图纸号,以便与平、立、剖面图相呼应便于查找。详图中的建材图例应与其他图一致。

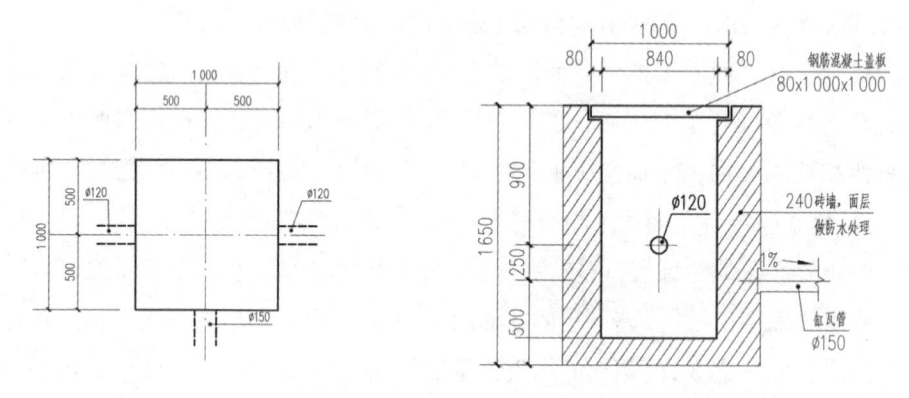

图5-12 猪舍沉淀池详图(左:平面图,右:剖面图)

四、思考题

(1)畜舍平面图、立面图、剖面图的画图顺序是一定的吗?打乱顺序有无难易程度之分?

(2)对图纸的尺寸和单位,可以进行自定义吗?

五、实验拓展

我国历史悠久,在全国各地有着各式各样的建筑,这些建筑是历史发展的载体,是时代变迁的痕迹。在有的人眼里,建筑不过是各朝各代人们进行文化娱乐、日常衣食住行的场所而已，但是在艺术家的眼中，建筑是我们中华民族不断发展的见证，是我们民族在不同时期的文化特征。建筑安静地诉说着往事，就像是一位饱经风霜的老人，有着岁月洗刷过的坚毅灵魂。而建筑师，就是这一切的灵魂，梁思成是其中鼎鼎有名的一位，他甚至被称为中国近代建筑之父。如今人们已经有了先进的科学仪器，只需要一台电脑，一些作图软件，就可以绘制出精准的建筑图纸。但是在那个科技没有今天这样发达的年代，人们靠的只是一双眼睛、一双手、一支笔和一副尺子。梁思成就用这些，绘制出了一幅幅精美如艺术品的建筑手稿。在那个没有制图软件的年代，梁思成的手稿依然华美精确。他的艺术创作令人惊艳，设计图纸也让人叹为观止。

实验 4

畜牧场总平面图的绘制

畜牧场总平面图(简称总图)是用正投影法对畜牧场全貌所作的水平投影。它反映畜牧场场区的范围、地形地势(标高)、主风向、场区划分、道路及排水布置、排水方向、绿化配置,以及畜舍、办公生活用房、生产附属用房、生产构筑物等的位置、朝向、尺寸和相互间的关系等。这些内容一般用规定的符号表示,总图符号中有的可按比例表示对象的实际大小,如房屋、道路等,有的只作表示某物体的符号,如水井、树木、围墙等。

一、实验目的

(1)了解总平面图内包括的项目和单元,并认识各项目和单元之间的关系。
(2)学习并理解总平面图设计的原则,在此基础上合理安排布局。
(3)学会总平面图的画法,根据实际需要选择软件画图。

二、实验准备

画图板、图纸、丁字尺、三角板、圆规、直线笔、比例尺等绘图工具及用法参考本章实验3,此外还需要铅笔(带 HB、2H 等标志的)、刀片、橡皮、曲线板、橡皮擦、墨水、胶带纸、排刷(扫除橡皮屑用)等,有条件的情况下可以在电脑上用 AutoCAD 软件作图。

三、实验方法

畜牧场总平面图的画法与畜舍相似,现以天津某万头猪场的平面图为例说明总平面图的画法和步骤(见图5-13)。

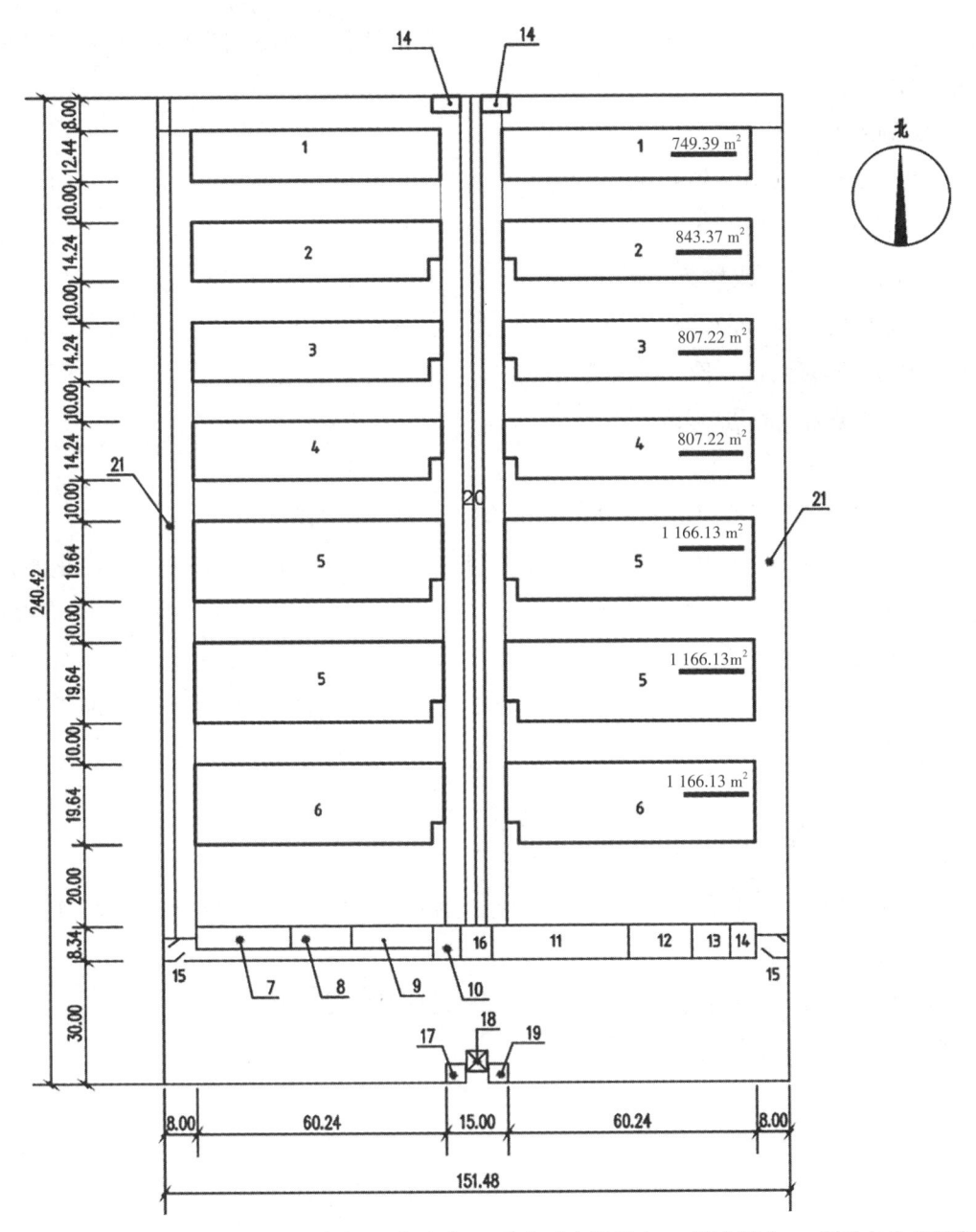

1.配种猪舍;2.妊娠猪舍;3.产房;4.保育舍;5.待售及育肥猪舍;6.测定猪舍;7.行政与技术用房;8.食堂;9.宿舍;10.消毒淋浴更衣房;11.饲料库;12.车库;13.配电室;14.厕所;15.装猪台;16.进生产区消毒通道;17.门卫;18.车辆消毒池;19.消毒间;20.净道;21.污道

图5-13 天津某万头猪场平面图

1.图面布置

首先须根据畜牧场范围、房舍尺寸、文字注写等情况,并考虑图幅大小,选择适当的比例。总平面图的比例一般为1:500至1:1 000,必要时亦可用1:300或1:2 000。比例确定后,根据场区范围可选定相应大小的图幅。图面布置主要是安排图样、尺寸线、文字说明等的位置。

2. 画底稿

绘正式总图必须在各种牧场建筑物、构筑物单体等设计完成之后,才能有具体的尺寸作绘制总图的依据。总图底稿应先用细线画出各幢畜舍和各种构筑物的轮廓线、层数(在右上角以圆点数或数字表示)及位置(一般在其一个角上画引出线,线的上、下分别注明 X、Y 坐标值,无坐标网点时不注);再绘出围墙、道路、排水沟、绿化带等的轮廓线,最后画出水塔、消毒池、消火栓、绿化、指北针和风玫瑰图等符号,以及水平、垂直方向的尺寸线及坐标网点和高程点。

3. 加深图线

除新建房舍和围墙用粗实线外,其余轮廓线一般为细实线。

总图的尺寸线一般画两条,里边一条注写房舍的长、宽,房舍的间距,道路绿化带的宽度等细部尺寸;外边一条注写全场的总长度和总宽度。总图尺寸单位为米。此外,尚需注明每幢建筑物的室内外地坪标高,以标高符号表示,如果是在测绘好的地形图中作总平面图,可用等高线或高程点表示室外地坪标高。图中所用图例(无论规定的或自定的),也应在图中注明。

四、思考题

(1)畜舍建筑设计图和总平面设计图的绘制先后顺序是一定的吗?可不可以打乱顺序?

(2)总平面设计图的绘制过程中,应该先画总图廓还是先画局部图?若画纸容纳不下所有的畜牧场建筑物怎么办?

五、实验拓展

2018年非洲猪瘟的暴发,使得大量生猪死亡,猪肉价格好似乘着火箭飞了起来,2019年部分地区的猪肉价格甚至一度达到了40多元钱一斤。高价的猪肉又让养猪行业火了一把,养猪是不是很赚钱呢?很多想加入养猪行业的朋友跃跃欲试。其实养猪没那么容易,他们只看到了40元钱一斤猪肉的情况,但是否还记得一斤猪肉不到10元钱的时候呢?"猪周期"是让养猪人一直很头疼的问题。解决了它,养猪人才能够稳定获利。实现规模化、现代化不仅是我国畜牧业势在必行的发展方向,更是解决"猪周期"的唯一途径。但是在非洲猪瘟肆虐、环保压力大、土地紧张、成本高居不下的大环境下,如何才能更好地实现规模化发展呢？楼房式养猪进入了养殖人的视野,2层、3层、6层、10层,猪楼房越建越高,猪舍设计越来越难,猪场设计图越来越复杂。楼房猪舍内机械投入大、智能化程度高,猪儿们享受着巡检机器人、清洗机器人等智能化、现代化服务,使得养猪业成了高技术产业。

第六章　畜牧场污水的检测

实验 1　pH 值的测定

pH 是指溶液中氢离子的总数和总物质的量之比,也就是通常意义上酸碱程度的衡量标准。一般情况下,污水中好氧微生物的最佳 pH 值在 6.5—9.0;厌氧反应器中的 pH 值应保持在 6.5—7.5,最佳范围为 6.8—7.2。此外,pH 值不正常还会影响化学反应过程,从而影响污水的处理效果。因此,在污水处理时要对污水中的 pH 值进行测定,保证污水的处理效果。

一、实验目的

(1)了解 pH 计法测定污水 pH 值的原理。
(2)掌握 pH 计法测定污水 pH 值的方法。

二、实验原理

pH 值由测量电池的电动势而得。该电池通常由参比电极和氢离子指示电极组成。在同一温度下,溶液变化 1 个 pH 单位,电位差的改变是常数,据此在仪器上直接以 pH 的读数表示。

三、实验准备

(一)仪器设备

pH广泛试纸、烧杯、干燥器、容量瓶、聚乙烯瓶、滤纸、pH计(精度为0.01,测量范围为0—14,具有温度补偿功能)、电热恒温真空干燥箱。

(二)试剂

(1)蒸馏水:将水注入烧杯中,煮沸10 min,加盖放置冷却。临用现配。

(2)邻苯二甲酸氢钾(分析纯):于110—120 ℃下干燥2 h,置于干燥器中保存,待用。

(3)无水磷酸氢二钠(分析纯):于110—120 ℃下干燥2 h,置于干燥器中保存,待用。

(4)磷酸二氢钾(分析纯):于110—120 ℃下干燥2 h,置于干燥器中保存,待用。

(5)四硼酸钠(分析纯):与饱和溴化钠(或氯化钠加蔗糖)溶液(室温)共同放置于干燥器中48 h,使四硼酸钠晶体保持稳定。

(6)标准缓冲溶液。

①pH 4.00(25 ℃)标准缓冲溶液配制:$c(C_8H_5KO_4)=0.05$ mol/L。

称取10.12 g邻苯二甲酸氢钾,溶于蒸馏水中,转移至1 L容量瓶中,定容。

②pH 6.86(25 ℃)标准缓冲溶液配制:$c(Na_2HPO_4)=0.025$ mol/L,$c(KH_2PO_4)=0.025$ mol/L。

分别称取3.53 g无水磷酸氢二钠和3.39 g磷酸二氢钾,溶于蒸馏水中,转移至1 L容量瓶中,定容。

③pH 9.18(25 ℃)标准缓冲溶液配制:$c(Na_2B_4O_7)=0.01$ mol/L。

称取3.80 g四硼酸钠,溶于蒸馏水中,转移至1 L容量瓶中,定容,于聚乙烯瓶中密封保存。

【注意事项】

上述标准缓冲溶液于4 ℃以下冷藏可保存2—3个月。如发现有浑浊、发霉或沉淀等现象时,不能继续使用。

四、实验方法

(一)仪器校准

1.校准溶液

使用pH广泛试纸粗测样品的pH值,根据样品的pH值大小选择两种合适的校准用标准缓冲溶液。两种标准缓冲溶液pH值相差约3个pH单位。样品pH值尽量在两种标准缓冲溶液pH值范围之间,如果超出范围,样品pH值至少与其中一个标准缓冲溶液pH

值之差不超过2个pH单位。

2.校准方法

采用两点校准法。按照仪器说明书选择校准模式,先用中性标准缓冲溶液,再用酸性或碱性标准缓冲溶液校准。

(1)将电极浸入第一个标准缓冲溶液,缓慢水平搅动,避免产生气泡,待读数稳定后,调节仪器示值与标准缓冲溶液的pH值一致。

(2)用蒸馏水冲洗电极,并用滤纸边缘吸去电极表面水分,将电极浸入第二个标准缓冲溶液中,缓慢水平搅动,避免产生气泡,待读数稳定后,调节仪器示值与标准缓冲溶液的pH值一致。

(3)吸去电极表面水分后,再次将电极放入第一个标准缓冲溶液,待读数稳定后,仪器的示值应与标准缓冲溶液的pH值之差不大于0.05个pH单位,否则重复上述(1)(2)步骤,直至合格。

注:pH计1 min内读数变化小于0.05个pH单位即可视为读数稳定。

(二)样品测定

用蒸馏水冲洗电极,并用滤纸边缘吸去电极表面水分,现场测定时,根据使用的仪器取适量样品或直接测定;实验室测定时,将样品沿杯壁倒入烧杯中,立即将电极浸入样品中,缓慢水平搅动,避免产生气泡,待读数稳定后记下pH值。每个样品测定后用蒸馏水冲洗电极。

【注意事项】

①每连续测定20个样品或每批次小于等于20个样品应分析一个有证标准样品或标准物质,测定结果应在保证值范围内,否则应重新校准,重新测定该批次样品。

②每20个样品或每批次小于等于20个样品应分析一个平行样。当pH值在6—9之间时,允许差为±0.1个pH单位;当pH值≤6或pH值≥9时,允许差为±0.2个pH单位。测定结果取第一次测定值。

五、实验结果记录与分析

(一)结果记录

将每次测定的结果填在表6-1中。

表6-1　pH值记录表

pH值	样品编号				
	1	2	3	4

(二)分析与总结

分析实验结果,总结实验成功或失败的原因。

六、思考题

(1)在测定强酸或强碱溶液时,如何选择标准缓冲溶液?

(2)在污水厌氧发酵过程中,pH值对厌氧微生物有哪些影响?

七、实验拓展

pH计的温度补偿方式

pH计常见的温度补偿方式有两种:手动温度补偿和自动温度补偿。

手动温度补偿:首先将标准缓冲溶液的温度调节至与样品的实际温度一致,用温度计测量并记录。校准时,将pH计的温度补偿按钮设定至样品实际温度上,标准缓冲溶液的pH值设定为样品实际温度下的pH值(见表6-2)。样品测定结果(仪器示值)为样品实际温度下的pH值。

表6-2　不同温度下各标准缓冲溶液对应的pH值

温度/℃	缓冲溶液pH值		
	邻苯二甲酸氢钾	磷酸氢二钠 磷酸二氢钾	四硼酸钠
0	4.006	6.981	9.458
5	3.999	6.949	9.391
10	3.996	6.924	9.330
15	3.996	6.898	9.276
20	3.998	6.879	9.226
25	4.003	6.864	9.182
30	4.010	6.852	9.142
35	4.019	6.844	9.105

续表

温度/℃	缓冲溶液pH值		
	邻苯二甲酸氢钾	磷酸氢二钠 磷酸二氢钾	四硼酸钠
40	4.029	6.838	9.072
45	4.042	6.834	9.042
50	4.055	6.833	9.015

自动温度补偿：无须将标准缓冲溶液与样品调节至同一温度。校准时，电极自带的温度探头可自动测量标准缓冲溶液的温度，标准缓冲溶液的pH值自动设定为该温度下的pH值（见表6-2）。测定样品时，自动测量样品实际温度并对电极斜率进行补偿，测定结果（仪器示值）为样品实际温度下的pH值。

实验 2 溶解氧的测定

溶解氧是指溶解于水中分子状态的氧。在20 ℃、100 kPa下,纯水里溶解氧含量大约为9 mg/L;人类健康的饮用水中溶解氧含量不得小于6 mg/L;当溶解氧低于4 mg/L时,就会引起鱼类窒息死亡。当水体中有机物含量增加,致使耗氧量增加,溶解氧含量下降时,厌氧微生物大量繁殖,使水质恶化。因此,水中溶解氧含量的多少能够反映出水体受污染的程度,是研究水自净能力的一种依据,也是水质监测时一项重要的指标。

一、实验目的

(1)理解碘量法测定水质溶解氧的原理。
(2)掌握碘量法测定水质溶解氧的方法。

二、实验原理

在水样中加入硫酸锰及碱性碘化钾,则水样中溶解氧将低价锰氧化为高价锰。在酸性条件下,高价锰氧化碘离子而释放出碘,用硫代硫酸钠溶液滴定释放出的碘,即可计算出溶解氧含量。

三、实验准备

(一)仪器设备

100 mL和1 000 mL容量瓶、滴定管、250 mL碘量瓶、烧杯、电子天平、硅胶干燥器、细口玻璃瓶(250—300 mL)等。

(二)试剂

蒸馏水、浓硫酸、硫酸锰、碘化钾、淀粉、硫代硫酸钠、碘酸钾等。

1.硫酸溶液(1:1)

量取 50 mL 浓硫酸,缓慢加入到 50 mL 水中,边加边搅拌。

2.碱性碘化物—叠氮化物试剂

称取 35 g 氢氧化钠和 30 g 碘化钾,溶于大约 50 mL 蒸馏水中。

单独将 1 g 叠氮化钠(NaN_3)溶于几毫升水中。

将上述两种溶液混合并稀释至 100 mL。溶液贮存在塞紧的细口棕色瓶中。

【注意事项】

①当试样中亚硝酸氮含量大于 0.05 mg/L 而亚铁含量不超过 1 mg/L 时,为防止亚硝酸氮对测定结果的干涉,需在试样中加入叠氮化物。若试样中亚硝酸氮含量低于 0.05 mg/L,则可省去此试剂。

②叠氮化钠是剧毒试剂,操作过程中严防中毒。

③不要使碱性碘化物—叠氮化物试剂酸化,因为可能产生有毒的叠氮酸雾。

3.无水二价硫酸锰溶液(340 g/L)

称取 34 g 硫酸锰($MnSO_4$),加 1 mL 硫酸溶液,溶解后,用蒸馏水稀释至 100 mL。若溶液不清,则需过滤。

4.碘酸钾标准溶液[$c(1/6KIO_3)=0.01$ mol/L]

称取于 180 ℃下干燥的碘酸钾 3.567 g±0.003 g,溶解于水中,稀释至 1 000 mL。吸取上述溶液 100.00 mL 转移至 1 000 mL 容量瓶中,用水稀释至刻度,摇匀。

5.硫酸溶液[$c(1/2H_2SO_4)=2$ mol/L]

量取 55 mL 硫酸,缓慢注入 1 000 mL 水中,冷却,摇匀。

6.碘溶液(约 0.05 mol/L)

溶解 4—5 g 碘化钾于水中,加入约 130 mg 碘,溶解后稀释至 100 mL。

7.淀粉溶液(10 g/L)

将 1 g 可溶性淀粉溶于 10 mL 水中,边搅拌边倒入已煮沸的蒸馏水至 100 mL,继续煮沸 2 min 即可。

8.硫代硫酸钠($Na_2S_2O_3 \cdot 5H_2O$)标准溶液($c=0.01$ mol/L)的配制与标定

配制:将 2.5 g 硫代硫酸钠溶解于新煮沸并冷却的水中,加入 0.4 g 氢氧化钠,用水稀释至 1 000 mL。于棕色瓶中保存,可保存数月。

标定:在锥形瓶中用 100—150 mL 的水溶解约 0.5 g 碘化钾,加入 5 mL 2 mol/L 硫酸溶液,混合均匀,加入 20.00 mL 碘酸钾标准溶液,稀释至约 200 mL,立即用硫代硫酸钠溶液滴定释放出的碘,当接近滴定终点时,溶液呈浅黄色,加淀粉指示剂,再滴定至完全无色。

硫代硫酸钠溶液浓度(c,mol/L)根据下式计算：
$$c = \frac{6 \times 20 \times 1.66}{V \times 1\,000}$$
式中：

V 为硫代硫酸钠溶液滴定量(mL)。

以两次的平均值表示结果。

四、实验方法

(一)水样采集

样品应采集在细口瓶中，试样充满全部细口瓶。

1.取地表水样

充满细口瓶至溢流，小心避免溶解氧浓度的改变。在消除附着在玻璃瓶上的气泡之后，立即固定溶解氧。

2.从配水系统管路中取水样

将一惰性材料管的入口与管道连接，将管子出口插入细口瓶的底部。

用溢流冲洗的方式充入大约10倍细口瓶体积的水，最后注满瓶子，消除附着在玻璃瓶上的气泡之后，固定溶解氧。

(二)溶解氧的固定

取样之后，最好在现场立即向盛有样品的细口瓶中加 1 mL 二价硫酸锰溶液和 2 mL 碱性试剂。使用细尖头的移液管，将试剂加到液面以下，小心盖上塞子，避免把空气气泡带入。

将细口瓶上下颠倒转动几次，使瓶内的成分充分混合，静置沉淀最少 5 min，然后再重新颠倒混合均匀。

(三)游离碘

确保所形成的沉淀物已沉降在细口瓶的下三分之一部分。

慢速加入 1.5 mL 硫酸溶液(1∶1)，盖上细口瓶盖，然后摇动瓶子，要求瓶中沉淀物完全溶解，并且碘已分布均匀。

(四)滴定

将细口瓶内的组分或部分体积(V_1)转移至锥形瓶内。用硫代硫酸钠标液滴定，接近滴定终点时，加入淀粉溶液。

（五）计算

水中溶解氧含量用下式计算：

$$c_1 = \frac{M_r V_2 c f_1}{4V_1}$$

式中：

c_1 为溶解氧含量（mg/L）；

M_r 为氧的相对分子量（M_r=32）；

V_1 为滴定时样品的体积（mL），一般取 100 mL，若在滴定细口瓶内试样，则 $V_1=V_0$；

V_2 为滴定样品时所耗去硫代硫酸钠标准溶液的体积（mL）；

c 为硫代硫酸钠标准溶液的实际浓度（mol/L）。

$$f_1 = \frac{V_0}{V_0 - V_3}$$

式中：

V_0 为细口瓶的体积（mL）；

V_3 为二价硫酸锰溶液体积（1 mL）和碱性试剂（2 mL）体积的总和。

五、实验结果记录与分析

将每次测定的结果记录在表6-3中，并计算平均值。

表6-3　硫代硫酸钠标准溶液用量　　　　　　　　　　单位：mL

样品编号	第一次	第二次	平均值
1			
2			
3			

六、思考题

（1）如何检验水样中是否存在氧化或还原物质？

（2）当水样中存在氧化性物质或还原性物质时，应如何测定？

七、实验拓展

电化学探头法测定水中溶解氧

碘量法是测定水中溶解氧的基准方法,在无干扰的情况下,此方法适用于各种溶解氧浓度大于 0.2 mg/L 和小于氧的饱和浓度两倍(约 20 mg/L)的水样。当水样中含有干扰物质时,会对测定产生影响。此时,宜采用电化学探头法。

溶解氧电化学探头是一个用选择性薄膜封闭的小室,室内有两个金属电极并充有电解质。氧和一定数量的其他气体及亲液物质可透过这层薄膜,但水和可溶性物质的离子几乎不能透过这层膜。将探头浸入水中进行溶解氧的测定时,由于电池作用或外加电压在两个电极间产生电位差,使金属离子在阳极进入溶液,同时氧气通过薄膜扩散在阴极获得电子被还原,产生的电流与穿过薄膜和电解质层的氧的传递速度成正比,即在一定的温度下该电流与水中氧的分压(或浓度)成正比。

请查阅资料,了解电化学探头法测定水中溶解氧的方法。

实验 3

总硬度的测定

水的硬度是指沉淀肥皂的程度,是表示水质的一个重要指标。水的硬度低,有利于人、畜健康;高硬度的水不仅难喝,而且会影响消化系统功能。《生活饮用水卫生标准》(GB 5749-2022)中规定,饮水的总硬度必须不超过450 mg/L。在一般情况下,除了钙、镁离子以外,其他沉淀肥皂的金属离子(铁、铝、锌等离子)浓度都较低。目前,常用乙二胺四乙酸二钠标准溶液以配位滴定法测定水中的钙、镁等离子的总量,经过转换,以每升水中碳酸钙的毫克数表示水的总硬度。

一、实验目的

(1)了解配位滴定法的基本原理。
(2)掌握水总硬度的测定方法。

二、实验原理

当pH等于10时,乙二胺四乙酸二钠与水样中的钙、镁离子形成无色可溶性螯合物,铬黑T指示剂与钙、镁离子形成紫红色螯合物,这些紫红色螯合物的不稳定常数大于乙二胺四乙酸二钙和镁螯合物的不稳定常数。用乙二胺四乙酸二钠滴定钙、镁离子至终点时,钙、镁离子全部与乙二胺四乙酸二钠螯合而使铬黑T游离,溶液由紫红色变为蓝色。

三、实验准备

(一)仪器

滴定管、移液管、量筒、锥形瓶、烧杯、容量瓶等实验室常用玻璃仪器。

(二)试剂

锌粉、盐酸、氯化铵、浓氨水、三乙醇胺、硫酸镁($MgSO_4 \cdot 7H_2O$)、乙二胺四乙酸二钠($C_{10}H_{14}N_2O_8Na_2 \cdot 2H_2O$)、铬黑T($C_{20}H_{12}N_3NaO_7S$)、硫化钠($Na_2S \cdot 9H_2O$)、盐酸羟胺($NH_2OH \cdot HCl$)等。

1. 铬黑T指示剂

称取0.5 g铬黑T,溶于100 mL三乙醇胺,最多可用25 mL乙醇代替三乙醇胺以减少溶液的黏性,盛放在棕色瓶中。

【注意事项】

铬黑T指示剂溶液较易失效,如果在滴定时终点不敏锐,而且加入掩蔽剂后仍不能改善,则应重新配制指示剂。

2. 缓冲溶液(pH=10)

(1)氯化铵—氢氧化铵溶液:称取16.9 g氯化铵,溶于143 mL浓氢氧化铵中。

(2)称取0.780 g硫酸镁及1.178 g乙二胺四乙酸二钠溶于50 mL纯水中,加入2 mL氯化铵—氢氧化铵溶液和5滴铬黑T指示剂(此时溶液应呈紫红色,若为天蓝色,应再加极少量的硫酸镁使溶液呈紫红色),用乙二胺四乙酸二钠标准溶液滴定至溶液由紫红色变为天蓝色。

(3)合并(1)和(2)两种溶液,并用纯水稀释至250 mL,如溶液又变为紫红色,在计算结果时应扣除试剂空白。

【注意事项】

①缓冲溶液应贮存于聚乙烯瓶或硬质玻璃瓶中,防止使用中因反复开盖使氨水浓度降低而影响pH值。缓冲溶液放置时间较长,氨水浓度降低时,应重新配制。

②以铬黑T为指示剂,用乙二胺四乙酸二钠滴定钙、镁离子时,在pH值为9.7—11.0范围内,溶液愈偏碱性,滴定终点愈敏锐。但其可使碳酸钙和氢氧化镁沉淀,从而导致滴定终点误差。因此,滴定pH值以10为宜。

3. 锌标准溶液

准确称取0.6—0.8 g锌粉,溶于1:1盐酸中,置于水浴上温热至完全溶解,转移至1 000 mL容量瓶中,定容,并按下式计算锌标准溶液的浓度:

$$c_1 = m/M$$

式中:

c_1为锌标准溶液的摩尔浓度(mol/L);

m为锌的质量(g);

M为锌的相对分子质量,取65.37。

4. 0.01 mol/L乙二胺四乙酸二钠标准溶液

(1)配制。

称取3.72 g乙二胺四乙酸二钠溶于纯水中,转移到1 000 mL容量瓶中,定容。

(2)标定。

吸取25.00 mL锌标准溶液于150 mL锥形瓶中,加入25 mL纯水,加入几滴氨水调节溶液至近中性,再加入2 mL缓冲溶液和5滴铬黑T指示剂,在不断振荡下,用乙二胺四乙酸二钠溶液滴定至不变的天蓝色,按下式计算乙二胺四乙酸二钠标准溶液的浓度:

$$c_2 = \frac{c_1 V_1}{V_2}$$

式中:

c_2为乙二胺四乙酸二钠标准溶液的摩尔浓度(mol/L);

c_1为锌标准溶液的摩尔浓度(mol/L);

V_1为锌标准溶液的体积(mL);

V_2为乙二胺四乙酸二钠标准溶液的体积(mL)。

校正乙二胺四乙酸二钠标准溶液的摩尔浓度为0.01 mol/L。

5. 硫化钠溶液(50 g/L)

称取5.0 g硫化钠溶于纯水中,转移至100 mL容量瓶中,定容。

6. 盐酸羟胺溶液(10 g/L)

称取1.0 g盐酸羟胺溶于纯水中,转移至100 mL容量瓶中,定容。

四、实验方法

1. 样品测定

吸取50.0 mL水样(若硬度过高,可取适量水样,用纯水稀释至50.0 mL;若硬度过低,取水样100.0 mL),置于250 mL锥形瓶中。加入4 mL缓冲溶液和3滴铬黑T指示剂溶液,此时溶液应呈紫红色或紫色,其pH值应为10.0±0.1。为防止沉淀,应在不断振摇下,立即用乙二胺四乙酸二钠标准溶液滴定,开始滴定时速度宜稍快,接近终点时应稍慢,并充分振摇,最好每滴间隔2—3 s。溶液由紫红色变为蓝色,在最后一点儿紫色消失,刚出现天蓝色时即为终点,整个滴定过程应在5 min内完成。同时做空白实验,记下用量。

【注意事项】

①为防止碳酸钙和氢氧化镁在碱性溶液中沉淀,滴定时,水样中的钙、镁离子含量不能过多,若取50.0 mL水样,所消耗的乙二胺四乙酸二钠标准溶液的体积应少于15 mL。

②若水样中含有金属干扰离子使滴定终点延迟或颜色发暗,可另取水样,加入 0.5 mL 盐酸羟胺溶液及 1.0 mL 硫化钠溶液。

2.计算

钙和镁总量(c, mmol/L)用下式计算:

$$c = \frac{c_2 V_3}{V}$$

式中:

c_2 为乙二胺四乙酸二钠标准溶液的浓度(mmol/L);

V_3 为乙二胺四乙酸二钠标准溶液的消耗量(mL);

V 为水样体积(mL)。

1 mmol/L 的钙镁总量相当于 100.1 mg/L 以 $CaCO_3$ 表示的硬度。

五、实验结果记录与分析

(一)结果记录

将每次测定的结果记录在表6-4中,并计算钙和镁总量。

表6-4 实验结果记录表

样品编号	标准溶液的消耗量/mL	水样体积/mL	钙和镁总量/(mmol·L^{-1})
1			
2			
3			

(二)分析和总结

计算水样的总硬度,对实验进行分析和总结。

六、思考题

(1)配位滴定法与酸碱滴定法相比,有哪些不同点?

(2)在滴定时,加入缓冲溶液的作用是什么?

七、实验拓展

乙二胺四乙酸二钠滴定法是测定水质总硬度的经典方法,但该方法所需试剂较多,配制繁琐,并存在多种金属离子的干扰。此外,终点的判断也存在主观误差。随着分析技术和分析仪器的发展,原子吸收光谱法和离子色谱法也被应用于水质总硬度的测定。

  原子吸收光谱法是20世纪50年代中期出现并逐渐发展起来的一种新型的仪器分析方法,是利用气态原子可以吸收一定波长的光辐射,使原子中外层的电子从基态跃迁到激发态的现象而建立的。采用原子吸收光谱法测定水的总硬度,所需试剂少、准确度高、抗干扰能力强、快速准确。

  离子色谱技术于1977年开始在水处理领域应用,具有快速、准确、用量少等优点。此外,用离子色谱法测定水中硬度能有效避免有机物干扰,且无须考虑镁离子的影响,在镁含量过低时仍可直接测定。

实验 4 化学需氧量的测定

水中的还原性物质包含各种有机物质、亚硝酸盐、硫化物等,但主要是有机物,在生物氧化过程中消耗溶解氧而导致水体氧的缺乏,引起水质恶化。这就需要针对水中的有机物进行监测。有机物的种类很多,难以对所有有机物分别定性和定量监测。在实际应用中,将耗氧的量作为一项指标,采用化学需氧量(COD)作为衡量水中有机物质含量多少的指标。

COD是指水体中易被强氧化剂氧化的还原性物质所消耗的氧化剂的量,结果折成氧的量(以 mg/L 计)。COD值愈大,说明水体受到有机物的污染愈严重。

采用不同测定方法测定水样COD,其结果也不同。目前应用较普遍的方法是酸性高锰酸钾氧化法(COD_{Mn})和重铬酸钾氧化法(COD_{Cr}),前者较简便,但氧化率低,在测定水样中有机物含量相对比较低和较清洁的水样时,可以采用;后者氧化率高,再现性好,适用于测定废水水样中有机物的含量。本实验介绍重铬酸钾氧化法测定水中的COD。

一、实验目的

(1)了解COD的含义。
(2)掌握重铬酸钾法测定水中COD的原理和方法。

二、实验原理

在水样中加入已知量的重铬酸钾溶液,并在强酸介质下以银盐作为催化剂,经沸腾回流后,以试亚铁灵作为指示剂,用硫酸亚铁铵滴定水样中未被还原的重铬酸钾,由消耗的重铬酸钾的量计算出消耗氧的质量浓度。

【注意事项】

①在酸性重铬酸钾条件下,芳烃和吡啶难以被氧化,其氧化效率低。在硫酸银催化作用下,直链脂肪族化合物可有效被氧化。

②无机还原性物质如亚硝酸盐、硫化物和二价铁盐等将使测定结果增大,其需氧量也是COD_{Cr}的一部分。

三、实验准备

(一)仪器设备

防爆沸玻璃珠、分析天平(0.000 1 g)、加热装置、回流装置(磨口250 mL锥形瓶的全玻璃回流装置)、酸式滴定管、容量瓶、锥形瓶、移液管等实验室常用玻璃仪器。

(二)试剂

硫酸(ρ=1.84 g/mL,优级纯)、重铬酸钾、硫酸银、硫酸汞、硫酸亚铁铵$[(NH_4)_2Fe(SO_4)_2 \cdot 6H_2O]$、邻苯二甲酸氢钾、七水合硫酸亚铁、硫酸溶液(1+9,体积比)、1,10-菲绕啉等。

1.重铬酸钾标准溶液$[c(1/6K_2Cr_2O_7) = 0.250$ mol/L]

准确称取12.258 g重铬酸钾(105 ℃干燥至恒重)溶于水中,转移至1 000 mL容量瓶,定容。

2.重铬酸钾标准溶液$[c(1/6K_2Cr_2O_7) = 0.025\ 0$ mol/L]

将上述重铬酸钾标准溶液稀释10倍。

3.硫酸银—硫酸溶液

称取10 g硫酸银,加入到1 L硫酸中,放置1—2 d使之溶解,并摇匀,使用前小心摇动。

4.硫酸汞溶液(ρ=100 g/L)

称取10 g硫酸汞,溶于100 mL硫酸溶液(1+9,体积比)中,混匀。

【注意事项】

硫酸汞溶液为剧毒,实验人员应避免与其直接接触。样品处理过程应在通风橱中进行。

5.试亚铁灵指示剂

1,10-菲绕啉(商品名为邻菲咯啉、1,10-菲咯啉)指示剂溶液。

溶解0.7 g七水合硫酸亚铁于50 mL水中,加入1.5 g 1,10-菲绕啉,搅拌至溶解,稀释至100 mL。

6.硫酸亚铁铵标准溶液

(1)硫酸亚铁铵标准溶液:$c[(NH_4)_2Fe(SO_4)_2 \cdot 6H_2O] \approx 0.05$ mol/L。

①配制:称取 19.5 g 硫酸亚铁铵溶于水中,加入 10 mL 硫酸,待溶液冷却后稀释至 1 000 mL。

②标定:每日临用前,必须用 0.250 mol/L 重铬酸钾标准溶液准确标定硫酸亚铁铵标准溶液的浓度,标定时应做平行双样。

取 5.00 mL 0.250 mol/L 重铬酸钾标准溶液置于锥形瓶中,用水稀释至约 50 mL,缓慢加入 15 mL 硫酸,混匀,冷却后加入 3 滴(约 0.15 mL)试亚铁灵指示剂,用硫酸亚铁铵滴定,溶液的颜色由黄色经蓝绿色变为红褐色即为终点,记录下硫酸亚铁铵的消耗量 V(mL)。硫酸亚铁铵标准滴定溶液浓度按下式计算:

$$c = \frac{1.25}{V}$$

式中:

c 为硫酸亚铁铵标准滴定溶液浓度(mol/L);

V 为滴定时消耗硫酸亚铁铵溶液的体积(mL)。

(2)硫酸亚铁铵标准溶液:$c[(NH_4)_2Fe(SO_4)_2 \cdot 6H_2O] \approx 0.005$ mol/L。

将 0.05 mol/L 硫酸亚铁铵标准溶液稀释 10 倍。用 0.025 0 mol/L 重铬酸钾标准溶液标定,其标定方法和浓度计算同上,每日临用前标定。

7.邻苯二甲酸氢钾标准溶液[$c(C_8H_5KO_4) = 2.082\ 4$ mmol/L]

称取 0.425 1 g 邻苯二甲酸氢钾(105 ℃干燥 2 h)溶于水,并稀释至 1 000 mL,混匀。以重铬酸钾为氧化剂,将邻苯二甲酸氢钾完全氧化的 COD_{Cr} 值为 1.176 g/g(即 1 g 邻苯二甲酸氢钾耗氧 1.176 g),故该标准溶液理论的 COD_{Cr} 值为 500 mg/L。

四、实验方法

(一)COD_{Cr} 浓度≤50 mg/L 的样品

1.样品测定

取 10.0 mL 水样于锥形瓶中,依次加入硫酸汞溶液[按 ($HgSO_4$):(Cl^-)≥20:1(质量比)的比例加入,最大加入量为 2 mL]、0.025 0 mol/L 重铬酸钾标准溶液 5.00 mL 和几颗防爆沸玻璃珠,摇匀。

将锥形瓶连接到回流装置冷凝管下端,从冷凝管上端缓慢加入 15 mL 硫酸银—硫酸溶液,以防止低沸点有机物的逸出,不断旋动锥形瓶使之混合均匀。自溶液开始沸腾起保持微沸回流2 h。若为水冷装置,应在加入硫酸银—硫酸溶液之前,通入冷凝水。

回流冷却后,自冷凝管上端加入45 mL水冲洗冷凝管,使溶液体积在70 mL左右,取下锥形瓶。

溶液冷却至室温后,加入3滴试亚铁灵指示剂溶液,用0.005 mol/L硫酸亚铁铵标准溶液滴定,溶液的颜色由黄色经蓝绿色变为红褐色即为终点。记下硫酸亚铁铵标准溶液的消耗体积V_1。

【注意事项】

①样品浓度低时,取样体积可适当增加。

②消解时应使溶液缓慢沸腾,不宜爆沸。如出现爆沸,可能是由于加热过于激烈,或是防爆沸玻璃珠的效果不好,爆沸会出现局部过热,导致测量结果有误。

③试亚铁灵指示剂的加入量虽不影响临界点,但应尽量一致。当溶液的颜色先变为蓝绿色再变到红褐色即达到终点,几分钟后可能还会重现蓝绿色。

2.空白实验

按上述相同步骤以10.0 mL试剂水代替水样进行空白实验,记录下空白滴定时消耗硫酸亚铁铵标准溶液的体积V_0。

每批样品应至少做两个空白实验。

空白实验中硫酸银—硫酸溶液和硫酸汞溶液的用量应与样品中的用量保持一致。

(二)COD_{Cr}浓度 > 50 mg/L 的样品

1.样品测定

取10.0 mL水样于锥形瓶中,依次加入硫酸汞溶液、0.250 mol/L重铬酸钾标准溶液5.00 mL和几颗防爆沸玻璃珠,摇匀。其他操作与上述相同。

待溶液冷却至室温后,加入3滴试亚铁灵指示剂溶液,用0.05 mol/L硫酸亚铁铵标准滴定溶液滴定,溶液的颜色由黄色经蓝绿色变为红褐色即为终点。记录硫酸亚铁铵标准滴定溶液的消耗体积V_1。

【注意事项】

对于浓度较高的水样,可选取所需体积1/10的水样放入硬质玻璃管中,加入试剂,摇匀后加热至沸腾数分钟,观察溶液是否变为蓝绿色。如呈蓝绿色,应再适当取少许水样,直至溶液不变蓝绿色为止,从而可以确定待测水样的稀释倍数。

2.空白实验

按相同步骤以试剂水代替水样进行空白实验。

每批样品应至少做两个空白实验。

(三)计算

按下式计算水样中COD的质量浓度：

$$\rho = \frac{c \times (V_0 - V_1) \times 8\,000}{V_2} \times f$$

式中：

ρ 为COD的质量浓度(mg/L)；

c 为硫酸亚铁铵标准溶液的浓度(mol/L)；

V_0 为空白实验所消耗的硫酸亚铁铵标准溶液的体积(mL)；

V_1 为水样测定所消耗的硫酸亚铁铵标准溶液的体积(mL)；

V_2 为水样的体积(mL)；

f 为样品稀释倍数；

8 000为四分之一O_2的摩尔质量以mg/L为单位的换算值。

当COD_{Cr}测定结果小于100 mg/L时保留至整数位；当测定结果大于或等于100 mg/L时,保留三位有效数字。

五、实验结果记录与分析

(一)结果记录

将测定的结果记录在表6-5中。

表6-5 实验结果记录表

样品编号	水样体积(V_2,mL)	稀释倍数	空白实验所消耗的硫酸亚铁铵标准溶液的体积(V_0,mL)	水样测定所消耗的硫酸亚铁铵标准溶液的体积(V_1,mL)	硫酸亚铁铵标准溶液的浓度(c,mol/L)
1					
2					
3					

(二)计算与分析

计算水样中COD的质量浓度,并对实验结果进行分析。

六、思考题

(1)影响COD测定准确性的因素有哪些?

(2)氯离子为什么会对实验产生干扰?

七、实验拓展

氯离子含量的粗判方法

重铬酸钾氧化法测定水样中COD，主要干扰物为氯化物，此法不适用于含氯化物浓度大于1 000 mg/L（稀释后）的水的COD测定。如水样中含有少量的氯化物，可加入硫酸汞溶液去除。硫酸汞溶液的加入量可通过粗略判断氯离子的含量来确定。氯离子含量的判断方法如下。

取10.0 mL含氯水样于锥形瓶中，稀释至20 mL，用氢氧化钠溶液（10 g/L）调至中性（pH试纸判定即可），加入1滴铬酸钾指示剂（50 g/L），用滴管滴加硝酸银溶液（0.141 mol/L），并不断摇匀，直至出现砖红色沉淀，记录滴数，换算成体积，粗略确定水样中氯离子的含量。

为方便快捷地估算氯离子含量，先估算所用滴管滴下的每滴液体的体积，根据化学分析中每滴体积（如下按0.04 mL给出示例）计算给出氯离子含量与滴数的粗略换算表（见表6-6）。

表6-6 氯离子含量与滴数的粗略换算表

水样取样量/mL	氯离子测试浓度值/(mg·L^{-1})			
	滴数:5	滴数:10	滴数:20	滴数:50
2	501	1 001	2 003	5 006
5	200	400	801	2 001
10	100	200	400	1 001

【注意事项】

①水样取样量大或氯离子含量高时，比较容易判断滴定终点，粗判误差相对较小。

②硝酸银浓度一般比较高，滴定操作一般会过量，测定的氯离子结果会大于理论浓度，由此会增加测定中硫酸汞的用量，但其对COD_{Cr}的测定无不利影响。

实验 5

BOD₅ 的测定

养殖场污水中含有大量有机物质,有的可以被生物氧化,有的只能部分被氧化,还有一部分不能被生物氧化。因此,污水中的有机物可分成2个部分,可生化降解和不可生化降解的有机物。一般常用生化需氧量(BOD)表示污水中可以生物降解的有机物含量的多少。

BOD 是一种水质监测指标,其是指在有氧的条件下,水中微生物分解有机物的生物化学过程中所需溶解氧的质量浓度。一般以 5 d 作为测定 BOD 的标准时间,称为五日生化需氧量,记作 BOD_5。BOD_5 数值越大,说明水中含有的有机物愈多,水质被污染得愈严重。

国家标准规定采用稀释与接种法作为测定水中生化需氧量的标准方法。此方法适用于 BOD_5 在 2—6 000 mg/L 范围内的水样。BOD_5 大于 6 000 mg/L 的水样仍可使用此法测定,但稀释会造成误差。

一、实验目的

(1)熟悉实验的基本操作。
(2)掌握 BOD 的定义及稀释与接种法测定水中 BOD_5 的实验原理和测定方法。

二、实验原理

将水样注满培养瓶,密封后将培养瓶置于恒温条件下培养 5 d。测定培养前、后水样中的溶解氧浓度,根据培养前、后的溶解氧浓度的差值计算出每升水消耗掉的氧的质量,以 BOD_5 形式表示。

如果水样中的有机物含量较多,BOD_5 的质量浓度大于 6 mg/L,样品需适当稀释后测定;对不含或含少量微生物的废水,在测定时应接种,以引进能分解废水中有机物的微生物。当废水中存在难以被一般生活污水中的微生物以正常的速度降解的有机物或含有剧毒物质时,应将驯化后的微生物引进水样中进行接种。

三、实验准备

(一)仪器设备

滤膜(孔径为1.6 μm)、溶解氧瓶(带水封,容积250—300 mL)、稀释容器(1—2 L的量筒或容量瓶)、虹吸管、溶解氧测定仪、恒温培养箱(20 ℃±1 ℃)、曝气装置、实验室常用玻璃仪器。

(二)试剂

蒸馏水、接种液、乙酸溶液(1∶1)、磷酸二氢钾、磷酸氢二钾、七水合磷酸氢二钠、氯化铵、七水合硫酸镁、氯化钙、六水合氯化铁、浓盐酸、氢氧化钠、亚硫酸钠、葡萄糖($C_6H_{12}O_6$,优纯级)、谷氨酸(优纯级)、丙烯基硫脲、碘化钾、淀粉等。

1.水

实验用水符合GB/T 6682-2008规定的3级蒸馏水要求,并且水中铜离子的质量浓度不大于0.01 mg/L,不含有氯或氯胺等物质。

2.接种液

可购买接种微生物用的接种物质,参照使用说明书配制接种液。也可按照以下方法获得接种液。

(1)未受工业废水污染的生活污水:COD≤300 mg/L,总有机碳(TOC)≤100 mg/L。

(2)含有城镇污水的河水或湖水。

(3)污水处理厂的出水。

(4)分析含有难降解物质的工业废水时,在其排污口下游适当处取水样作为废水的驯化接种液。也可取中和或经适当稀释后的废水进行连续曝气,每天加入少量该种废水,同时加入少量生活污水,使适应该种废水的微生物大量繁殖。当水中出现大量的絮状物时,表明微生物已繁殖,可用作接种液,一般驯化过程需3—8 d。

3.盐溶液

(1)磷酸盐缓冲溶液。

将8.5 g磷酸二氢钾、21.8 g磷酸氢二钾、33.4 g七水合磷酸氢二钠和1.7 g氯化铵溶于水中,稀释至1 000 mL,此溶液在0—4 ℃下可稳定保存6个月。此溶液的pH值为7.2。

(2)硫酸镁溶液：$\rho(MgSO_4)$=11.0 g/L。

将22.5 g七水合硫酸镁溶于水中,稀释至1 000 mL,此溶液在0—4 ℃下可稳定保存6个月,若发现有沉淀生成或微生物生长应弃用。

(3)氯化钙溶液：$\rho(CaCl_2)$=27.6 g/L。

将27.6 g无水氯化钙溶于水中,稀释至1 000 mL,此溶液在0—4 ℃下可稳定保存6个月,若发现有沉淀生成或微生物生长应弃用。

(4)氯化铁溶液：$\rho(FeCl_3)$=0.15 g/L。

将0.25 g六水合氯化铁溶于水中,稀释至1 000 mL,此溶液在0—4 ℃下可稳定保存6个月,若发现有沉淀生成或微生物生长应弃用。

4.稀释水

在5—20 L的玻璃瓶中加入一定量的水,控制水温在(20±1) ℃,用曝气装置至少曝气1 h,使稀释水中的溶解氧达到8 mg/L以上。使用前,每升水中加入磷酸盐缓冲溶液、硫酸镁溶液、氯化钙溶液和氯化铁溶液各1.0 mL,混匀,(20±1) ℃保存。在曝气的过程中防止污染,特别是防止带入有机物、金属、氧化物或还原物。

稀释水中氧的质量浓度不能过饱和,使用前需开口放置1 h,且应在24 h内使用。

5.接种稀释水

根据接种液的来源不同,每升稀释水中加入适量接种液:城市生活污水和污水处理厂出水加入1—10 mL。应将接种稀释水存放在(20±1) ℃的环境中,当天配制当天使用。接种的稀释水pH值为7.2,BOD_5应小于1.5 mg/L。

6.盐酸溶液[$c(HCl)$=0.5 mol/L]

将40 mL浓盐酸溶于水中,稀释至1 000 mL。

7.氢氧化钠溶液[$c(NaOH)$=0.5 mol/L]

将20 g氢氧化钠溶于水中,稀释至1 000 mL。

8.亚硫酸钠溶液[$c(Na_2SO_3)$=0.025 mol/L]

将1.575 g亚硫酸钠溶于水中,稀释至1 000 mL,此溶液不稳定,需现配现用。

9.葡萄糖—谷氨酸标准溶液

将葡萄糖($C_6H_{12}O_6$,优纯级)和谷氨酸(优纯级)在130 ℃干燥1 h,各取150 mg溶于水中,在1 000 mL容量瓶中稀释至标线。此溶液的BOD_5为(210±20)mg/L,现用现配。该溶液也可少量冷冻保存,融化后立刻使用。

10.丙烯基硫脲硝化抑制剂[$\rho(C_4H_8N_2S)$=1.0 g/L]

称取0.20 g丙烯基硫脲,溶于200 mL水中,4 ℃保存,此溶液可稳定保存14 d。

11. 碘化钾溶液[ρ(KI)=100 g/L]

称取10 g碘化钾溶于水中,转移至100 mL容量瓶中,定容。

12. 淀粉溶液[ρ=5 g/L]

将0.5 g淀粉溶于水中,稀释至100 mL。

四、实验方法

(一)样品的前处理

1. 水样的pH调节

若采集的新鲜水样或稀释后的水样pH值不在6—8范围内,应用盐酸溶液或氢氧化钠溶液调节pH值至6—8。

2. 余氯和结合氯的去除

若样品中含有少量余氯,一般在采样后放置1—2 h,游离氯即可消失。对短时间内不能消失的余氯,可加入适量亚硫酸钠溶液去除样品中存在的余氯和结合氯,加入的亚硫酸钠溶液的量由下述方法确定。

取已中和好的水样100 mL,加入乙酸溶液10 mL、碘化钾溶液1 mL,混匀,置于暗处静置5 min。用亚硫酸钠溶液滴定析出的碘至淡黄色,加入1 mL淀粉溶液呈蓝色。再继续滴定至蓝色刚刚退去,即为终点,记录所用亚硫酸钠溶液体积,由消耗的亚硫酸钠溶液体积,计算出水样中应加亚硫酸钠溶液的体积。

3. 水样均质化

含有大量颗粒物、需要较大稀释倍数的样品或经冷冻保存的样品,测定前均需将样品搅拌均匀。

4. 过滤藻类

如水样中有大量藻类,会导致BOD_5的测定结果偏高。测定前应用滤膜过滤。

5. 含盐量低的样品

若样品含盐量低,非稀释样品的电导率小于125 μS/cm时,需加入适量相同体积的四种盐溶液,使样品的电导率大于125 μS/cm。每升样品中至少需加入各种盐的体积(V)按照下式计算:

$$V = \frac{\Delta K - 12.8}{113.6}$$

式中:

V为需加入各种盐的体积(mL);

ΔK 为样品需要提高的电导率值(μS/cm)。

(二)分析步骤

1. 非稀释法

非稀释法分为两种情况:非稀释法和非稀释接种法。

如果样品中的有机物含量较少,BOD_5的质量浓度不大于6 mg/L,且样品中有足够的微生物,用非稀释法测定。如果样品中的有机物含量较少,BOD_5的质量浓度不大于6 mg/L,但样品中无足够的微生物,则采用非稀释接种法测定。

(1)试样的准备。

①待测试样

测定前,待测试样的温度达到(20±2)℃,若样品中溶解氧浓度低,需要用曝气装置曝气15 min,充分振摇赶走样品中残留的空气泡;若样品中氧过饱和,将容器的2/3体积充满样品,用力振荡赶出过饱和氧,然后,根据试样中微生物含量确定测定方法。非稀释法可直接取样测定;非稀释接种法,每升试样中加入适量的接种液,待测定。若试样中含有硝化细菌,有可能发生硝化反应,需在每升试样中加入2 mL丙烯基硫脲硝化抑制剂。

②空白试样

非稀释接种法,每升稀释水中加入与试样中相同量的接种液作为空白试样,需要时,每升试样中加入2 mL丙烯基硫脲硝化抑制剂。

(2)试样的测定。

①碘量法测定试样中的溶解氧

将试样充满两个溶解氧瓶中,使试样少量溢出,防止试样中的溶解氧质量浓度改变,使瓶中存在的气泡靠瓶壁排出。将一瓶盖上瓶盖,加上水封,在瓶盖外罩上一个密封罩,防止培养期间水封水蒸发干,在恒温培养箱中培养5 d±4 h或(2+5)d±4 h后,测定试样中溶解氧的质量浓度。另一瓶15 min后测定试样在培养前溶解氧的质量浓度。溶解氧的测定参考第六章实验2。

空白试样的测定方法同上。

②电化学探头法测定试样中的溶解氧

将试样充满一个溶解氧瓶中,使试样少量溢出,防止试样中的溶解氧质量浓度改变,使瓶中存在的气泡靠瓶壁排出。测定试样在培养前溶解氧的质量浓度。然后,盖上瓶盖,防止样品中残留气泡,加上水封,在瓶盖外罩上一个密封罩,防止培养期间水封水蒸发干。将试样瓶放入恒温培养箱中培养5 d±4 h或(2+5)d±4 h后,测定培养后试样中溶解氧的质量浓度。溶解氧的测定使用溶解氧测量仪,按HJ 506-2009进行操作。

空白试样的测定方法同上。

2.稀释与接种法

稀释与接种法分为两种情况：稀释法和稀释接种法。

若试样中的有机物含量较多，BOD$_5$的质量浓度大于6 mg/L，且样品中有足够的微生物，用稀释法测定。如果样品中的有机物含量较多，BOD$_5$的质量浓度大于6 mg/L，但试样中无足够的微生物，则采用稀释接种法测定。

（1）试样的准备。

①待测试样

待测试样的温度达到(20±2)℃，若样品中溶解氧浓度低，需要用曝气装置曝气15 min，充分振摇赶走样品中残留的气泡；若样品中氧过饱和，将容器的2/3体积充满样品，用力振荡赶出过饱和氧，然后，根据试样中微生物含量确定测定方法。

稀释法测定：稀释倍数按表6-7和表6-8方法确定，然后用稀释水稀释。

表6-7　典型的比值 R

水样类型	总有机碳 R (BOD$_5$/TOC)	高锰酸盐指数 R (BOD$_5$/I_{Mn})	化学需氧量 R (BOD$_5$/COD$_{Cr}$)
未处理的废水	1.2—2.8	1.2—1.5	0.35—0.65
生化处理的废水	0.3—1.0	0.5—1.2	0.20—0.35

由表6-7中选择适当的 R 值，按下式计算BOD$_5$的期望值：

$$\rho = R \times Y$$

式中：

ρ 为五日生化需氧量浓度的期望值(mg/L)；

Y 为总有机碳(TOC)、高锰酸盐指数(I_{Mn})或化学需氧量(COD$_{Cr}$)的测定值(mg/L)。

由估算出的BOD$_5$的期望值，按表6-8确定样品的稀释倍数。

表6-8　BOD$_5$测定的稀释倍数

BOD$_5$期望值/(mg·L^{-1})	稀释倍数	水样类型
6—12	2	河水，生物净化的城市污水
10—30	5	河水，生物净化的城市污水
20—60	10	生物净化的城市污水
40—120	20	澄清的城市污水或轻度污染的工业废水
100—300	50	轻度污染的工业废水或原城市污水

续表

BOD$_5$期望值/(mg·L^{-1})	稀释倍数	水样类型
200—600	100	轻度污染的工业废水或原城市污水
400—1 200	200	重度污染的工业废水或原城市污水
1 000—3 000	500	重度污染的工业废水
2 000—6 000	1 000	重度污染的工业废水

稀释接种法测定：用接种稀释水稀释样品。若试样中含有硝化细菌，有可能发生硝化反应，需在每升试样中加入2 mL丙烯基硫脲硝化抑制剂。

稀释倍数的确定：样品稀释的程度应使消耗的溶解氧质量浓度不小于2 mg/L，培养后样品中剩余溶解氧质量浓度不小于2 mg/L，且试样中剩余的溶解氧质量浓度为开始浓度的1/3—2/3为最佳。

稀释倍数可根据样品的总有机碳(TOC)、高锰酸盐指数(I_{Mn})或化学需氧量(COD_{Cr})的测定值，按照表6-7列出的BOD$_5$与总有机碳、高锰酸盐指数或化学需氧量的比值(R)估计BOD$_5$的期望值，再根据表6-8确定稀释倍数。当不能准确地选择稀释倍数时，一个样品做2—3个不同的稀释倍数。

按照确定的稀释倍数，将一定体积的试样或处理后的试样用虹吸管加入已加部分稀释水或接种稀释水的稀释容器中，加稀释水或接种稀释水至刻度，轻轻混合避免残留气泡，待测定。若稀释倍数超过100倍，可进行两步或多步稀释。

若试样中有微生物毒性物质，应配制几个不同稀释倍数的试样，选择与稀释倍数无关的结果，并取平均值。试样测定结果与稀释倍数的关系如下：

当分析结果精度要求较高或存在微生物毒性物质时，一个试样要做两个以上不同的稀释倍数，每个试样每个稀释倍数做平行双样同时进行培养。测定培养过程中每瓶试样氧的消耗量，并画出氧消耗量对每一稀释倍数试样中原样品的体积曲线。

若此曲线呈线性，则此试样中不含有任何抑制微生物的物质，即样品的测定结果与稀释倍数无关；若曲线仅在低浓度范围内呈线性，则取线性范围内稀释比的试样测定结果计算BOD$_5$的平均值。

②空白试样

稀释法和稀释接种法测定：空白试样为稀释水，需要时每升稀释水或接种稀释水中加入2 mL丙烯基硫脲硝化抑制剂。

(2)试样的测定。

试样和空白试样的测定方法参照非稀释法的测定方法。

(三)计算

1.非稀释法

非稀释法按照下式计算样品 BOD_5 的测定结果：

$$\rho = \rho_1 - \rho_2$$

2.非稀释接种法

非稀释接种法按照下式计算样品 BOD_5 的测定结果：

$$\rho = (\rho_1 - \rho_2) - (\rho_3 - \rho_4)$$

3.稀释与接种法

稀释与接种法按照下式计算样品 BOD_5 的测定结果：

$$\rho = \frac{(\rho_1 - \rho_2) - (\rho_3 - \rho_4)}{f_2} \times f_1$$

式中：

ρ 为五日生化需氧量质量浓度(mg/L)；

ρ_1 为培养前接种水样的溶解氧质量浓度(mg/L)；

ρ_2 为培养后接种水样的溶解氧质量浓度(mg/L)；

ρ_3 为培养前空白样的溶解氧质量浓度(mg/L)；

ρ_4 为培养后空白样的溶解氧质量浓度(mg/L)；

f_1 为接种稀释水或稀释水在培养液中所占的比例；

f_2 为原样品在培养液中所占的比例。

BOD_5 测定结果以氧的质量浓度(mg/L)表示。对于稀释与接种法，如果有几个稀释倍数的结果满足要求，结果取这些稀释倍数结果的平均值。结果小于100 mg/L，保留一位小数；100—1 000 mg/L，取整数位；大于1 000 mg/L，以科学计数法表示。结果报告中应注明：样品是否经过过滤、冷冻或均质化处理。

【注意事项】

①每一批样品做两个分析空白试样，稀释法空白试样的测定结果不能超过0.5 mg/L；非稀释接种法和稀释接种法空白试样的测定结果不能超过1.5 mg/L，否则应检查可能的污染来源。

②接种液、稀释水质量的检查。每一批样品要求做一个标准样品，样品的配制方法如下：取20 mL葡萄糖—谷氨酸标准溶液于稀释容器中，用接种稀释水稀释至1 000 mL，测定 BOD_5，结果应在180—230 mg/L范围内，否则应检查接种液和稀释水的质量。

五、实验结果记录与分析

(一)结果记录

将测定结果填入表6-9中。

表6-9 溶解氧质量浓度

样品编号	培养前接种水样(ρ_1)	培养后接种水样(ρ_2)	培养前空白样(ρ_3)	培养后空白样(ρ_4)	接种稀释水或稀释水在培养液中所占的比例(f_1)	原样品在培养液中所占的比例(f_2)
空白1						
空白2						
样品1						
样品2						
样品3						

(二)计算与分析

计算水样中的溶解氧浓度,并对实验结果进行分析。

六、思考题

(1)如何合理地选择稀释倍数?

(2)测BOD_5时,如果污水中含有较高浓度的铜、锌、砷等有毒金属时,应如何进行处理?

七、实验拓展

BOD_5/COD_{Cr}比值法评价废水可生化性

废水生物处理是微生物以废水中有机物质作为营养,通过代谢作用降解有机物,使废水得以净化。如果废水中的有机物可以被微生物降解,则在设计状态下废水可得到有效处理;如果废水中的有机物不能被微生物降解,则生物处理起不到作用。因此,判断废水能否采用生物处理是设计废水生物处理工艺的前提。

废水的可生化性是判断废水可否采用生物法处理的重要依据。检验废水可生化性的常用方法包括:微生物呼吸曲线法、三磷酸腺苷指标法、BOD_5/COD_{Cr}比值法、二氧化碳生成量法等。其中，BOD$_5$/COD$_{Cr}$比值法是应用最广泛的一种方法，该法通过直接测定废水中BOD$_5$和COD$_{Cr}$，计算BOD$_5$/COD$_{Cr}$比值，参考可生化性指标（见表6-10）进行评价。BOD$_5$/COD$_{Cr}$比值体现了废水中可生物降解的有机物占有机物总量的比例，在一般情况下，BOD$_5$/COD$_{Cr}$比值越大，废水的可生化性程度越高。

表6-10　废水的可生化性评价

可生化性评价	BOD$_5$/COD$_{Cr}$			
	>0.45	0.30—0.45	0.20—<0.3	<0.20
	易生化	较易生化	较难生化	难生化

BOD$_5$/COD$_{Cr}$比值法存在着一定的不足。

首先，由于BOD的测定过程相对复杂，测定结果受多种因素影响，重现性较差。

其次，通过对各种废水的BOD与COD做大量的研究，明确了两者相关性的关系式：

$$\rho_{COD}=\rho_m+\rho_n\rho_{BOD}$$

式中：

ρ_m为不能被生物降解的那部分有机物的COD值；

ρ_n为COD$_B$/BOD，COD$_B$为能被生物降解的那部分有机物的COD值。

根据上式可以看出，只有当不能被生物降解的有机物COD值为零时，废水的BOD与COD比值才是常数。

最后，废水的特性会影响废水可生化性的判定。如废水中存在有害有毒物质或废水中含有降解缓慢的有机悬浮污染物等，BOD与COD之间的相关性较差。

实验 6 总氮的测定

水中的总氮是指水中各种形态氮的总量,包括氨氮、硝酸盐氮、亚硝酸盐氮等无机氮和蛋白质、氨基酸、有机胺等有机氮。水中总氮含量是衡量水质的重要指标之一,常用来评价水体受污染的程度。

水体总氮的测定方法主要有碱性过硫酸钾消解紫外分光光度法、还原-偶氮比色法、高效液相色谱法、气相分子吸收光谱法、离子色谱法、流动注射分析法等,其中,碱性过硫酸钾消解紫外分光光度法是使用较普遍的一种方法。

一、实验目的

(1)掌握碱性过硫酸钾消解紫外分光光度法测定水质总氮的原理和方法。
(2)了解水质总氮测定其他方法的原理。

二、实验原理

在 120—124 ℃下,碱性过硫酸钾溶液使样品中含氮化合物的氮转化为硝酸盐,采用紫外分光光度法于波长 220 nm 处和 275 nm 处,分别测定吸光度 A_{220} 和 A_{275},按下式计算校正吸光度 A,总氮(以 N 计)含量与校正吸光度 A 成正比。

$$A = A_{220} - 2A_{275}$$

三、实验准备

(一)仪器设备

紫外分光光度计(具 10 mm 石英比色皿)、高压蒸汽灭菌器(最高工作压力不低于 110—140 kPa,最高工作温度不低于 120—124 ℃)、具塞磨口玻璃比色管(25 mL)等。

(二)试剂

无氨水、氢氧化钠(含氮量<0.000 5%)、过硫酸钾(含氮量<0.000 5%)、硝酸钾(优级纯)、浓硫酸(ρ=1.84 g/mL)、浓盐酸(ρ=1.19 g/mL)、盐酸溶液(1+9)、硫酸溶液(1+35)、硝酸钾、三氯甲烷等。

1.无氨水

每升水中加入0.10 mL浓硫酸,蒸馏,收集馏出液于具塞玻璃容器中。也可使用新制备的去离子水。

2.硝酸钾

在105—110 ℃下烘干2 h,在干燥器中冷却至室温。

3.200 g/L氢氧化钠溶液

称取20.0 g氢氧化钠,溶于少量水中,稀释至100 mL。

4.20 g/L氢氧化钠溶液

量取10.0 mL200 g/L氢氧化钠溶液,用水稀释至100 mL。

5.碱性过硫酸钾溶液

称取40.0 g过硫酸钾溶于600 mL水中(可置于50 ℃水浴中加热至全部溶解);另称取15.0 g氢氧化钠溶于300 mL水中。待氢氧化钠溶液温度冷却至室温后,混合两种溶液,定容至1 000 mL,存放于聚乙烯瓶中,可保存1周。

6.100 mg/L硝酸钾标准贮备液

称取0.721 8 g硝酸钾溶于适量水中,转移至1 000 mL容量瓶中,定容,混匀。加入1—2 mL三氯甲烷作为保护剂,在0—10 ℃暗处保存,可稳定6个月。也可购买有证标准溶液。

7.10.0 mg/L硝酸钾标准使用液

量取100 mg/L硝酸钾标准贮备液10.00 mL至100 mL容量瓶中,定容,混匀。临用现配。

四、实验方法

(一)试样制备

取适量水样用20 g/L氢氧化钠溶液或硫酸溶液(1+35)调节pH值至5—9,待测。

(二)实验步骤

1.标准曲线的绘制

分别量取0、0.20、0.50、1.00、3.00和7.00 mL硝酸钾标准使用液于25 mL具塞磨口玻璃比色管中,其对应的总氮(以 N 计)含量分别为 0、2.00、5.00、10.0、30.0 和 70.0 μg。加水稀释至 10.00 mL,再加入 5.00 mL 碱性过硫酸钾溶液,塞紧管塞,用纱布和线绳扎紧管塞,以防弹出。将比色管置于高压蒸汽灭菌器中,加热至顶压阀吹气,关闭阀门,继续加热至 120 ℃开始计时,保持温度在 120—124 ℃之间 30 min。自然冷却、打开阀门放气,移去外盖,取出比色管冷却至室温,按住管塞将比色管中的液体颠倒混匀 2—3 次。

每个比色管分别加入 1.0 mL 盐酸溶液(1+9),用水稀释至 25 mL 标线,盖塞混匀。使用 10 mm 石英比色皿,在紫外分光光度计上,以水作参比,分别于波长 220 nm 和 275 nm 处测定吸光度。零浓度的校正吸光度 A_b、其他标准系列的校正吸光度 A_s 及其差值 A_r 按下列公式进行计算。以总氮(以 N 计)含量(μg)为横坐标,对应的 A_r 值为纵坐标,绘制标准曲线。

$$A_b = A_{b220} - 2A_{b275}$$
$$A_s = A_{s220} - 2A_{s275}$$
$$A_r = A_s - A_b$$

式中:

A_b 为零浓度(空白)溶液的校正吸光度;

A_{b220} 为零浓度(空白)溶液于波长 220 nm 处的吸光度;

A_{b275} 为零浓度(空白)溶液于波长 275 nm 处的吸光度;

A_s 为标准溶液的校正吸光度;

A_{s220} 为标准溶液于波长 220 nm 处的吸光度;

A_{s275} 为标准溶液于波长 275 nm 处的吸光度;

A_r 为标准溶液校正吸光度与零浓度(空白)溶液校正吸光度的差。

2.测定

量取 10.00 mL 试样于 25 mL 具塞磨口玻璃比色管中,按照上述步骤测定。

试样中含氮量超过 70 μg 时,可减少取样量并加水稀释至 10.00 mL。

3.空白实验

用 10.00 mL 水代替试样,按照上述步骤测定。

【注意事项】

①标准曲线的相关系数 r 应大于等于 0.999。

②每批样品应至少做一个空白实验,空白实验的校正吸光度 A_b 应小于 0.030。超过该值时应检查实验用水、试剂(主要是氢氧化钠和过硫酸钾)纯度、器皿和高压蒸汽灭菌器的污染状况。

③测定应在无氨的实验室环境中进行,避免环境交叉污染对测定结果产生影响。

④实验室所用的玻璃器皿应用盐酸溶液或硫酸溶液浸泡，用自来水冲洗后再用无氨水冲洗数次，洗净后立即使用。高压蒸汽灭菌器应每周清洗。

(三)计算

样品中总氮的质量浓度按下式进行计算：

$$\rho = \frac{(A_r - a) \times f}{b \times V}$$

式中：

ρ 为样品中总氮(以 N 计)的质量浓度(mg/L)；

A_r 为试样校正吸光度和空白实验校正吸光度差值；

a 为标准曲线的截距；

b 为标准曲线的斜率；

V 为试样体积(mL)；

f 为稀释倍数。

当测定结果小于 1.00 mg/L 时，保留到小数点后两位；当测定结果大于等于 1.00 mg/L 时，保留三位有效数字。

五、实验结果记录与分析

(一)结果记录

将实验结果记录在表 6-11 和表 6-12 中。

表 6-11 标准曲线绘制记录

项 目	1	2	3	4	5	6
硝酸钾标准溶液/mL	0	0.20	0.50	1.00	3.00	7.00
总氮含量/μg	0	2	5	10	30	70
A_{b220}						
A_{b275}						
A_b						
A_{s220}						
A_{s275}						
A_s						
A_r						

计算A_r值,以总氮含量为横坐标,A_r值为纵坐标,绘制标准曲线,求出截距(a)和斜率(b)。

表6-12 总氮含量记录表

样品编号	水样体积/mL	稀释倍数	吸光度差值	总氮含量/(mg/L)
1				
2				
3				

(二)计算与分析

计算水样的总氮含量,并对实验进行分析和总结。

六、思考题

(1)在配制碱性过硫酸钾溶液过程中,为什么要控制温度?

(2)为什么要分别在220 nm和275 nm两个波长下测吸光度?

七、实验拓展

测定水中总氮的其他方法简介

1. 气相分子吸收光谱法

在120—124 ℃碱性介质中,加入过硫酸钾氧化剂,将水样中氨、铵盐、亚硝酸盐以及大部分有机氮化合物氧化成硝酸盐后,以硝酸盐氮的形式采用气相分子吸收光谱法进行总氮的测定。

该方法的检出限为0.050 mg/L,测定下限为0.200 mg/L,测定上限为100 mg/L。

2. 流动注射-盐酸萘乙二胺分光光度法

在碱性介质中,试料中的含氮化合物在(95±2) ℃、紫外线照射下,被过硫酸盐氧化为硝酸盐后,经镉柱还原为亚硝酸盐;在酸性介质中,亚硝酸盐与磺胺进行重氮化反应,然后与盐酸萘乙二胺偶联生成紫红色化合物,于波长540 nm处测吸光度。

当检测光程为10 mm时,此法的检出限为0.03 mg/L(以N计),测定范围为0.12—10.00 mg/L。

3. 臭氧紫外联合-分光光度法

当臭氧在波长小于310 nm的紫外线照射下,所产生的游离氧自由基与水反应生成羟基自由基,其对有机物具有较强的氧化能力,使水样中的含氮有机物被氧化成硝酸盐。

利用三氯化钛将硝酸盐还原成一氧化氮气体,通过气相分子吸收光谱仪来检测一氧化氮气体的浓度,从而得到总氮浓度。

4. 高温催化氧化法

用10%的磷酸溶液将样品酸化,酸化后的样品注入高温燃烧反应炉(炉温850 ℃),水样在高纯氧气和催化剂存在的条件下高温氧化,总氮转化为一氧化氮气体。将消解后所得的一氧化氮气体通入电化学检测器,在检测器内部电极表面发生电极反应,一氧化氮气体的量以电流大小的形式表征,从而测得样品中总氮浓度。

实验 7 氨氮的测定

畜禽粪便中含氮有机物很不稳定,容易分解为氨,当水中氨氮含量增高时,极有可能存在着粪便的污染,而且提示污染发生不久。所以通过测定畜牧场污水中氨氮的含量,可以评价畜牧场污水水质卫生状况。

一、实验目的

(1) 理解测定水体中的氨氮的实验原理。
(2) 掌握采用纳氏试剂分光光度法测定水体中的氨氮的方法。

二、实验原理

水中游离态的氨或铵离子等形式存在的氨氮与纳氏试剂反应生成淡红棕色络合物,该络合物的吸光度与氨氮含量成正比,于波长 420 nm 处测量吸光度。

三、实验准备

(一) 仪器设备

分光光度计(具 20 mm 比色皿)、全玻璃蒸馏器等。

(二) 试剂

本法所有试剂均需用不含氨的纯水配制。无氨水可用一般纯水通过强酸性阳离子交换树脂或者加硫酸后重蒸馏制得。

1. 硫代硫酸钠溶液(3.5 g/L)

称取 0.35 g 硫代硫酸钠($Na_2S_2O_3 \cdot 5H_2O$)溶于纯水中,并稀释至 100 mL。此溶液 0.4 mL 能除去 200 mL 水样中含 1 mg/L 的余氯。使用时可按水样中余氯的质量浓度计算加入量。

2.轻质氧化镁(MgO)

不含碳酸盐,在500 ℃下加热氧化镁,以除去碳酸盐。

3.淀粉—碘化钾试纸

称取1.5 g可溶性淀粉于烧杯中,用少量水调成糊状,加入200 mL沸水,搅拌混匀放冷,加0.50 g碘化钾(KI)和0.50 g碳酸钠(Na_2CO_3),用水稀释至250 mL。将滤纸条浸渍后,取出晾干,于棕色瓶中密封保存。

4.溴百里酚蓝指示剂(0.5 g/L)

称取0.05 g溴百里酚蓝溶于50 mL水中,加入10 mL无水乙醇,用水稀释至100 mL。

5.硼酸(H_3BO_3)溶液(20 g/L)

称取20 g硼酸溶于水,稀释至1 000 mL。

6.硫酸锌溶液(100 g/L)

称取10 g硫酸锌($ZnSO_4 \cdot 7H_2O$),溶于少量纯水中,稀释至100 mL。

7.酒石酸钾钠溶液(500 g/L)

称取50 g酒石酸钾钠($KNaC_4H_4O_6 \cdot 4H_2O$),溶于100 mL纯水中,加热煮沸至不含氨为止,冷却后再用纯水补充至100 mL。

8.纳氏试剂(碘化汞—碘化钾—氢氧化钠溶液)

称取16.0 g氢氧化钠(NaOH),溶于50 mL水中,冷却至室温。

称取10.0 g碘化汞(HgI_2)及7.0 g碘化钾(KI),溶于少量纯水中,将此溶液缓缓倾入已冷却的50 mL氢氧化钠溶液中,并不停搅拌,然后再以纯水稀释至100 mL。储于聚乙烯瓶内,用橡胶塞或聚乙烯盖子盖紧,避光保存,有效期1年。

【注意事项】

①碘化汞为剧毒物质,避免与皮肤和口腔接触。

②配制试剂时应注意勿使碘化钾过剩,过量的碘离子将影响有色络合物的生成,使发色变浅。

③储存已久的纳氏试剂,使用前应先用已知量的氨氮标准溶液显色,并核对吸光度,加入试剂后2 h内不得出现浑浊,否则应重新配制。

9.氨氮标准储备液[$\rho(NH_3-N) = 1 000$ μg/mL]

将氯化铵(NH_4Cl,优级纯)置于烘箱内,在105 ℃烘烤2 h,冷却后称取3.819 0 g,溶于纯水中,于容量瓶内定容至1 000 mL。该溶液可在2—5 ℃保存1个月。

10. 氨氮标准工作液[$\rho(NH_3\text{-}N) = 10\ \mu g/mL$]

吸取 10.00 mL 氨氮标准储备液于 1 000 mL 容量瓶内,用无氨水稀释至刻度,摇匀。临用前配制。

11. 氢氧化钠溶液(250 g/L)

称取 25 g 氢氧化钠溶于水中,定容至 100 mL。

12. 氢氧化钠溶液(1 mol/L)

称取 4 g 氢氧化钠溶于水中,定容至 100 mL。

13. 盐酸溶液(1 mol/L)

量取 8.5 mL 盐酸(1.18 g/mL)于 100 mL 容量瓶中,用水稀释至标线。

四、实验方法

(一)样品的预处理

水样中氨氮不稳定,采样时每升水样中加 0.8 mL 硫酸($\rho = 1.84$ mg/L),4 ℃保存并尽快分析。

无色澄清的水样可直接测定。色度、浑浊度较高和干扰物质较多的水样,须经过蒸馏或絮凝沉淀等预处理步骤。

1. 蒸馏

将 50 mL 硼酸溶液移入接收瓶内,确保冷凝管出口在硼酸溶液液面之下。分取 250 mL 样品,移入烧瓶中,加几滴溴百里酚蓝指示剂,必要时,用氢氧化钠溶液或盐酸溶液调整 pH 至 6.0(指示剂呈黄色)—7.4(指示剂呈蓝色)之间,加入 0.25 g 轻质氧化镁及数粒玻璃珠,立即连接氮球和冷凝管。加热蒸馏,使馏出液速率约为 10 mL/min,待馏出液达 200 mL 时,停止蒸馏,加水定容至 250 mL。

2. 絮凝沉淀

取 100 mL 水样,加入 1 mL 硫酸锌溶液和 0.1—0.2 mL 氢氧化钠溶液(250 g/L),调节 pH 值约为 10.5,混匀,静置数分钟,倾出上清液分析。必要时,用经水冲洗过的中速滤纸过滤,弃去滤出液 20 mL。也可对絮凝后样品离心处理。

3. 除余氯

若样品中存在余氯,可加入适量的硫代硫酸钠溶液去除。每加 0.5 mL 可去除 0.25 mg 余氯。用淀粉—碘化钾试纸检验余氯是否除尽。

(二)实验步骤

1. 标准曲线

取 50 mL 比色管 8 支,分别加入氨氮标准工作液 0、0.50、1.00、2.00、4.00、6.00、8.00 及 10.00 mL,其所对应的氨氮含量分别为 0、5.0、10.0、20.0、40.0、60.0、80.0、100 μg,用纯水稀释至 50 mL。加入 1 mL 酒石酸钾钠溶液,混匀,再加入 1.0 mL 纳氏试剂混匀后放置 10 min,于 420 nm 波长下,用 20 mm 比色皿,以纯水作参比,测量吸光度。

以空白校正后的吸光度为纵坐标,以其对应的氨氮含量(μg)为横坐标,绘制标准曲线。

2. 样品测定

(1)清洁水样:直接取 50 mL,按与标准曲线相同的步骤测量吸光度。

(2)有悬浮物或色度干扰的水样:取经预处理的水样 50 mL(若水样中氨氮浓度超过 2 mg/L,可适当少取水样体积),按与标准曲线相同的步骤测量吸光度。

【注意事项】

经蒸馏或酸性条件下煮沸方法预处理的水样,须加一定量氢氧化钠溶液(1 mol/L),调节水样至中性,用水稀释至 50 mL 标线,再按与标准曲线相同的步骤测量吸光度。

3. 空白实验

用水代替水样,按与样品相同的步骤进行前处理和测定。

(三)计算

水样中氨氮的质量浓度计算公式:

$$\rho = \frac{A_s - A_b - a}{b \times V}$$

式中:

ρ 为水样中氨氮的质量浓度(mg/L);

A_s 为水样的吸光度;

A_b 为空白实验的吸光度;

a 为标准曲线的截距;

b 为标准曲线的斜率;

V 为水样体积(mL)。

五、实验结果记录与分析

(一)结果记录

将实验结果记录在表6-13和表6-14中。

表6-13 氨氮标准曲线绘制记录

序 号	氨氮标准溶液/mL	氨氮含量/μg	吸光度值 A_{420}	校正吸光度 $A_{校}$
1	0	0		
2	0.50	5		
3	1.00	10		
4	2.00	20		
5	4.00	40		
6	6.00	60		
7	8.00	80		
8	10.00	100		

以校正吸光度($A_{420}-A_0$)为纵坐标,以氨氮含量为横坐标,绘制标准曲线,例如图6-1。

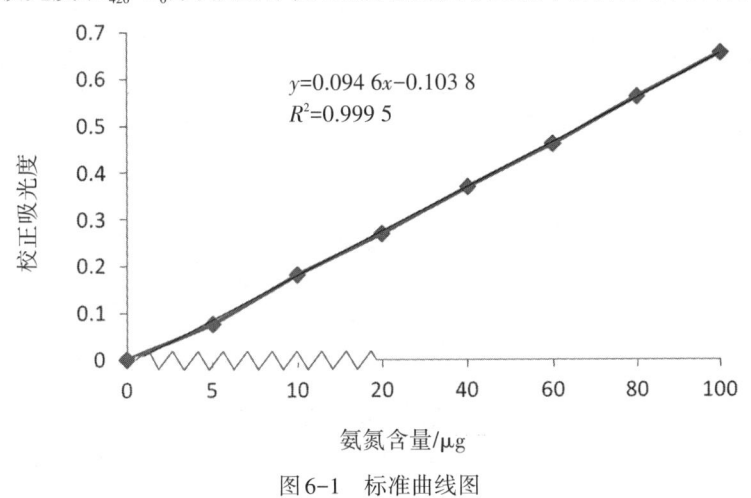

$y=0.094\ 6x-0.103\ 8$
$R^2=0.999\ 5$

图6-1 标准曲线图

表6-14 氨氮含量记录表

样品编号	水样体积/mL	水样吸光度	空白吸光度	氨氮含量/(mg·L^{-1})
1				
2				
3				

(二)计算与分析

计算水样的氨氮含量,并对实验结果进行分析和总结。

六、思考题

分析影响实验结果准确性的因素有哪些。

七、实验拓展

水中的氨氮测定可以采用纳氏试剂分光光度法,也可以使用酚盐分光光度法和水杨酸盐分光光度法,请大家查阅资料,了解这些操作方法。

实验 8　硝酸盐氮的测定

水中硝酸盐是在有氧环境下，含氮有机物氧化分解的最终产物。在无氧环境中，硝酸盐可在微生物作用下还原为亚硝酸盐，亚硝酸盐是致癌物质，会对人体产生危害。通常情况下，地表水中硝酸盐氮含量较低，但某些工业废水中有较高的硝酸盐氮。因此，准确测定水体中的硝酸盐氮对防治水污染具有重要意义。

水中硝酸盐氮的测定方法较多，常用的方法有紫外分光光度法、酚二磺酸分光光度法、镉柱还原法、离子色谱法和电极法等。酚二磺酸分光光度法是国标方法，最为常用。

一、实验目的

（1）熟悉分光光度计的使用方法。
（2）掌握酚二磺酸分光光度法测定水中硝酸盐氮的原理和方法。

二、实验原理

硝酸盐在无水情况下与酚二磺酸反应，生成硝基二磺酸酚，在碱性溶液中，生成黄色化合物，于 410 nm 波长处进行分光光度测定，其色度与硝酸盐含量成正比。

三、实验准备

（一）仪器设备

瓷蒸发皿（100 mL）、具塞比色管（50 mL）、分光光度计（适用于测量波长 410 nm，配有光程 10 mm 和 30 mm 的比色皿）等实验室常用仪器。

(二)试剂

1. 硫酸(ρ=1.84 g/mL)

2. 发烟硫酸($H_2SO_4 \cdot SO_3$)

含13%三氧化硫。

【注意事项】

①发烟硫酸在室温较低时凝固,取用时,可在40—50 ℃隔水浴中加热使之熔化,不能将盛装发烟硫酸的玻璃瓶直接置于水浴中,以免瓶裂引发危险。

②发烟硫酸中含三氧化硫浓度超过13%时,可用硫酸按计算量进行稀释。

3. 酚二磺酸[$C_6H_3(OH)(SO_3H)_2$]

称取25 g苯酚置于500 mL锥形瓶中,加150 mL硫酸使之溶解,再加75 mL发烟硫酸充分混合。瓶口插一小漏斗,置瓶于沸水浴中加热2 h,得淡棕色稠液,贮于棕色瓶中,密塞保存。

【注意事项】

①当苯酚色泽变深时,应进行蒸馏精制。

②无发烟硫酸时,可用硫酸代替,但应增加在沸水浴中加热时间至6 h,制得的试剂尤应注意防止吸收空气中的水分,以免因硫酸浓度的降低,影响硝基化反应的进行,使测定结果偏低。

4. 氨水(0.90 g/mL)

5. 氢氧化钠溶液(0.1 mol/L)

称取0.4 g氢氧化钠,溶于水中,稀释至100 mL。

6. 硝酸盐氮标准贮备液(100 mg/L)

称取0.721 8 g经105—110 ℃干燥2 h的硝酸钾溶于水中,移入1 000 mL容量瓶中,稀释至标线,混匀,加2 mL三氯甲烷作保存剂,混匀,至少可稳定6个月。该标准贮备液每毫升含0.100 mg硝酸盐氮。

7. 硝酸盐氮标准溶液(10.0 mg/L)

吸取50.0 mL硝酸盐氮标准贮备液(100 mg/L),置于蒸发皿内,加氢氧化钠溶液调节pH至8,在水浴上蒸发至干。加2 mL酚二磺酸试剂,用玻璃棒研磨蒸发皿内壁,使残渣与试剂充分接触,放置片刻,重复研磨一次,放置10 min,加少量水,转移至500 mL容量瓶中,定容,混匀。每毫升本标准溶液含0.010 mg硝酸盐氮。贮于棕色瓶中,此溶液至少稳定6个月。

本标准溶液应同时制备两份,如发现浓度存在差异时,应重新吸取100 mg/L硝酸盐氮标准贮备液进行制备。

8.硫酸银溶液

称取4.397 g硫酸银溶于水,稀释至1 000 mL。1.00 mL此溶液可去除1.00 mg氯离子(Cl^-)。

9.硫酸溶液(0.5 mol/L)

10.EDTA二钠溶液

称取50 g EDTA二钠盐的二水合物($C_{10}H_{14}N_2O_8Na_2 \cdot 2H_2O$),溶于20 mL水中,调成糊状,加入60 mL氨水充分混合,使之溶解。

11.氢氧化铝悬浮液

称取125 g硫酸铝钾[$KAl(SO_4)_2 \cdot 12H_2O$]或硫酸铝铵[$NH_4Al(SO_4)_2 \cdot 12H_2O$],溶于1 000 mL水中,加热至60 ℃,在不断搅拌下徐徐加入55 mL氨水,使之生成氢氧化铝沉淀,充分搅拌后静置,弃去上清液。用水反复洗涤沉淀,至倾出液无氯离子和铵盐。最后加入300 mL水制成悬浮液。使用前应振摇均匀。

12.高锰酸钾溶液(3.16 g/L)

称取0.316 g高锰酸钾,溶于水中,稀释至100 mL。

四、实验方法

(一)干扰排除

1.带色物质

取100 mL试样移入100 mL具塞量筒中,加2 mL氢氧化铝悬浮液,密塞充分振摇,静置数分钟澄清后,过滤,弃去最初滤液的20 mL。

2.氯离子

取100 mL试样移入100 mL具塞量筒中,根据已测定的氯离子含量,加入相当量的硫酸银溶液,充分混合,在暗处放置30 min,使氯化银沉淀凝聚,然后用慢速滤纸过滤,弃去最初滤液的20 mL。

【注意事项】

①如不能获得澄清滤液,可将已加过硫酸银溶液后的试样在近80 ℃的水浴中加热,并用力振摇,使沉淀充分凝聚,冷却后再过滤。

②如同时需去除带色物质,则可在加入硫酸银溶液并混匀后,再加入2 mL氢氧化铝悬浮液,充分振摇,放置片刻待沉淀后过滤。

3.亚硝酸盐

当亚硝酸盐氮含量超过 0.2 mg/L 时,可取 100 mL 试样,加 1 mL 0.5 mol/L 硫酸溶液,混匀后,滴加高锰酸钾溶液,至淡红色保持 15 min 不退为止,使亚硝酸盐氧化为硝酸盐,最后从硝酸盐氮测定结果中减去亚硝酸盐氮量。

(二)测定

1.蒸发

取 50.0 mL 试样置于 100 mL 蒸发皿中,用 pH 试纸检查,必要时用硫酸溶液或氢氧化钠溶液调节至微碱性(pH≈8),置于水浴上蒸发至干。

2.硝化反应

加 1.0 mL 酚二磺酸试剂,用玻璃棒研磨,使试剂与蒸发皿内残渣充分接触,放置片刻,再研磨一次,放置 10 min,加入大约 10 mL 水。

3.显色

在搅拌下加入 3—4 mL 氨水,使溶液呈现最深的颜色。如有沉淀产生,过滤;或滴加 EDTA 二钠溶液,并搅拌至沉淀溶解。将溶液移入 50 mL 比色管中,用水稀释至标线,混匀。

4.标准系列的制备

另取 50 mL 比色管,分别加入硝酸盐氮标准溶液 0、0.10、0.30、0.50、0.70、1.00、1.50 mL 或 0、0.50、1.00、3.00、5.00、7.00、10.00 mL,各加入 1.0 mL 酚二磺酸试剂,再各加 10 mL 纯水,在搅拌下滴加 3 mL 氨水至溶液的颜色最深,加纯水至刻度。

5.吸光度测定

于 410 nm 波长处,以纯水为参比,测定样品和标准系列溶液的吸光度。所用比色皿的光程长如表 6-15 所示。

表 6-15　标准系列中所用标准溶液体积、硝酸盐氮含量和比色皿光程长

10.0 mg/L 标准溶液体积/mL	硝酸盐氮含量/mg	比色皿光程长/mm
0	0	10、30
0.10	0.001	30
0.30	0.003	30
0.50	0.005	30
0.70	0.007	30
1.00	0.010	10、30
1.50	0.015	10

续表

10.0 mg/L 标准溶液体积/mL	硝酸盐氮含量/mg	比色皿光程长/mm
3.00	0.030	10
5.00	0.050	10
7.00	0.070	10
10.00	0.100	10

6. 标准曲线的绘制

由除零管外的其他标准系列测得的吸光度值减去零管的吸光度值,分别绘制不同比色皿光程长的吸光度对硝酸盐氮含量的标准曲线。

(三)计算

(1)试样中硝酸盐氮的吸光度用下式计算:

$$A_r = A_s - A_b$$

式中:

A_s 为试样溶液的吸光度;

A_b 为空白实验溶液的吸光度。

对某种特定样品,A_s 和 A_b 应在同一光程长的比色皿中测定。

(2)未经去除氯离子的试样,硝酸盐氮的质量浓度按下式计算:

$$\rho = \frac{m}{V} \times 1\,000$$

式中:

ρ 为硝酸盐氮的质量浓度(mg/L);

m 为硝酸盐氮质量(mg),由 A_r 值和相对应比色皿光程的标准曲线确定;

V 为试样体积(mL)。

(3)去除氯离子的试样中硝酸盐氮的质量浓度,用下式计算:

$$\rho = \frac{m}{V} \times 1\,000 \times \frac{V_1 + V_2}{V_1}$$

式中:

ρ 为硝酸盐氮的质量浓度(mg/L);

m 为从标准曲线上查得的样品管中硝酸盐氮的质量(mg);

V 为试样体积(mL);

V_1 为去氯离子的试样取用量(mL);

V_2 为硫酸银溶液加入量(mL)。

五、实验结果记录与分析

(一)结果记录

将测定结果填入表6-16中。

表6-16 硝酸盐氮实验记录表

样品编号	试样体积（V/mL）	硝酸盐氮质量（m/mg）	去氯离子的试样取用量（V_1/mL）	硫酸银溶液加入量（V_2/mL）
1				
2				
3				

(二)计算与分析

计算水样中硝酸盐氮的质量浓度，分析实验成败的原因。

六、思考题

（1）配制硝酸盐氮标准溶液时要加入2 mL三氯甲烷，其目的是什么？

（2）为使酚二磺酸试剂与蒸发皿内残渣充分接触，需要用玻璃棒研磨数十次，如研磨次数过多，会导致什么后果？

七、实验拓展

紫外分光光度法测水中硝酸盐氮

(一)实验原理

利用硝酸根离子在220 nm波长处的吸收而定量测定硝酸盐氮。溶解的有机物在220 nm波长处也会有吸收，而硝酸根离子在275 nm波长处没有吸收。因此，在275 nm波长处做另一次测量，以校正硝酸盐氮值。

(二)实验方法

1.试剂配制

（1）氢氧化铝悬浮液。

称取125 g硫酸铝钾[$KAl(SO_4)_2 \cdot 12H_2O$]或硫酸铝铵[$NH_4Al(SO_4)_2 \cdot 12H_2O$]，溶于1 000 mL水中，加热至60 ℃，在不断搅拌下，徐徐加入55 mL浓氨水，放置约1 h后，移入1 000 mL量筒内，用水反复洗涤沉淀，最后至洗涤液中不含硝酸盐氮为止。澄清后，把上清液尽量全部倾出，只留稠的悬浮液，最后加入100 mL水，使用前应振荡均匀。

(2)硝酸盐氮标准贮备液。

称取0.722 g经105—110 ℃干燥2 h的硝酸钾溶于水,移入1 000 mL容量瓶中,稀释至标线,加2 mL三氯甲烷作保存剂,混匀,至少可稳定6个月。该标准贮备液每毫升含0.100 mg硝酸盐氮。

2. 吸附柱的制备

新的大孔径中性树脂(CAD-40或XAD-2型及类似性能的树脂)先用200 mL水分两次洗涤,用甲醇浸泡过夜,弃去甲醇,再用40 mL甲醇洗涤两次,然后用新鲜去离子水洗到柱中流出液滴落于烧杯中无乳白色为止。树脂装入柱中时,树脂间不允许存在气泡。

3. 分析步骤

量取200 mL水样置于锥形瓶或烧杯中,加入2 mL10%硫酸锌溶液,在搅拌下滴加5 mol/L氢氧化钠溶液,调节pH至7。待絮凝胶团下沉后,或经离心分离,吸取100 mL上清液洗涤吸附树脂柱两次,以每秒1—2滴的流速流出(各样品间应保持流速一致),弃去。再继续使水样上清液通过柱子,收集50 mL于比色管中。

加1 mol/L盐酸溶液1.0 mL、0.8%氨基磺酸溶液0.1 mL于比色管中(当亚硝酸盐氮低于0.1 mg/L时,可不加氨基磺酸溶液)。

用光程长10 mm石英比色皿,在220 nm和275 nm波长处,以经过树脂吸附的新鲜去离子水50 mL加1 mL盐酸溶液为参比,测量吸光度。

标准曲线的绘制:于5个200 mL容量瓶中分别加入0.50、1.00、2.00、3.00、4.00 mL硝酸盐氮标准贮备液,用新鲜去离子水稀释至标线,其质量浓度分别为0.25、0.50、1.00、1.50、2.00 mg/L硝酸盐氮。按水样测定相同操作步骤测量吸光度。

(三)实验结果

硝酸盐氮的含量按下式计算:

$$A = A_{220} - 2A_{275}$$

式中:

A 为吸光度的校正值;

A_{220} 为波长220 nm处的吸光度;

A_{275} 为波长275 nm处的吸光度。

求得吸光度校正值以后,从标准曲线中查得相应的硝酸盐氮量,即为水样测定结果(mg/L)。水样若经稀释后测定,则结果应乘以稀释倍数。

实验 9 亚硝酸盐氮的测定

亚硝酸盐氮是氨氮和硝酸盐氮转化过程的中间产物。通常情况下,水中亚硝酸盐氮的含量很低。但如果硝化过程受阻,亚硝酸盐就会在水体中积累。若水中的亚硝酸盐氮含量过高时,将会对人体健康造成危害。亚硝酸盐与血红蛋白结合产生高铁血红蛋白,会引起高铁血红蛋白血症,此外,亚硝酸盐会与仲胺反应形成具有强致癌性的亚硝胺,因此,对水体中亚硝酸盐氮含量的测定非常重要。

分光光度法是国标方法,也是测定水中亚硝酸盐氮含量较为常用的方法。

一、实验目的

(1)了解水中亚硝酸盐氮的危害和测定意义。
(2)掌握分光光度法测定水中亚硝酸盐氮的原理和方法。

二、实验原理

在磷酸介质中,pH值为1.8时,水样中的亚硝酸根离子与对氨基苯磺酰胺反应生成重氮盐,它再与盐酸萘乙二胺发生偶合反应,生成紫红色的偶氮染料,在540 nm波长处测定吸光度,其色度与亚硝酸盐氮含量成正比。

三、实验准备

(一)仪器设备

分光光度计、具塞比色管(50 mL)等。

(二)试剂

在测定过程中,除非另有说明,均使用符合国家标准或专业标准的分析纯试剂,实验用水均为无亚硝酸盐的二次蒸馏水。

1. 磷酸[15 mol/L, ρ=1.70 g/mL]

2. 磷酸溶液[1 + 9溶液(1.5 mol/L)]

溶液至少可稳定6个月。

3. 硫酸(18 mol/L, ρ=1.84 g/mL)

4. 显色剂

取250 mL水和50 mL磷酸(15 mol/L)置于500 mL烧杯中,再加入20.0 g对氨基苯磺酰胺($H_2NC_6H_4SO_2NH_2$)。再称取1.00 g盐酸萘乙二胺($C_{12}H_{14}N_2 \cdot 2HCl$)溶于上述溶液中,转移至500 mL容量瓶中,用水稀释至标线,混匀。此溶液贮存于棕色试剂瓶中,保存在2—5 ℃,至少可稳定1个月。

【注意事项】

此试剂有毒性,避免与皮肤接触或吸入体内。

5. 草酸钠标准溶液[$c(1/2Na_2C_2O_4)$=0.050 0 mol/L]

称取3.350 0±0.000 4 g经105 ℃烘干2 h的无水草酸钠(优级纯)溶于750 mL水中,定量转移至1 000 mL容量瓶中,用水稀释至标线,摇匀。

6. 高锰酸钾标准溶液[$c(1/5KMnO_4)$ = 0.050 mol/L]

称取1.6 g高锰酸钾,溶于1.2 L水中,煮沸0.5—1.0 h,使体积减少到大约1.0 L,放置过夜,用G-3号玻璃砂芯滤器过滤后,滤液贮存于棕色试剂瓶中避光保存。

7. 亚硝酸盐氮标准贮备液(ρ=250 mg/L)

(1) 贮备液的配制。

称取1.232 g亚硝酸钠,溶于150 mL水中,定量转移至1 000 mL容量瓶中,用水稀释至标线,混匀。

本溶液贮存于棕色试剂瓶中,加入1 mL氯仿,保存在2—5 ℃,至少可稳定1个月。

(2) 贮备液的标定。

在300 mL具塞锥形瓶中,移入高锰酸钾标准溶液50.00 mL、硫酸5 mL,用50 mL无分度吸管,使下端插入高锰酸钾溶液液面下,加入亚硝酸盐氮标准贮备液50.00 mL,轻轻摇匀,置于水浴中加热至70—80 ℃,按每次10.00 mL的量加入足够的草酸钠标准溶液,使高锰酸钾溶液褪色并使过量,记录草酸钠标准溶液用量V_2,然后用高锰酸钾标准溶液滴定过量草酸钠溶液,呈微红色,记录高锰酸钾标准溶液总用量V_1。

以50 mL实验用水代替亚硝酸盐氮标准贮备液,重复上述操作,用草酸钠标准溶液标定高锰酸钾溶液的浓度c_1。

按下式计算高锰酸钾标准溶液浓度（1/5KMnO₄）：

$$c_1 = \frac{0.0500 \times V_4}{V_3}$$

式中：

c_1 为高锰酸钾标准溶液浓度（mol/L）；

V_3 为滴定实验用水时加入高锰酸钾标准溶液总量（mL）；

V_4 为滴定实验用水时加入草酸钠标准溶液总量（mL）；

0.0500 为草酸钠标准溶液浓度（mol/L）。

按下式计算亚硝酸盐氮标准贮备液的浓度 ρ：

$$\rho = \frac{(V_1 c_1 - 0.0500 V_2) \times 7.00 \times 1000}{50.00} = 140 V_1 c_1 - 7.00 V_2$$

式中：

ρ 为亚硝酸盐氮标准贮备液的浓度（mg/L）；

V_1 为滴定亚硝酸盐氮标准贮备液时加入高锰酸钾标准溶液总量（mL）；

V_2 为滴定亚硝酸盐氮标准贮备液时加入草酸钠标准溶液总量（mL）；

c_1 为经标定的高锰酸钾标准溶液的浓度（mol/L）；

7.00 为亚硝酸盐氮（1/2N）的摩尔质量；

50.00 为亚硝酸盐氮标准贮备液取样量（mL）；

0.0500 为草酸钠标准溶液浓度（mol/L）。

8. 亚硝酸盐氮中间标准液（ρ_N=50.0 mg/L）

取亚硝酸盐氮标准贮备液 50.00 mL 置于 250 mL 容量瓶中，用水稀释至标线，摇匀。此溶液贮存于棕色瓶内，保存在 2—5 ℃，可稳定 1 星期。

9. 亚硝酸盐氮标准工作液（ρ_N=1.00 mg/L）

取亚硝酸盐氮中间标准液 10.00 mL 置于 500 mL 容量瓶内，用水稀释至标线，摇匀。此溶液使用时现配。

10. 氢氧化铝悬浮液

称取 125 g 硫酸铝钾 [KAl(SO₄)₂·12H₂O] 或硫酸铝铵 [NH₄Al(SO₄)₂·12H₂O]，溶于 1 000 mL 一次蒸馏水中，加热至 60 ℃，在不断搅拌下，徐徐加入 55 mL 浓氨水，放置约 1 h 后，移入 1 000 mL 量筒内，用一次蒸馏水反复洗涤沉淀，最后用实验用水洗涤沉淀，直至洗涤液中不含亚硝酸盐为止。澄清后，把上清液尽量全部倾出，只留稠的悬浮液，最后加入 100 mL 水，使用前应振荡均匀。

11. 酚酞指示剂(ρ=10 g/L)

称取0.5 g酚酞溶于50 mL 95%乙醇中。

四、实验方法

(一)样品保存和制备

1.样品保存

样品应用玻璃瓶或聚乙烯瓶采集,采集后应在24 h内分析。如需短期保存(1—2 d),可以按照每升水样中加入40 mg氯化汞,保存于2—5 ℃。

2.制备

如样品中含有悬浮物或带有颜色,按照每100 mL水样中加入2 mL氢氧化铝悬浮液,搅拌,静置,过滤,弃去25 mL初滤液后,再取试样测定。

当样品pH≥11时,可向样品中加入1滴酚酞溶液,边搅拌边逐滴加入磷酸溶液,至红色刚消失。

(二)分析步骤

1.试样

试样最大体积为50.0 mL,可测定亚硝酸盐氮浓度高至0.20 mg/L。浓度超过0.20 mg/L时,可将样品稀释后,再取样测定。

2.测定

(1)取50.0 mL水样置于比色管中。

(2)另取6支50 mL比色管,分别加入亚硝酸盐氮标准工作液0、1.00、3.00、5.00、7.00和10.00 mL,用纯水稀释至标线。

(3)向水样及标准工作液中分别加入1.0 mL显色剂,密塞,摇匀,静置,此时pH值应为1.8±0.3。加入显色剂20 min后、2 h以内,在540 nm的最大吸光度波长处,用光程长10 mm的比色皿,测量溶液吸光度。

(4)以纯水作参比,用1 cm比色皿于540 nm波长处测定吸光度。

(5)色度校正。

如果实验室样品经制备后还具有颜色,按照上述方法(第3步),从试样中取相同体积的第二份试样,进行吸光度测定,只是不加显色剂,改加磷酸(1.5 mol/L)1.0 mL。

(6)测得的各溶液吸光度,减去空白实验(纯水)吸光度,得校正吸光度,绘制以氮含量对校正吸光度的标准曲线,也可按线性回归方程,计算标准曲线方程。

(三)计算

水样吸光度的校正值A_r可按下式计算:

$$A_r = A_s - A_b - A_c$$

式中:

A_s为水样吸光度;

A_b为空白实验吸光度;

A_c为色度校正吸光度。

由吸光度的校正值A_r值,从标准曲线上查得(或由标准曲线方程计算)相应的亚硝酸盐氮的质量$m(\mu g)$。

水样的亚硝酸盐氮质量浓度按照下式计算:

$$\rho = \frac{m}{V}$$

式中:

ρ为亚硝酸盐氮质量浓度(mg/L);

m为相应的校正吸光度A_r的亚硝酸盐氮质量(μg);

V为水样体积(mL)。

五、实验结果记录与分析

(一)结果记录

(1)水样吸光度校正值A_r:_____;

(2)相应的校正吸光度A_r的亚硝酸盐氮质量(m):_____ μg;

(3)水样体积(V)_____ mL;

(4)水样亚硝酸盐氮质量浓度(ρ)_____ mg/L。

(二)分析与总结

分析实验结果,总结实验成功或失败的原因。

六、思考题

(1)如果不及时分析采集的水样,会对亚硝酸盐氮的测试结果产生何种影响?

(2)如何通过氨氮、硝酸盐氮和亚硝酸盐氮的测定来判断水体自净的情况?

七、实验拓展

三种测定水中亚硝酸盐氮方法的比较

分光光度法是实验室测定亚硝酸盐氮常用的方法。随着测量技术和仪器设备的发展,气相分子吸收光谱法和离子色谱法也逐渐被应用于亚硝酸盐氮的测定。

分光光度法检出限低,适合亚硝酸盐氮含量较低的水样测定,其显色稳定,对实验室硬件要求较低。然而,对一些复杂的样品需要预处理以去除干扰,耗时较长,且使用的显色剂有毒。

气相分子吸收光谱法也是国标方法,该方法测量范围广,适合各种类型水样测定。其不需要对测定水样进行预处理,测定速度快,适用于大批量水样测定。

离子色谱法测定检测范围广,适合于亚硝酸盐氮含量相对较高的水样测定,其自动化程度较高,适用于大批量水样测定。

实验 10 总磷的测定

通常情况下，天然水体中磷酸盐的含量较低，而被污染的水体中磷酸盐含量相对较高。水体中磷含量超过 0.2 mg/L 时，易使水体富营养化，藻类过度繁殖生长，水中溶解氧的含量降低，导致水生动物死亡，造成水质污染。

目前，水中总磷的测定方法主要有钼酸铵分光光度法、流动注射-钼酸铵分光光度法以及微波消解法。而钼酸铵分光光度法比较常用，该方法操作简单，适用范围广，结果稳定。

一、实验目的

（1）了解水样预处理的方法。
（2）掌握钼酸铵分光光度法测量水中总磷含量的原理和方法。

二、实验原理

在中性条件下，用过硫酸钾（或硝酸—高氯酸）使试样消解，将所含磷全部氧化为正磷酸盐。在酸性介质中，在锑盐存在下，正磷酸盐与钼酸铵反应生成磷钼杂多酸后，立即被抗坏血酸还原，生成蓝色的络合物，其颜色强度与磷酸盐的含量成正比。在分光光度计上测量溶液吸光度，通过标准曲线即可计算出总磷含量。

三、实验准备

（一）仪器设备

分光光度计、具塞刻度管（50 mL）、蒸汽消毒器或一般压力锅等实验室常用仪器设备。

(二)试剂

1. 硫酸(ρ=1.84 g/mL)

2. 硝酸(ρ=1.4 g/mL)

3. 高氯酸(优级纯,ρ=1.68 g/mL)

4. 硫酸溶液(1+1)

5. 硫酸溶液[c(1/2H$_2$SO$_4$)=1 mol/L]

将27 mL硫酸加入到973 mL水中。

6. 氢氧化钠溶液(1 mol/L)

称取40 g氢氧化钠溶于水中,稀释至1 000 mL。

7. 氢氧化钠溶液(6 mol/L)

称取240 g氢氧化钠溶于水中,稀释至1 000 mL。

8. 过硫酸钾溶液(50 g/L)

称取5 g过硫酸钾溶于水中,稀释至100 mL。

9. 抗坏血酸溶液(100 g/L)

称取10 g抗坏血酸溶于水中,稀释至100 mL。此溶液贮存于棕色的试剂瓶中,在冷处可稳定几周。如不变色可长时间使用。

10. 钼酸盐溶液

称取13 g钼酸铵[(NH$_4$)$_6$Mo$_7$O$_{24}$·4H$_2$O]溶于100 mL水中。另称取0.35 g酒石酸锑钾(KSbC$_4$H$_4$O$_7$·1/2H$_2$O)溶解于100 mL水中。在不断搅拌下,把钼酸铵溶液徐徐加入到300 mL硫酸溶液(1+1)中,加入酒石酸锑钾溶液,混合均匀。

此溶液贮存于棕色试剂瓶中,在冷处可保存2个月。

11. 浊度—色度补偿液

混合两个体积硫酸(1+1)和一个体积抗坏血酸溶液,当天用当天配。

12. 磷标准贮备溶液

称取0.219 7 g±0.001 g于110 ℃干燥2 h的磷酸二氢钾,用水溶解后,转移至1 000 mL容量瓶中,加入大约800 mL水和5 mL硫酸(1+1),用水稀释至标线,混匀。1.00 mL此标准贮备溶液含50.0 μg磷。此溶液在玻璃瓶中可贮存至少6个月。

13. 磷标准使用溶液

将10.0 mL的磷标准贮备溶液转移至250 mL容量瓶中,用水稀释至标线,混匀。1.00 mL此标准使用溶液含2.0 μg磷。使用当天配制。

14. 酚酞指示剂(10 g/L)

称取0.5 g酚酞溶于50 mL 95%乙醇中。

四、实验方法

(一)采样和样品制备

(1)采取500 mL水样后加入1 mL硫酸(1.84 g/mL)调节至pH≤1,或不加任何试剂冷藏。

含磷量较少的水样,不要用塑料瓶采样,因磷酸盐易吸附在塑料瓶壁上。

(2)取25 mL水样于具塞刻度管中。取样时应摇匀,以得到具有代表性的试样。如水样中含磷量较多,试样体积可以减少。

(二)分析步骤

1. 消解

(1)过硫酸钾消解。

取25 mL水样于具塞刻度管中,然后,向水样中加入4 mL过硫酸钾溶液,将具塞刻度管的盖塞紧后,固定好玻璃塞,放在大烧杯中置于高压蒸汽消毒器中加热,待压力达110 kPa、温度为120 ℃时,保持30 min后停止加热。待压力表读数降至零后,取出放冷。然后用水稀释至标线。

如用硫酸保存水样,当用过硫酸钾消解时,需先将水样调至中性。

(2)硝酸—高氯酸消解。

水样中的有机物用过硫酸钾氧化不能完全破坏时,可采用硝酸—高氯酸消解。

取25 mL水样于锥形瓶中,加数粒玻璃珠,加2 mL硝酸,于电热板上加热浓缩至10 mL。冷却后加5 mL硝酸,再次加热浓缩至10 mL。冷却后,加3 mL高氯酸,加热至高氯酸冒白烟,此时可在锥形瓶上加小漏斗或调节电热板温度,使消解液在锥形瓶内壁保持回流状态,直至剩下3—4 mL,冷却。

加水10 mL,加1滴酚酞指示剂,滴加氢氧化钠溶液(1 mol/L或6 mol/L)至刚呈微红色,再滴加硫酸溶液(1 mol/L)使微红刚好退去,充分混匀。转移至具塞刻度管中,用水稀释至标线。

【注意事项】

①需将水样先用硝酸消解,然后再用高氯酸消解,以免发生危险。用硝酸—高氯酸消解需在通风橱内进行。

②绝不能将水样蒸干。

③如消解后有残渣,可用滤纸过滤于具塞刻度管中,并用水充分清洗锥形瓶和滤纸,一并转移到具塞刻度管中。

2.显色

分别向各份消解液中加入1 mL抗坏血酸溶液,混匀,30 s后加2 mL钼酸盐溶液,充分混匀。

【注意事项】

①如试样中含有浊度或色度时,需配制一个空白试样(消解后用水稀释至标线)。向试样中加入3 mL浊度—色度补偿液,但不加抗坏血酸和钼酸盐溶液。然后从试样的吸光度中扣除空白试样的吸光度。

②砷大于2 mg/L干扰测定,用硫代硫酸钠去除;硫化物大于2 mg/L干扰测定,用氮气去除;铬大于50 mg/L干扰测定,用亚硫酸钠去除。

3.吸光度测量

室温下放置15 min后,使用光程为30 mm比色皿,在700 nm波长下,以水作参比,测定吸光度。扣除空白实验的吸光度后,从标准曲线上查得磷的含量。

如显色时室温低于13 ℃,在20—30 ℃水浴上显色15 min即可。

4.标准曲线的绘制

取7支具塞刻度管,分别加入0、0.50、1.00、3.00、5.00、10.0和15.0 mL磷酸盐标准溶液,加水至25 mL。然后,分别加入1 mL抗坏血酸溶液,30 s后再分别加入2 mL钼酸盐溶液,以水作参比,测定吸光度。扣除空白实验的吸光度后,以对应的磷含量绘制标准曲线。

(三)计算

总磷质量浓度以ρ(mg/L)表示,按下式计算:

$$\rho = \frac{m}{V}$$

式中:

m为试样测得磷的质量(μg);

V为测定用试样体积(mL)。

五、实验结果记录与分析

(一)结果记录

(1)扣除空白实验后的吸光度:＿＿＿＿＿＿;

(2)标准曲线上查得磷的质量(m)：_____μg；

(3)水样体积(V)_____mL；

(4)水样总磷质量浓度(ρ)_____mg/L。

(二)分析与总结

分析实验结果，总结实验成功或失败的原因。

六、思考题

(1)测量吸光度时，如比色皿中有气泡会对结果产生什么影响？

(2)使用过硫酸钾消解的目的是什么？

七、实验拓展

几种消解方法的比较

水中总磷一部分是以有机磷和聚磷酸盐等形式存在，其含磷物质不能直接测定，须经过消解转化成正磷酸盐才能测定。消解主要有过硫酸盐消解法、硝酸—高氯酸消解法、微波消解法和光催化消解法等。

过硫酸盐消解法和硝酸—高氯酸消解法是国标中使用的方法，相对来说消解过程复杂，时间长，而且易造成二次污染。

微波消解法具有较好的准确度，操作简便、高效，但需专门的样品分解装置，不适合大批量样品的处理，使用成本相对较高。

光催化消解法具有操作简单、高效、污染少等优点，可实现消解过程仪器化，适用于大批量处理样品。

此外，还可使用超声波进行水样的消解，但超声波消解需要高温、强氧化等条件，操作步骤比较复杂，不适用于大批量处理样品。

实验11 氯化物的测定

地面水和地下水都含有氯化物,其含量随地区而不同,但在同一地区内,通常水体中的氯化物是相对稳定的。水中的氯化物来自含氯化物的地层、海洋水、生活污水及工业废水。水中氯化物含量突然增加,表明水有污染的可能,尤其是含氮化合物同时增加,更能说明水体被污染。为了确定畜牧场污水污染程度,有必要测定水中氯化物的含量。

一、实验目的

(1)理解水体中氯化物测定原理。
(2)掌握采用硝酸银滴定法测定水体中氯化物含量的方法。

二、实验原理

在中性至弱碱性范围内(pH6.5—10.5),以铬酸钾为指示剂,用硝酸银滴定氯化物时,由于氯化银的溶解度小于铬酸银的溶解度,硝酸银首先与氯化物生成氯化银沉淀,然后过量的硝酸银与铬酸钾指示剂反应生成红色铬酸银沉淀,指示反应到达终点。

三、实验准备

(一)仪器设备

锥形瓶、滴定管、无分度吸管(50 mL和25 mL)、瓷蒸发皿等。

(二)试剂

高锰酸钾[$c(1/5KMnO_4)$=0.01 mol/L]、乙醇(95%)、过氧化氢(30%)、氢氧化钠(0.05 mol/L)、硫酸溶液[$c(1/2H_2SO_4)$=0.05 mol/L]、氢氧化铝悬浮液、铬酸钾溶液(50 g/L)、氯化钠标准液[$\rho(Cl^-)$=0.5 mg/mL]、硝酸银标准溶液[$c(AgNO_3)$=0.014 1 mol/L]、酚酞指示

剂(5 g/L)等。

一些试剂的配制方法如下。

1. 氢氧化铝悬浮液

称取125 g硫酸铝钾[KAl(SO$_4$)$_2$·12H$_2$O]或硫酸铝铵[NH$_4$Al(SO$_4$)$_2$·12H$_2$O],溶于1 000 mL纯水中。加热至60 ℃,缓缓加入55 mL浓氨水,使氢氧化铝沉淀完全。充分搅拌后静置,弃去上清液,用纯水反复洗涤沉淀,至倾出上清液中不含氯离子(用硝酸银溶液实验)为止。然后加入300 mL纯水制成悬浮液,使用前振摇均匀。

2. 铬酸钾溶液(50 g/L)

称取5 g铬酸钾(K$_2$CrO$_4$),溶于少量纯水中,滴加硝酸银标准溶液至生成红色不退为止,混匀,静置12 h后过滤,滤液用纯水稀释至100 mL。

3. 氯化钠标准溶液(0.014 1 mol/L)

称取经700 ℃灼烧1 h的氯化钠(NaCl)8.240 0 g,溶于纯水中并稀释至1 000 mL。再吸取10 mL,用纯水稀释至100 mL。1.00 mL此标准溶液含0.50 mg氯化物(Cl$^-$)。

4. 硝酸银标准溶液(0.014 1 mol/L)

称取2.395 0 g硝酸银(AgNO$_3$)于105 ℃烘干0.5 h,溶于纯水中,并定容至1 000 mL。储存于棕色试剂瓶内,用氯化钠标准溶液标定。

吸取25 mL氯化钠标准溶液,置于瓷蒸发皿内,加纯水25 mL。另取一瓷蒸发皿,加50 mL纯水作为空白,各加1 mL铬酸钾溶液,在不断的摇动下用硝酸银标准溶液滴定至砖红色沉淀刚刚出现为终点。按下列公式计算硝酸银的质量:

$$m = \frac{25 \times 0.50}{V_1 - V_0}$$

式中:

m为1.00 mL硝酸银标准溶液相当于氯化物(Cl$^-$)的质量(mg);

V_0为滴定空白的硝酸银标准溶液用量(mL);

V_1为滴定氯化钠标准溶液的硝酸银标准溶液用量(mL)。

根据标定的浓度,校正硝酸银标准溶液的浓度,使1.00 mL相当于氯化物0.5 mg(以Cl$^-$计)。

5. 酚酞指示剂(5 g/L)

称取0.5 g酚酞(C$_{20}$H$_{14}$O$_4$),溶于50 mL乙醇(95%)中,加入50 mL纯水,并滴加氢氧化钠溶液(0.05 mol/L)使溶液呈微红色。

四、实验方法

(一)水样预处理

(1)对有色的水样:取 150 mL,置于 250 mL 锥形瓶中,加入 2 mL 氢氧化铝悬浮液,振荡均匀,过滤,弃去初滤液 20 mL。

(2)对含有亚硫酸盐和硫化物的水样:将水样用氢氧化钠溶液调节至中性或弱碱性,加入 1 mL 过氧化氢,搅拌均匀。1 min 后加热至 70—80 ℃,以除去过量的过氧化氢。

(3)对耗氧量大于 15 mg/L 的水样:加入少许高锰酸钾晶体,煮沸,然后加入数滴乙醇还原过多的高锰酸钾,过滤。

(二)测定

(1)吸取水样或经过预处理的水样 50 mL(或适量水样加纯水稀释至 50 mL)。置于瓷蒸发皿内,另取一瓷蒸发皿,加入 50 mL 纯水,作为空白试样。

(2)分别加入 2 滴酚酞指示剂,用硫酸溶液或氢氧化钠溶液调节至溶液红色恰好退去。各加 1 mL 铬酸钾溶液,用硝酸银标准溶液滴定,同时用玻璃棒不停搅拌,至砖红色沉淀刚刚出现即为滴定终点。同法做空白实验。

【注意事项】

只能在中性溶液中进行滴定,因为在酸性溶液中铬酸银溶解度增高,滴定终点时,不能形成铬酸银沉淀,而在碱性溶液中将形成氧化银沉淀。铬酸钾指示终点的最佳浓度为 $1.3×10^{-2}$ mol/L,但由于铬酸钾的颜色影响终点的观察,实际使用的浓度为 $5.1×10^{-3}$ mol/L[50 mL 样品中加入 1 mL 铬酸钾溶液(50 g/L)],同时用空白试样滴定值予以校正。

(三)计算

水样中氯化物(以 Cl^- 计)的质量浓度计算公式为:

$$\rho = \frac{(V_1 - V_0) \times 0.50 \times 1\,000}{V}$$

式中:

ρ 为水样中氯化物(以 Cl^- 计)的质量浓度(mg/L);

V_0 为空白实验消耗硝酸银标准溶液的体积(mL);

V_1 为水样消耗硝酸银标准溶液的体积(mL);

V 为水样体积(mL)。

五、实验结果记录与分析

(一)实验结果记录

(1)空白实验消耗硝酸银标准溶液的体积(V_0):＿＿＿＿＿＿mL;

(2)水样消耗硝酸银标准溶液的体积(V_1):＿＿＿＿＿＿mL;

(3)水样体积(V):＿＿＿＿＿＿mL;

(4)水样中氯化物(以Cl^-计)的质量浓度(ρ):＿＿＿＿＿＿mg/L。

(二)分析与总结

分析实验结果,总结经验。

六、思考题

测定水样中氯化物浓度的影响因素有哪些?

七、实验拓展

水样中氯化物的测定除了硝酸银滴定法外,还可以使用离子色谱法和硝酸汞容量法,请大家查阅资料,了解这两种方法的操作步骤。

实验 12 铜的测定

水中铜多数来自工业废水污染，或用以控制水中藻类繁殖的铜盐。铜是人体必需的微量元素。铜的毒性小，但过量的铜是有害的，如口服 100 mg/L 可引起恶心、腹痛，长期摄入可引起肝硬化和神经系统失常症状。资料表明水中铜含量达 1.5 mg/L 时，有明显的金属味；达 5.0 mg/L 时，水显色并带有苦味。故其标准限值为 1.0 mg/L。畜牧场污水中铜含量是否超标关系到生态环境安全，有必要测定水体中铜的含量。

一、实验目的

（1）理解二乙基二硫代氨基甲酸钠分光光度法测定水体中铜含量的实验原理和方法。

（2）了解测定水体中铜含量的其他方法。

二、实验原理

本实验采用二乙基二硫代氨基甲酸钠分光光度法测定畜牧场污水中铜的含量。其原理为：在 pH 9—11 的氨溶液中，铜离子与二乙基二硫代氨基甲酸钠反应，生成棕黄色络合物，用四氯化碳或三氯甲烷萃取后比色定量。

本法最低检测质量为 2 μg，若取 100 mL 水样测定，则最低检测质量浓度为 0.02 mg/L。铁与显色剂形成棕色化合物对本实验有干扰，可用柠檬酸掩蔽。镍、钴与试剂反应呈绿黄色以至暗绿色，可用 EDTA 掩蔽。铋与试剂反应呈黄色，但在 440 mm 波长吸收极小，存在量为铜的 2 倍时，其干扰可以忽略。锰呈微红色，但颜色很不稳定，微量时显色后放置一段时间，颜色即可退去。锰含量高时，加入盐酸羟胺，即可消除干扰。

三、实验准备

(一)仪器设备

分液漏斗(250 mL)、具塞比色管(10 mL)、分光光度计等。

(二)试剂

氨水(1+1)、四氯化碳或三氯甲烷、二乙基二硫代氨基甲酸钠溶液(1 g/L)、乙二胺四乙酸二钠—柠檬酸三铵溶液、铜标准储备溶液、铜标准使用溶液[$\rho(Cu)$=10 μg/mL]、甲酚红溶液(1.0 g/L)、乙醇(95%)等。特别注意:所有试剂均需用不含铜的纯水制备。

一些试剂的配制方法如下。

1. 二乙基二硫代氨基甲酸钠溶液(1 g/L)

称取 0.1 g 二乙基二硫代氨基甲酸钠,溶于纯水中并稀释至 100 mL。储存于棕色瓶内,在 0—4 ℃冷藏保存。

2. 乙二胺四乙酸二钠—柠檬酸三铵溶液

称取 5 g 乙二胺四乙酸二钠($C_{10}H_{14}N_2O_8Na_2 \cdot 2H_2O$)和 20 g 柠檬酸三铵[$C_6H_8O_7 \cdot 3(NH_3)$],溶于纯水中,并稀释至 100 mL。

3. 铜标准储备溶液[$\rho(Cu)$=1 mg/mL]

称取 1.000 g 纯铜粉[$w(Cu)$>99.9%],溶于 15 mL 硝酸溶液(1+1)中,用纯水定容至 1 000 mL。

4. 铜标准使用溶液[$\rho(Cu)$=10 μg/mL]

吸取铜标准储备溶液 10.00 mL,用纯水定容至 1 000 mL。

5. 甲酚红溶液(1.0 g/L)

称取 0.1 g 甲酚红($C_{21}H_{18}O_5S$),溶于95%乙醇并稀释至 100 mL。

四、实验方法

(一)测定

(1)吸取 100 mL 水样于 250 mL 分液漏斗中(若水样色度过高时,可置于烧杯中,加入少量过硫酸铵,煮沸浓缩至约 70 mL,冷却后加水稀释至 100 mL)。

(2)另取 6 个 250 mL 分液漏斗,各加 100 mL 纯水,然后分别加入 0、0.20、0.40、0.60、0.80 和 1.00 mL 铜标准使用溶液,混匀。

(3)向样品及标准系列溶液中各加 5 mL 乙二胺四乙酸二钠—柠檬酸三铵溶液及 3 滴甲酚红溶液,滴加氨水(1+1)至溶液由黄色变为浅红色,再各加 5 mL 二乙基二硫代氨基甲酸钠溶液,混匀,放置5 min。

(4)各加10.0 mL四氯化碳或三氯甲烷,振摇2 min,静置分层。

(5)用脱脂棉擦去分液漏斗颈内水膜,将四氯化碳层放入干燥的10 mL具塞比色管中。

(6)于436 nm波长,用2 cm比色皿,以四氯化碳为参比,测量样品及标准系列溶液的吸光度。

(7)绘制标准曲线,并从曲线上查出样品管中铜的质量。

(二)计算

水样中铜的质量浓度计算公式为:

$$\rho = \frac{m}{V}$$

式中:

ρ 为水样中铜的质量浓度(mg/L);

m 为从标准曲线上查得的样品管中铜的质量(μg);

V 为水样体积(mL)。

五、实验结果记录与分析

(一)实验结果记录

(1)从标准曲线上查得的水样中铜的质量(m):＿＿＿＿＿＿μg;

(2)水样体积(V):＿＿＿＿＿＿mL;

(3)水样中铜的质量浓度(ρ):＿＿＿＿＿＿mg/L。

(二)分析与总结

分析实验结果,总结实验成功或失败的原因。

六、思考题

试比较不同类型的畜牧场产生的污水中铜的含量有无差异。

七、实验拓展

畜牧场污水中铜含量测定方法还有无火焰原子吸收分光光度法、火焰原子吸收分光光度法、双乙醛草酰二腙分光光度法、电感耦合等离子体发射光谱法、电感耦合等离子体质谱法等,请了解这些方法的操作步骤。

实验 13 锌的测定

天然水中含锌量很少,饮用水中增多的锌可能来源于镀锌管道和工业废水。锌是人体必需的微量元素。锌的毒性很低,但摄入过多则刺激胃肠道和导致恶心,口服1 g的硫酸锌可引起严重中毒,水中含锌 5 mg/L 时,有金属涩味和呈乳白光色;10 mg/L 时,呈现浑浊。其标准限值为1.0 mg/L。污水中锌含量测定的方法有多种,本实验介绍双硫腙分光光度法测定污水中的锌含量。

一、实验目的

(1) 理解测定水体中锌含量的实验原理。
(2) 掌握采用双硫腙分光光度法测定畜牧场污水中锌含量的方法。

二、实验原理

在 pH 4.0—5.5 的水溶液中,锌离子与双硫腙生成红色螯合物,用四氯化碳萃取后比色定量。

本法最低检测质量为 0.5 μg,若取 10 mL 水样测定,则最低检测质量浓度为 0.05 mg/L。在选定的 pH 条件下,用足量硫代硫酸钠可掩蔽水中少量铅、铜、汞、镉、钴、铋、镍、金、钯、银、亚锡等金属干扰离子。

三、实验准备

(一) 仪器设备

分液漏斗(60 mL)、比色管(10 mL)、分光光度计等。所用玻璃仪器均须用硝酸溶液(1+1)浸泡,然后再用不含锌的纯水冲洗干净。

(二)试剂

双硫腙四氯化碳储备溶液(1 g/L)、双硫腙四氯化碳溶液、乙酸—乙酸钠缓冲溶液(pH4.7)、硫代硫酸钠溶液(250 g/L)、锌标准储备溶液、锌标准使用溶液[ρ(Zn)=1 μg/mL]等。

注意:配制的试剂和稀释用纯水均为去离子蒸馏水。

一些试剂的配制方法如下。

1.双硫腙四氯化碳储备溶液(1 g/L)

称取0.1 g双硫腙,在干燥的烧杯中用四氯化碳溶解后稀释至100 mL,倒入棕色瓶中。此溶液置0—4 ℃冷藏保存可稳定数周。

如双硫腙不纯,可用下述方法纯化:称取0.20 g双硫腙溶于100 mL三氯甲烷,经脱脂棉过滤于250 mL分液漏斗中,每次用20 mL氨水(3 + 97)连续反萃取数次,直至三氯甲烷相几乎无绿色为止,合并水相至另一分液漏斗,每次用10 mL四氯化碳振荡洗涤水相两次,弃去四氯化碳相。水相用硫酸溶液(1 + 9)酸化至有双硫腙析出,再每次用100 mL四氯化碳萃取2次,合并四氯化碳相倒入棕色瓶中,0—4 ℃冷藏保存。

2.双硫腙四氯化碳溶液

临用前,吸取适量双硫腙四氯化碳储备溶液,用四氯化碳稀释约30倍,至吸光度为0.4(波长535 nm,1 cm比色皿)。

3.乙酸—乙酸钠缓冲溶液(pH4.7)

称取68 g乙酸钠(NaC$_2$H$_3$O$_2$·3H$_2$O),用纯水溶解后稀释至250 mL。另取冰乙酸31 mL,用纯水稀释至250 mL,将上述两种溶液等体积混合。

如试剂不纯,将上述混合液置于分液漏斗中,每次用10 mL双硫腙四氯化碳溶液萃取直至四氯化碳相呈绿色为止。弃去四氯化碳相,向水相加入10 mL四氯化碳,振荡洗涤水相,弃去四氯化碳相,如此反复数次,直至四氯化碳相不显绿色为止。用滤纸过滤水相于试剂瓶中。

4.硫代硫酸钠溶液(250 g/L)

称取25 g硫代硫酸钠,溶于100 mL纯水中。如试剂不纯,按上一步纯化方法进行纯化。

5.锌标准储备溶液[ρ(Zn)=1 mg/mL]

称取1.000 g纯锌[w(Zn)≥9.9%],溶于20 mL硝酸溶液(1 + 1)中,并用纯水定容至1 000 mL。

6.锌标准使用溶液[ρ(Zn)=1 μg/mL]

用锌标准储备溶液稀释。

四、实验方法

(一)测定

本方法测锌要特别注意防止外界污染,同时还要避免在阳光直射下操作。

(1)吸取水样10.0 mL于60 mL分液漏斗中,如水样中锌质量超过5 μg,可取适量水样,用纯水稀释至10.0 mL。

(2)另取分液漏斗7个,依次加入锌标准使用溶液0、0.50、1.00、2.00、3.00、4.00、5.00 mL,各加纯水至10 mL。

(3)向各分液漏斗中各加5.0 mL缓冲溶液,混匀,再各加1.0 mL硫代硫酸钠溶液,混匀,再加入10.0 mL双硫腙四氯化碳溶液,强烈振荡4 min,静置分层。

【注意事项】

①加入硫代硫酸钠除有掩蔽干扰金属离子的作用外,同时也兼有还原剂的作用,保护双硫腙不被氧化。由于硫代硫酸钠也能与锌离子络合,因此标准系列中硫代硫酸钠溶液的用量应与水样管一致。

②振荡时间应充分,因硫代硫酸钠是较强的络合剂,只有使锌从络合物$[Zn(S_2O_3)_2]^{2-}$中释放出来,才能被双硫腙四氯化碳溶液萃取。锌的释放比较缓慢,故振荡时间要保证4 min,否则萃取不完全。为了使样品和标准的萃取率一致,应尽量使振荡强度和次数一致。

(4)用脱脂棉或卷细的滤纸擦去分液漏斗颈内的水,弃去最初放出的2—3 mL有机相,收集随后流出的有机相于干燥的10 mL比色管内。

(5)于535 mm波长下,用1 cm比色皿,以四氯化碳为参比,测量样品和标准系列萃取液的吸光度,绘制工作曲线,并查出样品管中锌的质量。

(二)计算

水样中锌的质量浓度计算公式为:

$$\rho = \frac{m}{V}$$

式中:

ρ 为水样中锌的质量浓度(mg/L);

m 为从工作曲线查得的样品管中锌的质量(μg);

V 为水样体积(mL)。

五、实验结果记录与分析

(一)实验结果记录

(1) 工作曲线上查得的水样中锌的质量(m):_____μg;

(2) 水样体积(V):_____mL;

(3) 水样中锌的质量浓度(ρ):_____mg/L。

(二)分析与总结

分析实验结果,总结实验成功或失败的原因。

六、思考题

不同类型的畜牧场产生的污水中锌的含量有无差异?

七、实验拓展

畜牧场污水中锌含量测定方法除了双硫腙分光光度法,还有原子吸收分光光度法、锌试剂—环己酮分光光度法、催化示波极谱法、电感耦合等离子体发射光谱法、电感耦合等离子体质谱法等,请了解这些方法的操作步骤。

实验14 铅的测定

很多工业废水、粉尘、废渣中都含有铅及其化合物,进入饮用水可造成污染。铅可与体内的一系列蛋白质、酶、氨基酸中的官能团结合,干扰机体许多方面的生化和生理活动。联合国粮食及农业组织和世界卫生组织规定铅的每人每周耐受量为0.3 mg。研究表明,饮用水中铅含量为0.1 mg/L时,可能引起血铅浓度超过0.3 μg/mL,这对儿童是过高的;成人每日摄入铅量大于230 μg,则超过人体耐受量。我国规定饮用水中铅含量不得超过0.01 mg/L。畜牧场污水中铅含量是否超标关系到人类健康和生态环境安全,有必要测定其含量。

一、实验目的

(1)理解测定水体中铅含量的实验原理。
(2)掌握采用双硫腙分光光度法测定畜牧场污水中铅含量的方法。

二、实验原理

本实验采用双硫腙分光光度法测定畜牧场污水中的铅含量,其原理为:在弱碱性溶液中(pH 8.5—9.5)铅与双硫腙生成红色螯合物,可被四氯化碳、三氯甲烷等有机溶剂萃取。严格控制溶液的pH,加入掩蔽剂和还原剂,采用反萃取步骤,可使铅与其他干扰金属离子分离后比色定量。

本法适用于测定天然水和废水中微量铅,测定铅的质量浓度在0.01—0.30 mg/L之间。铅的质量浓度超过0.30 mg/L,可对样品稀释后再测定。当使用光程长为10 mm比色皿,试样体积为100 mL,用双硫腙萃取时,最低检出浓度可达0.01 mg/L。

三、实验准备

(一)仪器设备

分液漏斗(150 mL 和 250 mL)、分光光度计等。所用玻璃仪器均需以硝酸(1+9)浸泡过夜,再用纯水淋洗干净。

(二)试剂

氨水(0.90 g/mL)、三氯甲烷、双硫腙贮备液、双硫腙工作液、柠檬酸铵、氰化钾、盐酸羟胺、硝酸(1.42 g/mL)、高氯酸(优级纯,1.67 g/mL)、铅标准贮备液[$\rho(Pb)$=100 μg/mL]、铅标准工作液[$\rho(Pb)$=1 μg/mL]等。

一些试剂的配制方法如下。

1. 氨水(1+9溶液)

量取 10 mL 氨水,用水稀释到 100 mL。

2. 氨水(1+99溶液)

量取 10 mL 氨水,用水稀释到 1 L。

3. 硝酸溶液(1+4)

量取 200 mL 硝酸,用水稀释到 1 L。

4. 硝酸溶液(0.2%,体积分数)

量取 2 mL 硝酸,用水稀释到 1 L。

5. 柠檬酸盐—氰化钾还原性溶液

将 400 g 柠檬酸氢二铵、20 g 无水亚硫酸钠、10 g 盐酸羟胺和 40 g 氰化钾溶解在水中,并稀释到 1 000 mL,将此溶液和 2 000 mL 氨水(0.90 g/mL)混合。若此溶液含有微量铅,则应用双硫腙专用溶液萃取,直到有机层为纯绿色,再用纯氯仿萃取 4—5 次以除去残留的双硫腙。

【注意事项】

氰化钾是剧毒药品,称量和配制溶液时要特别谨慎小心,萃取时要戴胶皮手套,避免沾污皮肤。

6. 亚硫酸钠溶液

将 5 g 无水亚硫酸钠溶解在 100 mL 无铅水中。

7. 碘溶液(0.05 mol/L)

将 40 g 碘化钾溶解在 25 mL 去离子水中,加入 12.7 g 升华碘,然后用水稀释到 1 L。

8.铅标准贮备液[ρ(Pb)=100 μg/mL]

称取 0.159 9 g 经 105 ℃烘烤过的硝酸铅(纯度大于99.5%)溶解在约 200 mL 水中,加入 10 mL 硝酸(1.42 g/mL)后,用纯水定容至 1 000 mL。

9.铅标准工作液[ρ(Pb)=2 μg/mL]

临用前吸取 20.0 mL 铅标准贮备液于 1 000 mL 容量瓶中,用纯水稀释至刻度,摇匀。

10.双硫腙贮备液

称取 100 mg 纯净双硫腙,溶于 1 000 mL 三氯甲烷中,储存于棕色瓶中,置冰箱内保存。

11.双硫腙工作液

临用前取 100 mL 双硫腙贮备液置于 250 mL 容量瓶中,用三氯甲烷稀释至标线。此溶液每毫升含 40 μg 双硫腙。

12.双硫腙专用溶液

将 250 mg 双硫腙溶解在 250 mL 三氯甲烷中。此溶液不需要纯化,因为用它萃取的所有萃取液都将弃去。

四、实验方法

(一)测定

1.消化

澄清、无色、不含有机物、硫化物等干扰物质的水样可直接吸取 50.0 mL 于 125 mL 分液漏斗中,按步骤2操作。污染严重的水样需进行消化,并同时操作空白实验。

(1)比较浑浊的地面水,每 100 mL 试样加入 1 mL 硝酸(1.42 g/mL),置于电热板上微沸消解 10 min。冷却后用快速滤纸过滤,滤纸用硝酸溶液(0.2%,体积分数)洗涤数次,然后用硝酸溶液(0.2%)稀释到一定体积,供测定用。

(2)含悬浮物和有机物较多的地面水或废水,每 100 mL 试样(含铅量大于 1 μg)加入 5 mL 硝酸(1.42 g/mL)和 2 mL 高氯酸,继续加热消解,蒸发至近干(勿蒸干)。冷却后,用硝酸溶液(0.2%)温热溶解残渣,再冷却后,用快速滤纸过滤,滤纸用硝酸溶液(0.2%)洗涤数次,然后用硝酸溶液(0.2%)稀释到一定体积,供测定用。每分析一批试样要平行操作两个空白实验。

【注意事项】

严禁将高氯酸加到含有还原性有机物的热溶液中,只有预先用硝酸加热处理后,才能加入高氯酸,否则会引起强烈爆炸。

(3)干扰物的消除。

铋、锡和铊的双硫腙盐与双硫腙铅的最大吸收波长不同,在510 nm和465 nm分别测量试样的吸光度,可以检查上述干扰是否存在。从每个波长位置的试样吸光度中扣除同一波长位置空白实验的吸光度,计算出试样吸光度的校正值。计算510 nm处吸光度校正值与465 nm处吸光度校正值的比值。吸光度校正值的比值对双硫腙铅盐为2.08,而对双硫腙铋盐为1.07。如果求得的比值明显小于2.08,即表明存在干扰,这时需要另取100 mL试样并按以下步骤处理:对未经消化的试样,加入5 mL亚硫酸钠溶液以还原残留的碘,根据需要,用硝酸溶液(1+4)或氨水(1+9)将试样的pH调为2.5,将试样转入250 mL分液漏斗中,用双硫腙专用溶液至少萃取3次,每次用10 mL,或者萃取到氯仿层呈明显的绿色。然后用氯仿萃取,每次用20 mL,以除去双硫腙(绿色消失)。水相备作测定用。

2.测定

(1)显色萃取。

向试样(含铅量不超过30 μg,最大体积不大于100 mL)加入10 mL硝酸溶液(1+4)和50 mL柠檬酸盐—氰化钾还原性溶液,摇匀后冷却至室温,加入10 mL双硫腙工作液,塞紧后,剧烈摇动分液漏斗30 s,然后放置分层。

(2)吸光度的测量。

在分液漏斗的颈管内塞入一小团无铅脱脂棉花,然后放出下层有机相,弃去1—2 mL氯仿层后,再注入10 mm比色皿中,在510 nm测量萃取液的吸光度,测量前用双硫腙工作液将仪器调零。由测量所得吸光度扣除空白实验吸光度再从标准曲线上查出铅的质量。同时,使用无铅水做空白实验。

3.标准曲线

取250 mL分液漏斗8个,分别加入铅标准工作液0、0.50、1.00、5.00、7.50、10.00、12.50和15.0 mL,各加纯水至100 mL。然后按照步骤2进行显色萃取和吸光度测量。

上述测得的吸光度扣除试剂空白(零浓度)的吸光度后,绘制10 mm比色皿光程的吸光度对铅的质量的曲线。这条线应为通过原点的直线。

(二)计算

水样中铅的质量浓度计算公式为:

$$\rho = \frac{m}{V}$$

式中:

ρ为水样中铅的质量浓度(mg/L);

m 为从标准曲线上查得的样品管中铅的质量(μg);
V 为水样体积(mL)。

五、实验结果记录与分析

(一)实验结果记录

(1)从标准曲线上查得的水样中铅的质量(m):＿＿＿＿＿＿μg;
(2)水样体积(V):＿＿＿＿＿＿mL;
(3)水样中铅的质量浓度(ρ):＿＿＿＿＿＿mg/L。

(二)分析与总结

分析实验结果,总结实验成功或失败的原因。

六、思考题

不同类型的畜牧场产生的污水中铅的含量有无差异?

七、实验拓展

畜牧场污水中铅含量测定方法除了双硫腙分光光度法,还有无火焰原子吸收分光光度法、火焰原子吸收分光光度法、催化示波极谱法、氢化物原子荧光法等,请了解这些方法的操作步骤。

实验 15

镉的测定

镉的毒性是潜在性的,即使饮用水中镉浓度低至 0.1 mg/L,也能在人体(特别是妇女)组织中积聚,潜伏期可长达 10—30 年,且早期不易觉察。所以国家对镉的限制非常严格,饮用水须控制在 0.005 mg/L 以下。畜牧场污水中镉含量是否超标关系到人类健康和生态环境安全,有必要测定。

一、实验目的

(1)理解测定水体中镉含量的实验原理。
(2)掌握采用双硫腙分光光度法测定畜牧场污水中镉含量的方法。

二、实验原理

本实验采用双硫腙分光光度法测定畜牧场污水中的镉含量,其原理为:在强碱性溶液中,镉离子与双硫腙生成红色螯合物,用三氯甲烷萃取后比色定量。

本法最低检测质量为 0.25 μg 镉,若取 25 mL 水样测定,则最低检测质量浓度为 0.01 mg/L。水中多种金属离子的干扰可通过控制 pH 和加入酒石酸钾钠、氰化钾等络合剂掩蔽。在本测定条件下,水中存在下列金属离子不干扰测定:铅 240 mg/L、锌 120 mg/L、铜 40 mg/L、铁 4 mg/L、锰 4 mg/L。镁含量达 40 mg/L 时需增加酒石酸钾钠,水样被大量有机物污染时将影响比色测定,需预先消化。

三、实验准备

(一)仪器设备

分液漏斗(125 mL)、具塞比色管(10 mL)、分光光度计等。

所用玻璃仪器均须用硝酸溶液(1+9)浸泡过夜,然后用自来水、纯水淋洗干净。

(二)试剂

配制试剂和稀释水样时,所用纯水均应无镉。

硝酸(1.42 g/mL,优级纯)、高氯酸(1.138 g/mL,优级纯)、三氯甲烷、氢氧化钠溶液(240 g/L)、双硫腙三氯甲烷储备溶液(1.0 g/L)、吸光度0.40的双硫腙三氯甲烷溶液、氰化钾(10 g/L)—氢氧化钠(400 g/L)溶液、氰化钾(0.5 g/L)—氢氧化钠(400 g/L)溶液、盐酸羟胺溶液(200 g/L)、酒石酸钾钠溶液(250 g/L)、酒石酸溶液(20 g/L)、镉标准储备溶液[ρ(Cd)=100 μg/mL]、镉标准使用溶液[ρ(Cd)=1 μg/mL]等。

一些试剂的配制方法如下。

1. 三氯甲烷

三氯甲烷应纯净。三氯甲烷中有氧化物存在时可用亚硫酸钠($Na_2SO_3 \cdot 7H_2O$)溶液(200 g/L)萃洗2次,重蒸馏后方可使用。或将含有氧化物的三氯甲烷加入适量盐酸羟胺溶液萃取1次后,再用纯水洗去残留的盐酸羟胺。

2. 双硫腙三氯甲烷储备溶液(1.0 g/L)

称取0.1 g双硫腙,溶于三氯甲烷中,并稀释至100 mL,储存于棕色瓶中,置冰箱内保存。

3. 双硫腙三氯甲烷溶液

临用前将双硫腙三氯甲烷储备溶液用三氯甲烷稀释(约10倍)成吸光度为0.82(波长500 mm,1 cm比色皿)。

4. 吸光度0.40的双硫腙三氯甲烷溶液

临用前将双硫腙储备溶液用三氯甲烷稀释(约50倍)成吸光度为0.40(波长500 nm,1 cm比色皿)。

5. 氰化钾(10 g/L)—氢氧化钠(400 g/L)溶液

称取400 g氢氧化钠(NaOH)和10 g氰化钾(KCN),溶于纯水中,并稀释至1 000 mL。储存于聚乙烯瓶中,可稳定1—2个月。

6. 氰化钾(0.5 g/L)—氢氧化钠(400 g/L)溶液

称取400 g氢氧化钠和0.5 g氰化钾溶于纯水中,并稀释至1 000 mL。储存于聚乙烯瓶中,可稳定1—2个月。

【注意事项】

氰化钾、氰化钾—氢氧化钠溶液剧毒,使用时要注意防护。

7.酒石酸溶液(20 g/L)

称取20 g酒石酸($H_2C_4H_4O_6$)溶于纯水中并稀释至1 000 mL。储存于冰箱中。使用时必须保持冰冷。

8.镉标准储备溶液[$\rho(Cd)$=100 μg/mL]

称取0.100 0 g镉[$w(Cd)$≥99.9%],加入30 mL硝酸溶液(1 + 9),使溶解,然后加热煮沸,最后用纯水定容至1 000 mL。

9.镉标准使用溶液[$\rho(Cd)$=1 μg/mL]

取镉标准储备溶液10.00 mL于1 000 mL容量瓶中,加入10 mL盐酸(1.19 g/mL),用纯水稀释至刻度。

四、实验方法

(一)水样预处理

(1)如水样污染严重,则准确取适量水样置于250 mL高型烧杯中。如采集水样时已在每1 000 mL水样中加有5 mL硝酸,则不另加硝酸。将水样在电热板上加热蒸发,至剩余约10 mL,放冷。

(2)加入10 mL硝酸及5mL高氯酸,加热消解直至产生浓烈白烟。如果样品仍不清澈,则再加10 mL硝酸,继续加热消解,直到溶液透明无色或略呈浅黄色为止。在消解过程中切勿蒸干。

(3)冷却后加20 mL纯水,煮沸约5 min,取下烧杯,放冷,用纯水稀释定容至50 mL或100 mL。

(二)测定

(1)吸取水样或消解溶液25.0 mL,置于分液漏斗中,用氢氧化钠溶液调节pH至中性。

(2)另取分液漏斗8个,分别加入镉标准使用溶液0、0.25、1.00、2.00、4.00、6.00、8.00和10.00 mL,各加纯水至25 mL。滴加氢氧化钠溶液调至中性。

(3)各加1 mL酒石酸钾钠溶液,5 mL氰化钾—氢氧化钠溶液及1 mL盐酸羟胺溶液。每加入一种试剂后均须摇匀。

【注意事项】

①酒石酸钾钠是含有两个羟基的二元羧酸盐,在强碱介质中,能更有效地络合钙镁铁铝等金属离子,严防产生沉淀而造成镉的损失。

②强碱介质是萃取镉的适宜条件,而铅、锌、锡等两性元素则生成相应的含氧酸根阴

离子,不能被双硫腙萃取。

③盐酸羟胺作为还原剂,可消除三价铁和其他高价金属的氧化能力,以保护双硫腙不被氧化。

(4)各加15 mL双硫腙三氯甲烷溶液,振摇1 min,迅速将三氯甲烷相转入已盛有25 mL冷酒石酸溶液的第二套分液漏斗中。再用10 mL三氯甲烷洗涤第一套分液漏斗,合并三氯甲烷于第二套分液漏斗中。

【注意事项】

①切勿使水相进入第二套分液漏斗中,严防产生剧毒的氰化氢气体。

②形成的双硫腙镉在被三氯甲烷饱和的强碱性溶液中容易分解,要迅速将三氯甲烷放入事先已准备好的第二套分液漏斗中。

(5)将第二套分液漏斗振摇2 min,此时镉已被萃取至酒石酸中。弃去双硫腙三氯甲烷溶液,再各加5 mL三氯甲烷,振摇30 s。静置分层,弃去三氯甲烷相。

(6)各加0.25 mL盐酸羟胺溶液,15 mL吸光度为0.40的双硫腙三氯甲烷溶液及5 mL氰化钾—氢氧化钠溶液,立即振摇1 min。

(7)擦干分液漏斗颈管内壁,塞入少许脱脂棉,将三氯甲烷相放入干燥的10 mL比色管中。

(8)于518 nm波长,用3 cm比色皿,以三氯甲烷为参比,测定样品和标准系列溶液的吸光度。

(9)绘制标准曲线,从曲线上查出样品管中镉的质量。

(三)计算

水样中镉的质量浓度计算公式:

$$\rho = \frac{m}{V}$$

式中:

ρ 为水样中镉的质量浓度(mg/L);

m 为从标准曲线查得的水样中镉的质量(μg);

V 为水样体积(mL)。

五、实验结果记录与分析

(一)实验结果记录

(1)标准曲线上查得的水样中镉的质量(m):_____μg;

(2)水样体积(V):_____mL;

(3)水样中镉的质量浓度(ρ):_____mg/L。

(二)分析与总结

分析实验结果,总结实验成功或失败的原因。

六、思考题

不同类型的畜牧场产生的污水中镉的含量有无差异?

七、实验拓展

畜牧场污水中镉含量测定方法除了双硫腙分光光度法,还有无火焰原子吸收分光光度法、火焰原子吸收分光光度法、催化示波极谱法、原子荧光法、电感耦合等离子体发射光谱法、电感耦合等离子体质谱法等,请了解这些方法的操作步骤。

实验 16 砷的测定

砷化合物有剧毒，容易在人体内积累，造成慢性砷中毒。世界卫生组织推荐的水体中砷的最高饮用标准值为 0.01 mg/L，我国的最高饮用标准值也是 0.01 mg/L。饮水除砷是防治地方性砷中毒的关键措施。

一、实验目的

(1) 理解测定水体中砷含量的实验原理。
(2) 掌握采用二乙氨基二硫代甲酸银分光光度法测定畜牧场污水中砷含量的方法。

二、实验原理

本实验采用二乙氨基二硫代甲酸银分光光度法测定畜牧场污水中的砷含量，其原理是：锌与酸作用产生新生态氢。在碘化钾和氯化亚锡存在下，使五价砷还原为三价砷。三价砷与新生态氢生成砷化氢气体。通过乙酸铅棉花去除硫化氢的干扰，然后与溶于三乙醇胺—三氯甲烷中的二乙氨基二硫代甲酸银作用，生成棕红色的胶态银，比色定量。

本方法最低检测质量为 0.5 μg。若取 50 mL 水样测定，则最低检测质量浓度为 0.01 mg/L。

三、实验准备

（一）仪器设备

砷化氢发生器（见图 6-2）、分光光度计等。

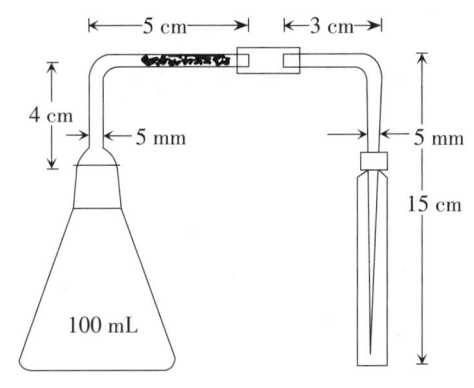

图 6-2　砷化氢发生器

(二)试剂与材料

三氯甲烷、无砷锌粒、硫酸溶液(1+1)、碘化钾溶液(150 g/L)、氯化亚锡(400 g/L)、乙酸铅棉花、吸收溶液、砷标准储备溶液[$\rho(As)$=1 mg/mL]、砷标准使用溶液[$\rho(As)$=1 μg/mL]等。

一些试剂配制的方法如下。

1.碘化钾溶液(150 g/L)

称取 15 g 碘化钾(KI),溶于纯水中并稀释至 100 mL,储于棕色瓶内。

2.氯化亚锡(400 g/L)

称取 40 g 氯化亚锡($SnCl_2·2H_2O$),溶于 40 mL 盐酸(1.19 g/L)中,并加纯水稀释至 100 mL,投入数粒金属锡粒。

3.乙酸铅棉花

将脱脂棉浸入乙酸铅溶液(100 g/L)中,2 h 后取出,让其自然干燥。

4.吸收溶液

称取 0.25 g 二乙氨基二硫代甲酸银,研碎后用少量三氯甲烷溶解,加入 1.0 mL 三乙醇胺,再用三氯甲烷稀释到 100 mL。必要时,静置,过滤至棕色瓶内,储存于冰箱中。本试剂溶液中二乙氨基二硫代甲酸银浓度以 2.0—2.5 g/L 为宜,浓度过低将影响测定的灵敏度及重现性。溶解性不好的试剂应更换。制备方法:分别溶解 1.7 g 硝酸银、2.3 g 二乙氨基二硫代甲酸钠于 100 mL 纯水中,冷却到 20 ℃以下,缓缓搅拌混合。过滤生成的柠檬黄色银盐沉淀,用冷的纯水洗涤沉淀数次,置于干燥器中,避光保存。

5.砷标准储备溶液[$\rho(As)$=1 mg/mL]

称取 0.660 0 g 经 105 ℃干燥 2 h 的三氧化二砷(As_2O_3),溶于 5 mL 氢氧化钠溶液(200 g/L)中。用酚酞作指示剂,以硫酸溶液(1+17)中和到中性后,再加入 15 mL 硫酸溶液(1+17),转入 500 mL 容量瓶,加纯水至刻度。

【注意事项】

三氧化二砷为剧毒化学药品。操作时要戴好防毒口罩,佩戴防护眼镜,戴橡皮手套,穿好防尘工作服。

6.砷标准使用溶液[ρ(As)=1 μg/mL]

吸取砷标准储备溶液 10.00 mL,置于 100 mL 容量瓶中,加纯水至刻度,混匀。临用时,吸取此溶液 10.00 mL,置于 1 000 mL 容量瓶中,加纯水至刻度,混匀。

四、实验方法

(一)测定

(1)吸取 50.0 mL 水样,置于砷化氢发生瓶中。

(2)另取砷化氢发生瓶 8 个,分别加入砷标准使用溶液 0、0.50、1.00、2.00、3.00、5.00、7.00 和 10.00 mL,各加纯水至 50 mL。

(3)向水样和标准系列中各加 4 mL 硫酸溶液(1+1),2.5 mL 碘化钾溶液及 2mL 氯化亚锡溶液,混匀,放置 15 min。

(4)于各吸收管中分别加入 5.0 mL 吸收溶液,插入塞有乙酸铅棉花的导气管。迅速向各发生瓶中倾入预先称好的 5 g 无砷锌粒,立即塞紧瓶塞,勿使漏气。在室温(低于 15 ℃时可置于 25 ℃温水浴中)反应 1 h,最后用三氯甲烷将吸收液体积补足到 5.0 mL。在 1 h 内于 515 nm 波长,用 1 cm 比色皿,以三氯甲烷为参比,测定吸光度。

注:颗粒大小不同的锌粒在反应中所需酸的量不同,一般为 4—10 mL,需在使用前用标准溶液进行预实验,以选择适宜的量。

(5)绘制工作曲线,从曲线上查出水样管中砷的质量。

(二)计算

水样中砷(以 As 计)的质量浓度计算公式:

$$\rho = \frac{m}{V}$$

式中:

ρ 为水样中砷(以 As 计)的质量浓度(mg/L);

m 为从工作曲线上查得的水样管中砷(以 As 计)的质量(μg);

V 为水样体积(mL)。

五、实验结果分析

(一)实验结果记录

(1)工作曲线上查得的水样中砷的质量(m):_____μg;

(2)水样体积(V):_____mL;

(3)水样中砷的质量浓度(ρ):_____mg/L。

(二)分析与总结

分析实验结果,总结实验成功或失败的原因。

六、思考题

不同类型的畜牧场产生的污水中砷的含量有无差异?

七、实验拓展

畜牧场污水中砷含量测定方法除了二乙氨基二硫代甲酸银分光光度法外,还有氢化物原子荧光法、锌—硫酸系统新银盐分光光度法、砷斑法、电感耦合等离子体发射光谱法、电感耦合等离子体质谱法等,请了解这些方法的操作步骤。

实验 17 六价铬的测定

六价铬是一种常见的致癌物质,对人体和农作物均有毒害作用。它能降低生化过程的需氧量,从而发生内窒息,铬盐对肠、胃均有刺激作用。铬的化合物在工业上应用较多,如电镀、化工、印染等行业都会排出含有三价铬或六价铬的废水,使局部地区受到铬的污染。废水或者雨水等的冲刷,使铬进入饮用水中,国家规定饮用水中含铬(六价)量不得超过 0.05 mg/L。

一、实验目的

(1)理解测定水体中六价铬含量的实验原理。
(2)掌握采用二苯碳酰二肼分光光度法测定畜牧场污水中六价铬含量的方法。

二、实验原理

本实验采用二苯碳酰二肼分光光度法测定畜牧场污水中六价铬的含量,其原理是:在酸性溶液中,六价铬可与二苯碳酰二肼作用生成紫红色络合物,用于比色定量。

本法最低检测质量为 0.2 μg(以 Cr^{6+} 计)。若取 50 mL 水样测定,则最低检测质量浓度为 0.004 mg/L。铁的质量浓度约六价铬的 50 倍时产生黄色,会干扰测定;钒的质量浓度超过六价铬的 10 倍时可产生干扰,但显色 10 min 后钒与试剂所显色全部消失;200 mg/L 以上的钼与汞有干扰。

三、实验准备

(一)仪器设备

具塞比色管(50 mL)、分光光度计等。

所有玻璃仪器(包括采样瓶)要求内壁光滑,不能用铬酸洗涤液浸泡。可用合成洗涤剂洗涤后再用浓硝酸洗涤,然后用纯水淋洗干净。

(二)试剂

二苯碳酰二肼丙酮溶液(2.5 g/L)、硫酸溶液(1+7)、六价铬标准溶液[ρ(Cr)=1 μg/mL]等。

一些试剂的配制方法如下。

1.二苯碳酰二肼丙酮溶液(2.5 g/L)

称取0.25 g二苯碳酰二肼[OC(HNNHC_6H_5)_2],溶于100 mL丙酮中。盛于棕色瓶中0—4 ℃冷藏可保存半月,颜色变深时不能再用。

2.硫酸溶液(1+7)

将10 mL硫酸(1.84 g/mL)缓慢加入70 mL纯水中。

3.六价铬标准溶液[ρ(Cr)=1 μg/mL]

称取0.141 4 g经105—110 ℃烘至恒量的重铬酸钾($K_2Cr_2O_7$),溶于纯水中,并于容量瓶中用纯水定容至500 mL,此浓溶液1.00 mL含100 μg六价铬。吸取此浓溶液10.0 mL于容量瓶中,用纯水定容至1 000 mL。

四、实验方法

(一)测定

(1)吸取50 mL水样(含六价铬超过10 μg时,可吸取适量水样稀释至50 mL),置于50 mL比色管中。

(2)另取50 mL比色管9支,分别加入六价铬标准溶液0、0.20、0.50、1.00、2.00、4.00、6.00、8.00和10.00 mL,加纯水至刻度。

(3)向水样及标准管中各加2.5 mL硫酸溶液及2.5 mL二苯碳酰二肼丙酮溶液,立即混匀,放置10 min。

【注意事项】

铬与二苯碳酰二肼反应时,酸度对显色反应有影响,溶液的氢离子浓度应控制在0.05—0.30 mol/L,且以0.2 mol/L时显色最稳定。温度和放置时间对显色都有影响,15 ℃时颜色最稳定,显色后2—3 min颜色可达最深,且于5—15 min保持稳定。

(4)于540 nm波长,用3 cm比色皿,以纯水为参比,测量吸光度。

(5)如水样有颜色时,另取25 mL水样于100 mL烧杯中,加入2.5 mL硫酸溶液,于电炉上煮沸2 min,使水样中的六价铬还原为三价,溶液冷却后转入50 mL比色管中,加纯水至刻度后再多加2.5 mL,摇匀后加入2.5 mL二苯碳酰二肼丙酮溶液,摇匀,放置10 min。按步骤4测量水样空白吸光度。

(6)绘制标准曲线,在曲线上查出样品管中六价铬的质量。

(7)有颜色的水样应在步骤4测得的样品溶液的吸光度基础上减去水样空白吸光度后,再在标准曲线上查出样品管中六价铬的质量。

(二)计算

水样中六价铬的质量浓度按下式计算：

$$\rho = \frac{m}{V}$$

式中：

ρ 为水样中六价铬的质量浓度(mg/L);

m 为从标准曲线上查得的样品管中六价铬的质量(μg);

V 为水样体积(mL)。

五、实验结果记录与分析

(一)实验结果记录

(1)标准曲线上查得的水样中六价铬的质量(m):_____μg;

(2)水样体积(V):_____mL;

(3)水样中六价铬的质量浓度(ρ):_____mg/L。

(二)分析与总结

分析实验结果,总结实验成功或失败的原因。

六、思考题

畜牧场污水中六价铬的主要来源是什么?

七、实验拓展

查阅相关资料,了解重金属自动检测仪相关设备如何进行重金属检测。

实验 18 总大肠菌群的测定

正常情况下,肠道中主要有大肠菌群、粪链球菌和厌氧芽孢菌三类,它们都可随人畜粪便进入水体。而大肠菌群数量最多,且它在外界环境中生存条件与肠道致病菌相近,所以水体中大肠菌群数量是直接反映水体是否受到人畜粪便污染的一项重要指标。

一、实验目的

(1)理解测定水体中总大肠菌群数量的实验原理。
(2)掌握采用多管发酵法测定畜牧场污水中总大肠菌群数量的方法。

二、实验原理

本实验采用多管发酵法测定畜牧场污水中总大肠菌群的数量。其原理为:(36±1)℃培养24 h,发酵乳糖产酸产气,经证实试验和革兰氏染色检测水中总大肠菌群的数量。

三、实验准备

(一)仪器设备

培养箱(36 ℃±1 ℃)、冰箱、天平、显微镜、平皿(直径为9 cm)、试管、分度吸管(1 mL、10 mL)、锥形瓶、小倒管、载玻片等。

(二)试剂

1.乳糖蛋白胨培养液

(1)成分。

蛋白胨10 g、牛肉膏3 g、乳糖5 g、氯化钠5 g、溴甲酚紫乙醇溶液(16 g/L)1 mL、蒸馏水1 000 mL。

(2)制法。

将蛋白胨、牛肉膏、乳糖及氯化钠溶于蒸馏水中,调整pH为7.2—7.4,再加入1 mL 16 g/L的溴甲酚紫乙醇溶液,充分混匀,分装于装有小倒管的试管中,68.95 kPa(115 ℃)高压灭菌20 min,于0—4 ℃冷藏避光保存。

2.二倍浓缩乳糖蛋白胨培养液

除蒸馏水为500 mL外,其他成分应符合乳糖蛋白胨培养液的要求。

3.伊红美蓝培养基

(1)成分。

蛋白胨10 g、乳糖10 g、磷酸氢二钾2 g、琼脂20—30 g、蒸馏水1 000 mL、伊红水溶液(20 g/L)20 mL、美蓝水溶液(5 g/L)13 mL。

(2)制法。

将蛋白胨、磷酸盐和琼脂溶解于蒸馏水中,校正pH为7.2,加入乳糖,混匀后分装,以68.95 kPa(115 ℃)高压灭菌20 min。临用时加热融化琼脂,冷至50—55 ℃,加入伊红和美蓝水溶液,混匀,倾注平皿。

4.革兰氏染色液

(1)结晶紫染色液。

①成分:结晶紫1 g、乙醇(95%,体积分数)20 mL、草酸铵溶液(10 g/L)80 mL。

②制法:将结晶紫溶于乙醇中,然后与草酸铵溶液混合。

【注意事项】

结晶紫不可用龙胆紫代替,前者是纯品,后者不是单一成分,易出现假阳性。结晶紫溶液放置过久会产生沉淀,不能再用。

(2)革兰氏碘液。

①成分:碘1 g、碘化钾2 g、蒸馏水300 mL。

②制法:将碘和碘化钾先进行混合,加入蒸馏水少许,充分振摇,待完全溶解后,再加蒸馏水。

(3)脱色剂。乙醇(95%,体积分数)。

(4)沙黄复染液。

①成分:沙黄0.25 g、乙醇(95%,体积分数)10 mL、蒸馏水90 mL。

②制法:将沙黄溶解于乙醇中,待完全溶解后加入蒸馏水。

(5)染色法。

①将培养18—24 h的培养物涂片。

②将涂片在火焰上固定,滴加结晶紫染色液,染1 min,水洗。
③滴加革兰氏碘液,作用1 min,水洗。
④滴加脱色剂,摇动玻片,直至无紫色脱落为止,约30 s,水洗。
⑤滴加沙黄复染液,复染1 min,水洗,待干,镜检。

四、实验方法

1. 乳糖发酵实验

(1)取10 mL水样接种到10 mL双料乳糖蛋白胨培养液中,取1 mL水样接种到10 mL单料乳糖蛋白胨培养液中,另取1 mL水样注入到9 mL灭菌生理盐水中,混匀后吸取1 mL(即0.1 mL水样)注入到10 mL单料乳糖蛋白胨培养液中,每一稀释度接种5管。对已处理过的出厂自来水,需经常检验或每天检验一次的,可接种5份10 mL水样双料培养基,每份接种10 mL水样。

(2)检验水源水时,如污染较严重,应加大稀释度,可接种1、0.1、0.01 mL甚至0.001 mL,每个稀释度接种5管单料乳糖蛋白胨培养液,每个水样共接种15管。接种1 mL以下水样时,应作10倍递增稀释后取1 mL接种,每递增稀释一次,换用1支1 mL灭菌刻度吸管。

(3)将接种管置(36±1)℃培养箱内,培养(24±2)h,如所有乳糖蛋白胨培养管都不产酸产气,则可报告为总大肠菌群阴性,如有产酸产气者,则按下列步骤进行。

2. 分离培养

将产酸产气的发酵管分别转种在伊红美蓝琼脂平板上,于(36±1)℃培养箱内培养18—24 h,观察菌落形态,挑取符合下列特征的菌落作革兰氏染色、镜检和证实实验:深紫黑色、具有金属光泽的菌落;紫黑色、不带或略带金属光泽的菌落;淡紫红色、中心较深的菌落。

3. 证实实验

经上述染色镜检为革兰氏阴性无芽孢杆菌,同时接种乳糖蛋白胨培养液,置(36±1)℃培养箱中培养(24±2)h,有产酸产气者,即证实有总大肠菌群存在。

五、实验结果分析

根据证实为总大肠菌群阳性的管数,查MPN(most probable number,最可能数)检索表,报告每100 mL水样中的总大肠菌群最可能数(MPN)值。5管法结果见表6-17,15管法结果见表6-18。稀释样品查表后所得结果应乘稀释倍数。如所有乳糖发酵管均阴性时,可报告总大肠菌群未检出。

表6-17 用5份10 mL水样时各种阳性和阴性结果组合的最可能数

5个10 mL管中阳性管数	最可能数（MPN）
0	<2.2
1	2.2
2	5.1
3	9.2
4	16.0
5	>16.0

表6-18 总大肠菌群MPN检索表

（总接种量55.5 mL，其中5份10 mL水样，5份1 mL水样，5份0.1 mL水样）

接种量/mL			总大肠菌群/	接种量/mL			总大肠菌群/
10	1	0.1	（MPN/100 mL）	10	1	0.1	（MPN/100 mL）
0	0	0	<2	0	3	0	6
0	0	1	2	0	3	1	7
0	0	2	4	0	3	2	9
0	0	3	5	0	3	3	11
0	0	4	7	0	3	4	13
0	0	5	9	0	3	5	15
0	1	0	2	0	4	0	8
0	1	1	4	0	4	1	9
0	1	2	6	0	4	2	11
0	1	3	7	0	4	3	13
0	1	4	9	0	4	4	15
0	1	5	11	0	4	5	17
0	2	0	4	0	5	0	9
0	2	1	6	0	5	1	11
0	2	2	7	0	5	2	13
0	2	3	9	0	5	3	15
0	2	4	11	0	5	4	17
0	2	5	13	0	5	5	19

续表

接种量/mL			总大肠菌群/	接种量/mL			总大肠菌群/
10	1	0.1	(MPN/100 mL)	10	1	0.1	(MPN/100 mL)
1	0	0	2	1	4	0	11
1	0	1	4	1	4	1	13
1	0	2	6	1	4	2	15
1	0	3	8	1	4	3	17
1	0	4	10	1	4	4	19
1	0	5	12	1	4	5	22
1	1	0	4	1	5	0	13
1	1	1	6	1	5	1	15
1	1	2	8	1	5	2	17
1	1	3	10	1	5	3	19
1	1	4	12	1	5	4	22
1	1	5	14	1	5	5	24
1	2	0	6	2	0	0	5
1	2	1	8	2	0	1	7
1	2	2	10	2	0	2	9
1	2	3	12	2	0	3	12
1	2	4	15	2	0	4	14
1	2	5	17	2	0	5	16
1	3	0	8	2	1	0	7
1	3	1	10	2	1	1	9
1	3	2	12	2	1	2	12
1	3	3	15	2	1	3	14
1	3	4	17	2	1	4	17
1	3	5	19	2	1	5	19

续表

接种量/mL			总大肠菌群/	接种量/mL			总大肠菌群/
10	1	0.1	(MPN/100 mL)	10	1	0.1	(MPN/100 mL)
2	2	0	9	3	0	0	8
2	2	1	12	3	0	1	11
2	2	2	14	3	0	2	13
2	2	3	17	3	0	3	16
2	2	4	19	3	0	4	20
2	2	5	22	3	0	5	23
2	3	0	12	3	1	0	11
2	3	1	14	3	1	1	14
2	3	2	17	3	1	2	17
2	3	3	20	3	1	3	20
2	3	4	22	3	1	4	23
2	3	5	25	3	1	5	27
2	4	0	15	3	2	0	14
2	4	1	17	3	2	1	17
2	4	2	20	3	2	2	20
2	4	3	23	3	2	3	24
2	4	4	25	3	2	4	27
2	4	5	28	3	2	5	31
2	5	0	17	3	3	0	17
2	5	1	20	3	3	1	21
2	5	2	23	3	3	2	24
2	5	3	26	3	3	3	28
2	5	4	29	3	3	4	32
2	5	5	32	3	3	5	36

续表

接种量/mL			总大肠菌群/	接种量/mL			总大肠菌群/
10	1	0.1	(MPN/100 mL)	10	1	0.1	(MPN/100 mL)
3	4	0	21	4	2	0	22
3	4	1	24	4	2	1	26
3	4	2	28	4	2	2	32
3	4	3	32	4	2	3	38
3	4	4	36	4	2	4	44
3	4	5	40	4	2	5	50
3	5	0	25	4	3	0	27
3	5	1	29	4	3	1	33
3	5	2	32	4	3	2	39
3	5	3	37	4	3	3	45
3	5	4	41	4	3	4	52
3	5	5	45	4	3	5	59
4	0	0	13	4	4	0	34
4	0	1	17	4	4	1	40
4	0	2	21	4	4	2	47
4	0	3	25	4	4	3	54
4	0	4	30	4	4	4	62
4	0	5	36	4	4	5	69
4	1	0	17	4	5	0	41
4	1	1	21	4	5	1	48
4	1	2	26	4	5	2	56
4	1	3	31	4	5	3	64
4	1	4	36	4	5	4	72
4	1	5	42	4	5	5	81

续表

接种量/mL			总大肠菌群/	接种量/mL			总大肠菌群/
10	1	0.1	(MPN/100 mL)	10	1	0.1	(MPN/100 mL)
5	0	0	23	5	3	0	79
5	0	1	31	5	3	1	110
5	0	2	43	5	3	2	140
5	0	3	58	5	3	3	180
5	0	4	76	5	3	4	210
5	0	5	95	5	3	5	250
5	1	0	33	5	4	0	130
5	1	1	46	5	4	1	170
5	1	2	63	5	4	2	220
5	1	3	84	5	4	3	280
5	1	4	110	5	4	4	350
5	1	5	130	5	4	5	430
5	2	0	49	5	5	0	240
5	2	1	70	5	5	1	350
5	2	2	94	5	5	2	540
5	2	3	120	5	5	3	920
5	2	4	150	5	5	4	1 600
5	2	5	180	5	5	5	>1 600

六、思考题

水中总大肠菌群的数量可以用大肠菌群指数或大肠菌群值来表示,本实验测定的是哪一类?如何计算另外一类?

七、实验拓展

测定畜牧场污水中总大肠菌群除了多管发酵法外,还可采用滤膜法、酶底物法,请查阅相关资料,了解另外两种方法的操作步骤,并比较这三种方法的优缺点。

实验 19　菌落总数的测定

菌落总数可以评价水质,考查污染和净化效果。此项指标不能反映对健康造成影响的可能性和程度,也不能反映受粪便或致病菌污染的程度。菌落总数只能用于相对地评价水质是否受到污染和污染程度,当水体被人畜粪便及其他物质污染时,水中细菌总数会急剧增加。

一、实验目的

(1)理解测定水体中菌落总数的实验原理。
(2)掌握采用平皿计数法测定畜牧场污水中菌落总数的方法。

二、实验原理

本实验采用平皿计数法测定畜牧场污水中菌落总数。其原理是测定 1 mL 水样在营养琼脂上,在有氧条件下(36 ± 1)℃培养 48 h 后,所得 1 mL 水样所含菌落的总数。

三、实验准备

(一)仪器设备

高压蒸汽灭菌器、干热灭菌箱、培养箱(36 ℃ ± 1 ℃)、电炉、天平、冰箱、放大镜或菌落计数器、pH 计或精密 pH 试纸、灭菌试管、平皿(直径 9 cm)、刻度吸管、采样瓶等。

(二)试剂

主要是营养琼脂的制作。
(1)成分:蛋白胨 10 g、牛肉膏 3 g、氯化钠 5 g、琼脂 10—20 g、蒸馏水 1 000 mL。
(2)制法:将上述成分混合后,加热溶解,调整 pH 为 7.4—7.6,分装于玻璃容器中(如用含杂质较多的琼脂时,应先过滤),经103.43 kPa(121 ℃)灭菌20 min,0—4 ℃冷藏保存。

四、实验方法

(1)以无菌操作方法吸取1 mL充分混匀的水样,注入盛有9 mL灭菌生理盐水的试管中,混匀成1∶10稀释液。

(2)吸取1∶10的稀释液1 mL注入盛有9 mL灭菌生理盐水的试管中,混匀成1∶100稀释液。按同法依次稀释成1∶1 000,1∶10 000稀释液等备用。如此递增稀释一次,每稀释一个稀释度,必须更换一支1 mL灭菌吸管。

(3)用灭菌吸管取未稀释的水样和2—3个适宜稀释度的水样1 mL,分别注入灭菌平皿内,倾注约15 mL已融化并冷却到45 ℃左右的营养琼脂培养基,并立即旋摇平皿,使水样与培养基充分混匀。每次检验时应做一平行接种,同时另用一个平皿只倾注营养琼脂培养基作为空白对照。

(4)待冷却凝固后,翻转平皿,使底面向上,置于(36±1)℃培养箱内培养(48±2)h,进行菌落计数,即为水样1 mL中的菌落总数。

五、实验结果记录与分析

做平皿菌落计数时,可用眼睛直接观察,必要时用放大镜检查,以防遗漏。在记下各平皿的菌落数后,应求出同稀释度的平均菌落数,供下一步计算时应用。在求同稀释度的平均数时,若其中一个平皿有较大片状菌落生长时,则不宜采用,而应以无片状菌落生长的平皿作为该稀释度的平均菌落数。若片状菌落不到平皿的一半,而其余一半中菌落数分布又很均匀,则可将此半皿计数后乘2以代表全皿菌落数,然后再求该稀释度的平均菌落数。

注:不同稀释度的选择及报告方法。

(1)首先选择平均菌落数在30—300之间者进行计算,若只有一个稀释度的平均菌落数符合此范围时,则将该菌落数乘以稀释倍数报告结果(如表6-19中实例1)。

(2)若有两个稀释度,其生长的菌落数均在30—300之间,则视两者之比值来决定,若其比值小于2应报告两者的平均数(如表6-19中实例2)。若大于等于2则报告其中稀释度较小的菌落总数(如表6-19中实例3和实例4)。

(3)若所有稀释度的平均菌落数大于300,则应按稀释度最高的平均菌落数乘以稀释倍数报告结果(如表6-19中实例5)。

(4)若所有稀释度的平均菌落数小于30,则应以按稀释度最低的平均菌落数乘以稀释倍数报告结果(如表6-19中实例6)。

(5)若所有稀释度的平均菌落数不在30—300之间,则应以最接近30或300的平均菌落数乘以稀释倍数报告结果(如表6-19中实例7)。

(6)若所有稀释度的平板上均无菌落生长,则以未检出报告结果。

(7)如果所有平板上都菌落密布,不要用"多不可计"报告,而应在稀释度最大的平板上,任意数其中2个平板1 cm²中的菌落数,除2求出每平方厘米内平均菌落数,乘以皿底面积63.6 cm²,再乘其稀释倍数作报告。

(8)菌落计数的报告:菌落数在100以内时按实有数报告,大于100时,采用两位有效数字,在两位有效数字后面的数值,以四舍五入方法计算,为了缩短数字后面的零数也可用10的指数来表示(见表6-19"报告方式"栏)。

表6-19 稀释度选择及菌落总数报告方式

实例	不同稀释度的平均菌落数			两个稀释度菌落数之比	菌落总数/(CFU/mL)	报告方式/(CFU/mL)
	10^{-1}	10^{-2}	10^{-3}			
1	1 365	164	20	—	16 400	16 000或$1.6×10^4$
2	2 760	295	46	1.6	37 750	38 000或$3.8×10^4$
3	2 890	271	60	2.2	27 100	27 000或$2.7×10^4$
4	150	30	8	2.0	1 500	1 500或$1.5×10^3$
5	多不可计	1 650	513	—	513 000	510 000或$5.1×10^5$
6	27	11	5	—	270	270或$2.7×10^2$
7	多不可计	305	12	—	30 500	31 000或$3.1×10^4$

六、思考题

生活饮用水菌落总数的检测方法与畜牧场污水菌落总数的检测方法有何差异?

七、实验拓展

查阅相关资料,了解菌落总数自动检测仪相关设备如何进行菌落总数检测。

第七章　有机肥的检测

实验 1　含水率的测定

粪便含水率的大小直接影响发酵的进程和发酵效果，含水率过高会导致通气性能差；含水率过低会影响微生物活性。在粪便发酵过程中，通常控制物料含水率在55%—70%之间。此外，中华人民共和国农业行业标准《有机肥料》中规定，有机肥料的含水率应≤30%。因此，含水率的测定对肥料的生产具有重要作用。

一、实验目的

（1）了解有机肥含水率测定的原理。
（2）掌握含水率测定的基本方法。

二、实验原理

将肥料样品放在(105±2)℃的烘箱中烘至恒重，求出肥料失水质量占烘干质量的百分数。

三、实验准备

（一）材料

待测有机肥样品。

(二)仪器设备

铝盒、干燥器、称量勺、分析天平和电热恒温真空干燥箱(真空烘箱)等。

四、实验方法

(一)有机肥样品的采集与制备

畜牧场的堆肥需多点采样。点的分布应考虑到堆的上、中、下部位和堆的内外层,或者在翻堆时采样,点的多少视堆的大小而定。每个点取样0.5 kg,置于塑料布上,将大块肥料捣碎,充分混匀后,以四分法取约5 kg,装入塑料袋中并编号。

准确称取1—2 kg,摊放在塑料布上,令其风干。风干后再称量,计算其水分含量以作为计算肥料中养分含量的换算系数。

风干后的样品捣碎混匀,用四分法分至250 g,再进一步磨细,全部通过40目筛,混匀,置于广口瓶内备用。

(二)含水率的测定

1.风干有机肥样品含水率的测定

取小型铝盒在恒温干燥箱中烘烤约2 h,移入干燥器内冷却至室温,在分析天平上称重(m_1)。用称量勺将风干样品拌匀,称取约5 g(准确至0.01 g),均匀地平铺在铝盒中,盖好,称重(m_2)。将铝盒盖揭开,放在盒底部,置于已预热至$(105 ± 2)$ ℃的烘箱中烘烤6 h。取出,盖好盒盖,移入干燥器内,冷却至室温(需20—30 min),立即称重(m_3)。

2.新鲜堆肥样品含水率的测定

取出畜牧场采集的20 g(准确至0.01 g)新鲜肥料的大型铝盒(已知空铝盒重量m_1)在分析天平上称重(m_2),揭开盒盖,放在盒底部,置于已预热至$(105 ± 2$ ℃$)$的烘箱中烘烤16 h。取出,盖好盒盖,移入干燥器内,冷却至室温(需20—30 min),立即称重(m_3)。

【注意事项】

①烘箱温度以$(105 ± 2)$ ℃为宜,温度过高(如110 ℃以上),样品中有机质易碳化逸失,某些矿物质中的结晶水也可能被赶出。

②干燥器内的干燥剂(氯化钙或变色硅胶)要经常更换或处理。变色硅胶在干燥时呈蓝色,吸湿后呈红色,须重新放在烘箱中烘到蓝色再放回干燥器使用。

(三)计算

有机肥含水率按照下式计算:

$$w = \frac{m_2 - m_3}{m_2 - m_1} \times 100\%$$

式中：

w 为有机肥含水率(%)；

m_1 为烘干空铝盒质量(g)；

m_2 为烘干前铝盒及样品质量(g)；

m_3 为烘干后铝盒及样品质量(g)。

需进行3次平行测定，取其算术平均值为测定结果，以一位小数(%)表示，其平行差值不得大于1%。

五、实验结果记录与分析

(一)结果记录

将测定的结果填入表7-1中。

表7-1 含水率测定记录表

样品编号	烘干空铝盒质量/g	烘干前铝盒及样品质量/g	烘干后铝盒及样品质量/g	含水率/%
1				
2				
3				

(二)分析与总结

分析实验结果，总结实验成功或失败的原因。

六、思考题

(1)含有在干燥过程中会产生非水分的挥发性物质的肥料，如何测定其含水率？

(2)比较分析风干有机肥样品与新鲜有机肥样品含水率测定的条件有什么异同。

七、实验拓展

有机肥含水率的测定方法有很多，如烘干法、酒精燃烧法和中子测定法等，其中烘干法是目前国际上有机肥含水率测定的标准方法。而风干有机肥含水率的测定，是各项分析结果计算的基础。

实验 2 总氮的测定

有机肥中的氮素可分为有机态和无机态两大部分,二者之和称为全氮。其中绝大部分以有机氮为主,大部分的有机氮,必须经过微生物分解变成无机氮后才能被植物吸收利用;无机氮包括铵态氮、硝态氮和亚硝态氮,是能被植物直接吸收的氮素。有机肥全氮的测定结果可以代表肥料总的供氮水平,从而为评价有机肥营养、经济合理施用氮肥以及促进有机氮矿化过程提供科学依据。

一、实验目的

(1)了解凯氏定氮法测定有机肥总氮含量的原理。
(2)掌握凯氏定氮法测定有机肥总氮含量的方法。

二、实验原理

有机肥中的有机氮经硫酸—过氧化氢消煮,转化为铵态氮。碱化后蒸馏出来的氨用硼酸溶液吸收,以标准酸溶液滴定,计算样品中总氮含量。

三、实验准备

(一)材料

待测有机肥样品。

(二)仪器设备

分析天平、凯氏烧瓶、滴定管、烧杯、量筒、蒸馏装置、漏斗、具塞三角瓶、电炉等。

(三)试剂

1. 硫酸(1.84 g/mL)

2. 过氧化氢(30%,体积分数)

3. NaOH 溶液(40%,体积分数)

称取 40 g NaOH(分析纯)放入烧杯中,加水约 100 mL,不断搅动,溶解后转入塑料瓶中,加塞,防止吸收空气中的 CO_2。

4. 硼酸溶液(2 g/L)

称取 20 g 硼酸溶于水中,稀释至 1 L。

5. 定氮混合指示剂

称取 0.5 g 溴甲酚绿和 0.1 g 甲基红溶于 100 mL 95% 乙醇中。

6. 硼酸—指示剂混合液

每升 20 g/L 硼酸溶液中加入 20 mL 定氮混合指示剂并用稀碱或稀酸调至红紫色(pH 约为 4.5)。此溶液放置时间不宜过长,如在使用过程中 pH 有变化,需随时用稀碱或稀酸调节。

7. 硫酸[$c(1/2H_2SO_4)$=0.05 mol/L]或盐酸[$c(HCl)$=0.05 mol/L]标准溶液

(1)盐酸标准溶液的配制和标定。

①配制

量取 45 mL 盐酸,注入 1 000 mL 水中,摇匀,然后将此溶液稀释 10 倍,配成 0.05 mol/L 的盐酸溶液。

②标定

a. 测定方法

称取 0.950 0 g 于 270—300 ℃灼烧至恒重的无水碳酸钠,称准至 0.000 1 g。溶于 500 mL 水中,加 10 滴溴甲酚绿—甲基红混合指示液,用配制好的盐酸溶液滴定至溶液由绿色变为暗红色,煮沸 2 min,冷却后继续滴定至溶液再呈暗红色。同时做空白实验。

b. 计算

盐酸标准溶液浓度按下式计算:

$$c = \frac{m}{(V_1 - V_2) \times 0.052\ 99}$$

式中:

c 为盐酸标准溶液的摩尔浓度(mol/L);

m 为无水碳酸钠的质量(g);

V_1 为盐酸溶液的用量(mL);

V_2 为空白实验盐酸溶液的用量(mL);

0.052 99 为与 1.00 mL 盐酸标准溶液(1.000 mol/L)相当的以克表示的无水碳酸钠的质量。

(2)硫酸标准溶液的配制和标定。

①配制

量取 15 mL 的硫酸,缓缓注入 1 000 mL 水中,冷却,摇匀。然后将此溶液稀释 10 倍,配成 0.05 mol/L 的硫酸溶液。

②标定

标定方法同盐酸标准溶液的标定方法。

四、实验方法

(一)试样溶液制备

(1)称取过 Φ1 mm 筛的风干试样 0.5—1.0 g(精确至 0.000 1 g),置于凯氏烧瓶底部,用少量水冲洗黏附在瓶壁上的试样,加 5 mL 硫酸(1.84 g/mL)和 1.5 mL 过氧化氢(30%),小心摇匀,瓶口放一弯颈小漏斗,放置过夜。

(2)在可调电炉上缓慢升温至硫酸冒烟,取下,稍冷加 15 滴过氧化氢,轻轻摇动凯氏烧瓶,加热 10 min,取下,稍冷后再加 5—10 滴过氧化氢并分次消煮,直至溶液呈无色或淡黄色清液后,继续加热 10 min,除尽剩余的过氧化氢。

(3)取下稍冷,小心加水至 20—30 mL,加热至沸。取下冷却,用少量水冲洗弯颈小漏斗,洗液收入原凯氏烧瓶中。将消煮液移入 100 mL 容量瓶中,加水定容,静置澄清或用无磷干滤纸过滤到具塞三角瓶中,备用。

(二)空白实验

除不加试样外,试剂用量和操作同上。

(三)测定

蒸馏前检查蒸馏装置是否漏气,并进行空蒸馏清洗管道。

吸取消煮清液 50.0 mL 于蒸馏瓶内,加 200 mL 水。于 250 mL 三角瓶加入 10 mL 硼酸—指示剂混合液承接于冷凝管下端,管口插入硼酸液面中。由筒型漏斗向蒸馏瓶内缓慢加入 15 mL 氢氧化钠溶液,关好活塞。加热蒸馏,待馏出液体体积约为 100 mL,即可停止蒸馏。

用硫酸标准溶液或盐酸标准溶液滴定馏出液,以蓝色刚变至紫红色为终点,记录消耗酸标准溶液的体积(mL)。空白测定所消耗酸标准溶液的体积不得超过0.1 mL，否则应重新测定。

(四)计算

肥料的总氮含量以肥料的质量分数表示，按下式计算：

$$w = \frac{c(V - V_0) \times 14 \times D}{m(1 - X_0) \times 1\,000} \times 100$$

式中：

w 为肥料的质量分数(%)；

c 为标定标准溶液的摩尔浓度(mol/L)；

V_0 为空白实验时，消耗标定标准溶液的体积(mL)；

V 为样品测定时，消耗标定标准溶液的体积(mL)；

14 为氮的摩尔质量(g/mol)；

m 为风干样质量(g)；

X_0 为风干样含水量(%)；

D 为分取倍数，定容体积/分取体积，100/50。

取两个平行测定结果的算术平均值作为测定结果。两个平行测定结果允许绝对差应符合表7-2的要求。所得结果应表示至两位小数。

表7-2　两个平行测定结果允许绝对差

氮(N)/%	允许绝对差/%
N≤0.50	<0.02
0.50 < N <1.00	<0.04
N≥1.00	<0.06

五、实验结果记录与分析

(一)结果记录

(1)标定标准溶液的摩尔浓度(c)：＿＿＿＿＿mol/L；

(2)空白实验消耗标定标准溶液的体积(V_0)：＿＿＿＿＿mL；

(3)测定样品消耗标定标准溶液的体积(V)：＿＿＿＿＿mL；

(4)风干样质量(m)：＿＿＿＿＿g；

(5)风干样含水量(X_0)：＿＿＿＿＿%；

(6)总氮的质量分数(w):＿＿＿＿＿＿%。

(二)分析与总结

分析实验结果,总结实验成功或失败的原因。

六、思考题

(1)有机肥总氮测定过程的注意事项有哪些?
(2)如何配制盐酸标准溶液和硫酸标准溶液?

七、实验拓展

通用凯氏定氮法测定的有机肥全氮中不包括全部的硝态氮和亚硝态氮。如果测定精度要求高,需要包括全部硝态氮和铵态氮时,则应在消煮之前,对样品进行预处理,常用的方法包括高锰酸钾—还原铁法、水杨酸法等。高锰酸钾—还原铁法是先用高锰酸钾将样品中的亚硝态氮氧化成硝态氮,再用还原铁粉将硝态氮还原成铵态氮,然后进行凯氏消煮。

实验 3　总磷的测定

植物在生长过程中所需的养分最重要的是氮、磷和钾,而肥料在施入土壤的过程中,其中的氮、磷和钾不但能够提高农作物的产量,而且能够改进农作物的品质。有机肥中的磷可以分为有机磷和无机磷两大类,有机磷主要包括核酸、植素、磷脂等含磷化合物,无机磷通常以难溶态的磷酸盐存在。有机肥总磷含量包括有机磷和无机磷的含量。

一、实验目的

(1)了解有机肥总磷测定的原理。
(2)掌握有机肥总磷的测定方法。

二、实验原理

有机肥料试样采用硫酸和过氧化氢消煮,在一定酸度下,待测液中的磷酸根离子与偏钒酸和钼酸反应形成黄色三元杂多酸。在一定浓度范围(1—20 mg/L)内,黄色溶液的吸光度与含磷量呈正比例关系,用分光光度法定量磷。

三、实验准备

(一)材料

待测有机肥样品。

(二)仪器设备

分析天平、分光光度计、无磷滤纸、棕色瓶、容量瓶、量筒、烧杯、搅拌棒、凯氏瓶、消煮炉等。

(三)试剂

1. 浓硫酸(1.84 g/mL)

2. 浓硝酸(1.42 g/mL)

3. 30%过氧化氢

4. 钒钼酸铵试剂

A液:称取25.0 g钼酸铵于400 mL水中。

B液:称取1.25 g偏钒酸铵溶于300 mL沸水中,冷却后加250 mL浓硝酸,冷却。

在搅拌下将A液缓缓注入B液中,用水稀释至1 L,混匀,贮于棕色瓶中。

5. 氢氧化钠溶液(100 g/L)

6. 硫酸(5%,体积分数)

7. 磷标准溶液(50 μg/mL)

称取0.219 5 g经105 ℃烘干2 h的磷酸二氢钾(基准试剂),用水溶解后,转入1 L容量瓶中,加入5 mL 1.84 g/mL硫酸,冷却后用水定容至刻度。该溶液1 mL含磷50 μg。

8. 2,4-(或2,6-)二硝基酚指示剂(2 g/L)

9. 无磷滤纸

四、实验方法

(一)试样溶液制备

参考第七章实验2 总氮的测定。

(二)标准曲线绘制

吸取磷标准溶液0、1.0、2.5、5.0、7.5、10.0、15.0 mL,分别置于7个50 mL容量瓶中,加入与试样溶液等体积的空白溶液,加水至30 mL左右,加2滴2,4-(或2,6-)二硝基酚指示剂,用氢氧化钠溶液和硫酸溶液调节溶液至刚呈微黄色,加10.0 mL钒钼酸铵试剂,摇匀,用水定容。此溶液为1 mL含磷0、1.0、2.5、5.0、7.5、10.0、15.0 μg的标准溶液系列。在室温下放置20 min后,在分光光度计波长440 nm处用1 cm光径比色皿,以空白溶液调节仪器零点,进行比色,读取吸光度。根据磷浓度和吸光度绘制标准曲线或求出直线回归方程。

波长可根据磷浓度选择,见表7-3。

表7-3 依据磷浓度确定波长

磷浓度/(mg·L^{-1})	波长/nm
0.75—5.50	400
2.00—15.00	440
4.00—17.00	470
7.00—20.00	490

（三）测定

吸取5—10 mL试样溶液（含磷0.05—1.00 mg）于50 mL容量瓶中，加水至30 mL左右，与标准溶液系列同条件显色、比色，读取吸光度。

同时做空白实验（除不加试样外，试剂用量和操作同上）。

【注意事项】

硝酸沸点较低，为充分发挥其对有机物的氧化作用，必须控制低温，不然硝酸很快会分解。

（四）计算

肥料的磷[$w(P_2O_5)$,%]含量以肥料的质量分数表示，按下式计算：

$$w = \frac{m_2 V_1 \times 2.292}{m V_2 \times 10^6} \times 100\%$$

式中：

w为肥料的质量分数(%)；

m_2为由标准曲线查出的试样溶液中磷的质量(μg)；

V_1为试样溶液的总体积(mL)；

m为试料的质量(g)；

V_2为吸取的试样溶液的体积(mL)；

2.292为磷质量换算为五氧化二磷(P_2O_5)质量的系数；

10^6为将克换算成微克的系数(μg/g)。

取两个平行测定结果的算术平均值作为测定结果。两个平行测定结果允许绝对差应符合表7-4的要求。所得结果应表示至两位小数。

表7-4 两个平行测定结果允许绝对差

磷(P_2O_5)/%	允许绝对差/%
$P_2O_5 \leq 0.50$	<0.02
$0.50 < P_2O_5 < 1.00$	<0.03
$P_2O_5 \geq 1.00$	<0.04

五、实验结果记录与分析

(一)结果记录

(1) 由标准曲线查出的试样溶液中磷的质量(m_2):_____μg;

(2) 试样溶液的总体积(V_1):_____mL;

(3) 试料的质量(m):_____g;

(4) 吸取的试样溶液的体积(V_2):_____mL;

(5) 磷的质量分数(w):_____%。

(二)分析与总结

分析实验结果,总结实验成功或失败的原因。

六、思考题

(1) 简述有机肥料总磷的测定方法。

(2) 如何制备试样溶液?

七、实验拓展

测定有机肥料总磷,首先要把样品中有机态的磷以及矿物态的磷经消化转化成相应的磷酸才能进行测定。消化方法有干灰化法和湿灰化法。干灰化法是样品经高温灰化后,残渣用稀盐酸溶解制成测定磷的溶液。干灰化法必须控制温度不超过500℃,否则可能引起磷的损失。湿灰化法常用HNO_3-H_2SO_4-$HClO_4$或H_2SO_4-HNO_3。溶液中磷的定量可采用磷钼酸喹啉重量法或容量法和钒钼黄比色法。

实验 4 总钾的测定

有机肥中的氮、磷、钾的含量对农作物生长起到至关重要的作用,特别是钾对作物的影响很大,可促进光合作用和光合产物的运输。一是提高光合效率;二是调节气孔的开闭,控制 CO_2 和水的进出;三是促进碳水化合物的合成,加速光合产物的流动;等等。因此,准确测量有机肥中钾的含量对合理利用有机肥有着重要作用。

一、实验目的

(1)了解火焰光度法测量有机肥总钾的原理。
(2)掌握有机肥总钾的测定方法。

二、实验原理

试样溶液在火焰的激发下,发射出钾元素的特征光谱,在一定浓度范围内,溶液中钾浓度与发光强度成正比。在与标准曲线相同条件下,通过测定试样溶液中钾元素的发射强度,可求得钾的浓度。

三、实验准备

(一)材料

待测有机肥样品。

(二)仪器设备

分析天平、容量瓶、火焰光度计、移液器、凯氏烧瓶、滴定管、塑料瓶、具塞三角瓶、电炉、漏斗等。

(三)试剂

1. 钾标准贮备溶液(1 mg/mL)

称取 1.906 7 g 经 100 ℃ 烘 2 h 的氯化钾(基准试剂),用水溶解后定容至 1 L。该溶液 1 mL 含钾 1 mg,贮于塑料瓶中。

2. 钾标准溶液(100 μg/mL)

吸取 10.00 mL 钾标准贮备溶液于 100 mL 容量瓶中,用水定容,此溶液 1 mL 含钾 100 μg。

四、实验方法

(一)试样溶液制备

试样溶液制备参考第七章实验 2:总氮的测定。

(二)标准曲线绘制

分别吸取钾标准溶液 0、2.50、5.00、10.0、15.0、20 mL 置于 6 个 100 mL 容量瓶中,加水定容,混匀。此标准系列溶液钾的质量浓度分别为 0、2.50、5.00、10.00、15.00、20.00 μg/mL。在选定工作条件的火焰光度计上,分别以标准溶液的零点和浓度最高点调节仪器的零点和满度(一般为 80),然后由低浓度至高浓度分别测量其他标准溶液的发射强度值。以标准系列溶液钾的质量浓度(μg/mL)为横坐标,相应的发射强度为纵坐标,绘制标准曲线。

(三)测定

试样溶液直接(或适当稀释后)在与测定标准系列溶液相同的条件下,测得钾的发射强度,在标准曲线上查出相应钾的质量浓度(μg/mL)。

同时做空白实验。

(四)计算

肥料的钾(K_2O)含量以肥料的质量分数表示,按下式计算:

$$w = \frac{(\rho_1 - \rho_0)DV_1 \times 1.205}{m \times 10^6} \times 100\%$$

式中:

w 为肥料的质量分数(%);

ρ_1 为由标准曲线查出的试样溶液中钾的质量浓度(μg/mL);

ρ_0 为由标准曲线查出的空白溶液中钾的质量浓度(μg/mL);

V_1 为试样溶液的总体积(mL);

D 为测定时试样溶液的稀释倍数;

m 为试料的质量(g);

1.205为将钾质量换算成氧化钾质量的系数；

10^6将克换算成微克的系数($\mu g/g$)。

取两个平行测定结果的算术平均值作为测定结果。两个平行测定结果允许绝对差应符合表7-5的要求。所得结果应表示至两位小数。

表7-5　两个平行测定结果允许绝对差

钾(K_2O)/%	允许绝对差/%
$K_2O \leq 0.60$	<0.05
$0.60 < K_2O < 1.20$	<0.07
$1.20 \leq K_2O < 1.80$	<0.09
$K_2O \geq 1.80$	<0.12

五、实验结果记录与分析

(一)结果记录

(1)由标准曲线查出的试样溶液中钾的质量浓度(ρ_1)：_____$\mu g/mL$；

(2)由标准曲线查出的空白溶液中钾的质量浓度(ρ_0)：_____$\mu g/mL$；

(3)试样溶液的总体积(V_1)：_____mL；

(4)测定时试样溶液的稀释倍数(D)：_____；

(5)试料的质量(m)：_____g；

(6)钾的质量分数(w)：_____%。

(二)分析与总结

分析实验结果,总结实验成功或失败的原因。

六、思考题

(1)有机肥总钾的测定过程中应该注意什么？

(2)简述有机肥总钾的测定方法。

七、实验拓展

(一)火焰光度计的组成部分

火焰光度计有各种不同型号,但都包括3个主要部分。

(1)光源：它包括气体供应、喷雾器、喷灯等,使待测液分散在压缩空气中成为雾状,再与燃料气体如乙炔、煤气、液化石油、苯、汽油等混合,在喷灯上燃烧。

(2)单色器:简单的是滤光片,复杂的是利用石英灯棱镜与细缝来选择一定波长的光线。

(3)光度计:它包括光电池、检流计、调节电阻等,与光电比色计的测量光度部分一样。

(二)影响火焰光度法测定结果准确度的因素

影响火焰光度法测定结果准确度的因素主要有3个方面。

(1)激发情况的稳定性:如气体压力和喷雾情况的改变会严重影响火焰的稳定,喷雾器没有保持十分洁净时也会引起不小的误差。在测定过程中,如激发情况发生变化,应及时校正压缩空气及燃料气体的压力,并重新测读标准系列及试样。

(2)分析溶液组成改变的影响:必须使标准溶液与待测溶液都有几乎相同的组成,如酸浓度和其他离子浓度要力求相近。

(3)光度计的稳定性:如光电池连续使用很久后会发生"疲劳"现象,应停止测定一段时间,使其恢复效能后再用。

实验 5

有机质的测定

有机肥料作为植物生长过程中营养元素的主要来源,不仅能够显著改善土壤理化特性,增强土壤肥力,而且能够通过自身产物的络合作用,消除土壤污染。因此,有机肥料表现出广阔的应用前景。其中,有机质是有机肥料的主要成分,其含量的高低也是反映有机肥品质的重要指标。另外,有机质中含有的多种营养元素,例如氮、磷、钾和钙等,一方面能够为植物生长提供必需营养物质;另一方面能够促进土壤中微生物群落的繁殖。在实际生活中,有机肥料来源较广,常见的包括畜禽粪污、污泥、工业及城市垃圾等,因此有机肥料中的有机质含量差别也非常大。

目前,有机肥料中有机质含量的检测方法主要包括灼烧法和重铬酸钾容量法。重铬酸钾容量法检测有机质含量具有操作简单、快速且稳定性较好等特点,而且能排除操作过程中碳酸盐的影响,特别是在批量样品检测时具有明显优势,因此,该方法被认为是现阶段最好的方法之一。

一、实验目的

(1)掌握重铬酸钾容量法测量有机质的基本方法。
(2)了解有机质测定的其他方法和各种方法的优缺点。

二、实验原理

用定量的重铬酸钾—硫酸溶液,在加热条件下,使有机肥料中的有机碳氧化,多余的重铬酸钾用硫酸亚铁溶液滴定,同时以二氧化硅为添加物做空白实验。根据氧化前后氧化剂消耗量,计算有机碳含量,乘以系数1.724,即为有机质含量。

三、实验准备

(一)材料

有机肥样品。

(二)仪器设备

坩埚、移液管、滴定管、电子天平、箱式电阻炉、恒温水浴锅等。

(三)试剂

1. 二氧化硅(粉末状)

2. 硫酸(1.84 g/mL)

3. 重铬酸钾溶液($c[1/6(K_2Cr_2O_7)]$=0.8 mol/L)

称取重铬酸钾(分析纯)39.23 g,溶于600—800 mL水中(必要时可加热溶解),冷却后转移入1 L容量瓶中,稀释至刻度,摇匀备用。

4. 重铬酸钾标准溶液($c[1/6(K_2Cr_2O_7)]$=0.1 mol/L)

称取经过130 ℃烘3—4 h的重铬酸钾(基准试剂)4.903 1 g,先用少量水溶解,然后转入1 L容量瓶中,用水稀释至刻度,摇匀备用。

5. 邻菲咯啉指示剂

称取七水合硫酸亚铁(分析纯)0.695 g和邻菲咯啉(分析纯)1.485 g溶于100 mL水中,摇匀备用。此指示剂易变质,应密闭保存于棕色瓶中。

6. 硫酸亚铁标准溶液[$c(FeSO_4)$=0.2 mol/L]

称取($FeSO_4 \cdot 7H_2O$,分析纯)55.6 g,溶于900 mL水中,加硫酸20 mL溶解,稀释定容至1 L,摇匀备用(必要时过滤)。储存于棕色瓶中,硫酸亚铁溶液在空气中易被氧化,使用时应标定其浓度。

$c(FeSO_4)$=0.2 mol/L标准溶液的标定:吸取0.1 mol/L重铬酸钾标准溶液20.0 mL,加入150 mL三角瓶中,加硫酸3—5 mL和2—3滴邻菲咯啉指示剂,用0.2 mol/L硫酸亚铁标准溶液滴定。根据硫酸亚铁标准溶液滴定时的消耗量,按下式计算其准确浓度c(mol/L):

$$c = \frac{c_1 \times V_1}{V_2}$$

式中:

c_1为重铬酸钾标准溶液的浓度(mol/L);

V_1为吸取重铬酸钾标准溶液的体积(mL);

V_2为滴定时消耗硫酸亚铁标准溶液的体积(mL)。

四、实验步骤

称取过 Φ1 mm 筛的风干试样 0.2—0.5 g（精确至 0.000 1 g，含有机碳不大于 15 mg），置于 500 mL 的三角瓶中，准确加入 0.8 mol/L 重铬酸钾标准溶液 50.0 mL，再加入 50.0 mL 硫酸，加一弯颈小漏斗，置于沸水中，待水沸腾后保持 30 min。取出冷却至室温，用少量水冲洗小漏斗，洗液承接于三角瓶中。将三角瓶内反应物无损转入 250 mL 容量瓶中，冷却至室温，定容摇匀。吸取 50.0 mL 溶液于 250 mL 三角瓶内，加水至 100 mL 左右，加 2—3 滴邻菲咯啉指示剂，用 0.2 mol/L 硫酸亚铁标准溶液滴定近终点时，溶液由绿色变成暗绿色，再逐滴加入硫酸亚铁标准溶液直至变成砖红色为止。同时称取 0.2 g（精确至 0.000 1 g）二氧化硅代替试样，按照相同分析步骤，使用同样的试剂，进行空白实验。

如果滴定试样所用硫酸亚铁标准溶液的量不到空白实验所用硫酸亚铁标准溶液量的 1/3 时，则应减少称样量，重新测定。

有机质含量（w，%）以肥料的质量分数表示，按下式计算：

$$w(\%) = \frac{c \times (V_0 - V) \times 3 \times 1.724 \times D}{m \times (1 - X_0) \times 1\,000} \times 100$$

式中：

c 为硫酸亚铁标准溶液的摩尔浓度（mol/L）；

V_0 为空白实验时，消耗标定标准溶液的体积（mL）；

V 为样品测定时，消耗标定标准溶液的体积（mL）；

3 为四分之一碳原子的摩尔质量数值（g/mol）；

1.724 为由有机碳换算为有机质的系数；

m 为风干样质量（g）；

X_0 为风干样含水率（%）；

D 为分取倍数，定容体积/分取体积，250/50。

五、实验结果记录与分析

（一）结果记录

(1) 硫酸亚铁标准溶液的摩尔浓度（c）：_____ mol/L；

(2) 空白实验消耗的标定标准溶液的体积（V_0）：_____ mL；

(3) 测定样品消耗的标定标准溶液的体积（V）：_____ mL；

(4) 风干样质量（m）：_____ g；

(5)风干样含水率(X_0):_____%;

(6)分取倍数(D):_____;

(7)有机质的质量分数(w):_____%。

(二)分析与总结

分析实验结果,总结实验成功或失败的原因。

六、思考题

(1)实验过程中用硫酸亚铁标准溶液滴定时,溶液由绿色变成暗绿色,再逐滴加入硫酸亚铁标准溶液呈砖红色,其原因是什么?

(2)为什么在滴定时,消耗的硫酸亚铁量小于空白实验消耗量的1/3时要弃去重做?

七、实验拓展

灼烧法是将有机肥料进行灼烧,以除去有机质,通过灼烧前后有机肥料的质量之差测算有机物总量。

1.实验原理

在高温(通常为500—550 ℃)条件下灼烧试样以除去有机质(有机质被氧化为二氧化碳和水),灼烧前后试样的质量差作为有机质的含量。

2.实验步骤

将样品风干4 d,研磨后放入烘箱90 ℃烘2 h;冷却后,每种样品各称取0.5 g(精确至0.1 mg)放入预先称重并编号的坩埚中,首先在电炉上进行炭化30 min,然后移入电阻炉中于550 ℃灼烧60 min,取出于干燥器中冷却30 min,称量并计算结果。

实验 6

大肠杆菌值的测定

大肠杆菌又称大肠埃希氏菌,是人类和动物肠道中最主要且数量最多的一类细菌,几乎占粪便干重的1/3。在环境卫生不良情况下,其常随粪便散布在周围环境中。若食品或水中检测出大肠杆菌,意味着食品或水源已经被污染。在食品卫生质量的评价和控制中,通常将大肠杆菌作为指示菌来评价食品粪源性污染的程度。因此,大肠杆菌的检测技术十分重要。常见的测定方法有传统检测法、气相色谱和高效液相色谱法、PCR技术和酶联免疫分析法等。其中传统检测法通常在无菌条件下操作,对样品处理后,做一定的倍比稀释,然后在一定条件下培养,最后在电镜或显微镜下观察,计算平板的菌落数。该方法曾一度被认为是微生物检测的经典方法,也是后来各种检测方法的基础。

一、实验目的

(1)掌握大肠杆菌测定的传统检测方法。
(2)了解大肠杆菌测定的其他方法和各种方法的优缺点。

二、实验原理

平板计数法是统计活菌数的有效方法,其原理是将待测活菌稀释为单个的细胞,将单个的细胞培养成肉眼看得见的单个菌落,再根据稀释倍数推测菌数。

三、实验准备

(一)仪器设备

高压灭菌锅、显微镜、恒温水浴锅、恒温旋转式摇床、天平、接种环、移液管、三角瓶、培养皿、载玻片、玻璃珠、酒精灯等。

(二)试剂

蛋白胨、酵母膏粉、氯化钠、琼脂、十二烷基硫酸钠等。

四、测定方法与步骤

(一)大肠杆菌显色培养基制备

取蛋白胨 10.0 g,酵母膏粉 3.0 g,氯化钠 5.0 g,十二烷基硫酸钠 0.1 g,混合色素 2.7 g,pH 为 7.0 ± 0.2,用去离子水定容至 1.0 L。加热溶解并不停搅拌,煮沸不超过 1 min。分装到三角瓶中,121 ℃高压灭菌 15 min,待温度降到 60—70 ℃时,加入琼脂 12.0 g,并倒入无菌培养皿中,冷却。制成固体培养基。

(二)采样

从堆肥中用采样试管采集样品,并迅速放入冰盒中保存,迅速带回实验室。

(三)细菌培养及计数

在超净工作台迅速取堆肥样品 10.0 g,加入到带玻璃珠的 90 mL 无菌水中,在 20 ℃恒温振荡箱 200 r/min 充分振荡 30 min,此液为 10^{-1} 稀释液,然后吸取 5.0 mL 置于 45 mL 无菌水中,混匀成 10^{-2} 稀释液,再依次进行稀释,直到 10^{-5}。分别将 10^{-3}、10^{-4}、10^{-5} 稀释液 100 μL 均匀涂抹于各培养基上,37 ℃有氧培养 18—24 h 后进行菌落计数。各稀释浓度设 3 个重复。采用平板计数法进行菌落计数,用每克堆肥样品所含活菌数表示。

五、思考题

(1)实验对大肠杆菌总数进行了测定,那么如何进行大肠杆菌的分离与鉴定?
(2)培养大肠杆菌时为什么要将样品稀释成不同浓度的梯度,且做梯度重复?

六、实验拓展

传统检测需要时间较长,检验效率相对较低,但检测方法仍然被广泛地应用于食品卫生控制,并被纳入国家检测标准,被政府相关检测机构及企业长期采用。随着科学技术和微生物控制技术的发展,快速检测相关技术大大提高了检测效率,对食品安全、微生物控制起到了关键性的作用。但这些方法仍存在诸多不足之处,随着科学的发展、技术的进步、人们探索实践的深入,将有更多灵敏度高、特异性强的新方法,为人们的生活环境及安全提供有力的保障。

实验 7　蛔虫卵死亡率的测定

蛔虫感染与蛔虫病是我国严重的公共卫生问题，被蛔虫卵污染的畜禽粪便是导致人畜患病的主要来源。研究报道称，蛔虫卵对外界环境抵抗力强，存活时间长，土壤、水源及堆肥中的活受精蛔虫卵的多少直接影响人群感染率，其数量的多少是评价卫生状况的一项重要指标。

一、实验目的

通过实验，掌握粪便中蛔虫卵指标的测定方法与实验原理，为畜牧场粪便处理效果评定提供依据。

二、实验原理

先用碱性溶液与已处理的粪便样品充分混合，分离蛔虫卵。然后用较蛔虫卵密度大的溶液为漂浮液，使蛔虫卵漂浮在液面表面，从而进一步收集并检验。

三、实验准备

（一）仪器设备

天平、往复式振荡器、离心机、金属丝圈（Φ1.0 cm）、高尔特曼氏漏斗、微孔火棉胶滤膜（Φ35 mm、孔径0.65—0.80 μm）、抽滤瓶、真空泵、显微镜以及实验室其他常用仪器等。

（二）试剂

1. 氢氧化钠溶液（50.0 g/L）
2. 饱和硝酸钠溶液（1.38—1.40 g/mL）

称取略多于实验环境温度对应溶解度的硝酸钠，充分溶解于100 g实验用水中，用滤纸去残渣，现用现配。硝酸钠在不同温度下的溶解度见表7-6。

表 7-6　硝酸钠在水中的溶解度

温度/℃	溶解度/g
0	73
10	80
20	87
30	95
40	103

3. 甘油溶液(500 mL/L)

4. 甲醛溶液或甲醛生理盐水(20—30 mL/L)

四、实验方法

(一)样品处理

称取 5.0—10.0 g 粪便样品(若样品颗粒较大应先进行研磨),置于 50 mL 离心管中,加入 25—30 mL 的氢氧化钠溶液,另加入 10 粒玻璃珠,用适当大小的橡皮塞塞紧管口,静置 30 min 后,于振荡器上振荡 10—15 min,每分钟 200—300 次。振荡完毕后,取下离心管上的橡皮塞,用玻璃棒将离心管中的样品充分搅匀。再次塞紧橡皮塞,重复上述操作 3 次,使样品被碱性溶液浸透,加上玻璃珠的撞击和摩擦,则混合液中的蛔虫卵,不再粘在一起。

(二)离心沉淀

将离心管从振荡器上取下,取掉橡皮塞,用滴管吸取蒸馏水,将附着在橡皮塞和管内壁的泥状物冲入管中。在转速为 2 000—2 500 r/min 的条件下离心 3—5 min,弃上清液加入适量蒸馏水,并搅拌混匀,按上述方法重复 2—3 次。

(三)离心漂浮

往离心管中加入少量饱和硝酸钠溶液,用玻璃棒搅拌成糊状后,再缓慢加入饱和硝酸钠溶液,不断搅拌,直到离管口约 1 cm 为止,并用硝酸钠溶液冲洗玻璃棒,洗液并入离心管中,2 000—2 500 r/min 条件下离心 3—5 min。用金属丝圈不断将离心管表层液膜移到盛有半杯蒸馏水的烧杯中,约 30 次后,适当加入一些饱和硝酸钠溶液于离心管中,再次搅拌混匀、离心及移置液膜,重复操作 3—4 次,直到液膜涂片在低倍显微镜下观察不到蛔虫卵为止。

(四)抽滤镜检

将烧杯中的混合悬液通过高尔特曼氏漏斗抽滤。若混合悬液的浑浊度大,则可更换滤膜。待抽滤完毕后用弯头镊子将滤膜从漏斗的滤台上小心取下,平铺于载玻片上,滴加两三滴500 mL/L的甘油溶液,于低倍显微镜下对整张滤膜进行观察和蛔虫卵计数。当观察有蛔虫卵时,将含有蛔虫卵的滤膜进行培养。

(五)培养

在培养皿的底部平铺一层厚约1 cm的脱脂棉,脱脂棉上铺一张直径与培养皿相适的普通滤纸。为防止霉菌和原生动物的繁殖,可加入甲醛溶液或甲醛生理盐水,以浸透滤纸为宜。

将含蛔虫卵的滤膜平铺在滤纸上,培养皿加盖后置于恒温培养箱中,在28—30 ℃条件下培养,培养过程中经常滴加蒸馏水或甲醛溶液,使滤膜保持潮湿状态。

(六)镜检

培养10—15 d,自培养皿中取出滤膜置于载玻片上,滴加甘油溶液,使其透明后,在低倍显微镜下查找蛔虫卵,然后在高倍镜下根据形态,鉴定卵的死活,并加以计数。镜检时,若感觉视野的亮度和膜的透明度不够,可在载玻片上滴1滴蒸馏水,用盖玻片从滤膜上刮下少许含卵滤渣,并与水混合均匀,盖上盖玻片进行镜检。

(七)判定

凡含有幼虫的,都认为是活卵,未孵化或单细胞的都判为死卵。

(八)计算

结果计算见下式:

$$w = \frac{100(N_1 - N_2)}{N_1}$$

式中:

w 为蛔虫卵死亡率(%);

N_1 为镜检总卵数;

N_2 为培养后镜检总卵数。

五、实验结果记录与分析

(一)结果记录

(1)镜检总卵数(N_1):_____;

(2)培养后镜检总卵数(N_2):_____;

(3)蛔虫卵死亡率(w):_____%;

(二)分析与总结

分析实验结果,总结实验成功或失败的原因。

六、思考题

显微镜下对蛔虫卵计数时,为什么要滴加甘油?

七、实验拓展

蛔虫卵的鉴定

家畜的蛔虫卵一般较大,直径为80—100 μm,卵壳厚,形状为椭圆形至球形。某些蛔虫卵如鹰的前盲囊线虫的虫卵具有一个明显的卵盖。随粪便排出时,卵内一般含有一个单细胞。某些虫卵如弓蛔属、副蛔属和蛔属的虫卵,在其卵壳表面覆盖一层雌虫分泌的蛋白质外膜,该蛋白质层可能是光滑的,如弓蛔属虫卵;也可能是粗糙的,如副蛔属的虫卵;或者呈现均匀而独特的图案,如弓蛔属虫卵。某些虫卵随粪便排泄过程被鞣化,呈现暗褐色,如蛔属和副蛔属。这些物质有时可从卵壳上脱落,此时虫卵将呈现光滑的外壳。在粪便中有时会发现未受精的蛔虫卵,它们的形状没有受精的虫卵规则。

实验 8 种子发芽率指数的测定

种子发芽率(I_G)是一个综合性的指标,被认为是评估堆肥毒性和腐熟度的最敏感参数。未腐熟的堆肥物中的NH_3、有机酸、多酚等物质会抑制种子的发芽,在堆肥过程中随着微生物对这些物质的分解,这些抑制物会逐渐减少,到堆肥结束时这种抑制物作用基本解除。植物毒性一般用发芽指数来表示。研究表明,堆肥开始时种子几乎完全被抑制,一般堆肥经过高温阶段后,I_G快速上升可达30%—50%,随后缓慢上升直到稳定。据报道,当$I_G > 50\%$时,堆肥基本腐熟;当$I_G > 80\%$时,堆肥已经腐熟。因此,种子发芽率指数的测定是判断堆肥能否达到完全腐熟的最准确的方法之一。本实验利用植物种子发芽实验快速准确地测定植物生长抑制物质的降解情况,从而判断堆肥腐熟程度。

一、实验目的

(1)掌握种子发芽率指数的测定方法。
(2)根据种子发芽率指数判定种子生长抑制物质的降解情况,从而判断堆肥腐熟程度。

二、实验原理

堆肥过程中有机物经降解产生很多中间产物,未腐熟堆肥的植物毒性来自低分子质量的有机酸、多酚等植物生长抑制物质,而这些物质随着堆肥的腐熟进程逐渐被转化或消失。腐熟堆肥则植物毒性减少或消失,并出现促进种子萌发和植物生长的物质。

三、实验准备

烧杯、玻璃棒、振荡器、培养皿、滤纸、植物种子、恒温培养箱、游标卡尺、蒸馏水等。

四、实验步骤

(一)制备粪便浸提液

将新鲜样品按固液比1∶10(质量体积比)加入去离子水,在200 r/min的速度下振荡浸提1 h,然后4 000 r/min离心10 min。

取过滤后的上清液,即制得浸提液。

(二)培养

在培养皿内垫一张滤纸,均匀放入10颗油菜种子或白菜种子,并加入5 mL粪便浸提液。同时设对照组,即在另一铺有滤纸的培养皿中同样放置10颗种子,并加入5 mL蒸馏水。在25 ℃黑暗的培养箱中培养48 h后,取出计算发芽率,并测定根长。

(三)计算

种子发芽率指数$I_G(\%)$的计算方法:

$$I_G = \frac{(R_{Gt} \times L_t)}{(R_{Gc} \times L_c)} \times 100\%$$

式中:

R_{Gt}和R_{Gc}分别为处理组和对照组的平均种子发芽率(%);

L_t和L_c分别为处理组和对照组的平均根长(cm)。

五、实验结果记录与分析

(一)结果记录

(1)处理组的平均种子发芽率(R_{Gt}):_____%;

(2)对照组的平均种子发芽率(R_{Gc}):_____%;

(3)处理组的平均根长(L_t):_____cm;

(4)对照组的平均根长(L_c):_____cm;

(5)种子发芽率指数(I_G):_____%。

(二)分析与总结

分析实验结果,总结实验成功或失败的原因。

六、思考题

(1)在测定种子发芽率时应选用什么样的种子?

(2)在种子培养过程中加入蒸馏水的目的是什么?

七、实验拓展

以种子发芽率大于80%的条件初步判断堆肥已达到腐熟要求,并不能完全反映出物质结构的稳定性,为了更科学地反映出堆肥的腐熟程度,需要进一步对物质结构的变化与堆体理化性质进行主成分分析或者使用其他归类方法将二者统一。

第三篇

综合性与设计性实验

第八章　综合性实验

实验 1　利用温湿指数评价猪舍炎热程度

猪是恒温动物,其平均体温为 39.2 ℃(38.7—39.8 ℃)。维持体温恒定是保证猪只健康和生产性能发挥的基础。猪通过基础代谢、运动、生产、采食和消化等过程不断产生热量,同时,通过辐射、传导、对流和蒸发等方式不断向环境散发热量,以维持体温恒定。环境温湿度与猪的产热和散热过程密切相关。当环境温度较高或环境温湿度都较高时,猪的皮肤血管扩张,血液循环加快,会增加皮肤和呼吸道的蒸发散热量,如果温度继续升高,猪只会通过减少采食量以减少产热量,此时生长速度降低,在严重热应激时,甚至会出现负增重的现象。因此,监测夏季猪舍的温湿度,了解猪舍内温热环境的变化,采取合理的防暑降温措施,对防止猪只产生热应激、保证猪只健康和生产性能具有重要意义。

在养猪生产中,分析单一温热环境因素对猪只的影响是相对简单的。但实际上,动物所感受到的冷或者热是由温度、湿度和气流速度等多种因素共同作用的结果。温热因素的综合评价指标较多,在评估动物热应激时,人们通常采用温湿指数(I_{TH})。温湿指数是气温和气湿两者相结合来评价炎热程度的一个指标。

温湿指数的计算相对简单,通过测知干球温度(T_d),结合湿球温度(T_w)、露点(T_{dp})与相对湿度中(U_{RH})的一项,即可计算出温湿指数。

一、实验目的

(1)了解不同生长阶段的猪对环境温湿度的需求和高温高湿对猪生产性能的影响。
(2)掌握猪舍温热环境的监测方法。

(3)熟悉猪舍防暑降温的方法。

二、实验准备

(一)实验猪舍
选择集约化猪场的保育猪舍、生长育肥猪舍和妊娠母猪舍等1栋。

(二)仪器设备
环境温湿度监测可采用干湿球温度计或温湿度自动记录仪等,仪器应符合国家有关标准和技术要求,使用前,应按仪器说明书对仪器进行检验和标定。

三、实验方法

(一)布点

1. 布点原则

测量点位的数量根据猪舍内面积大小和现场情况而确定,要能准确反映猪舍内各处的温湿度情况。100 m² 以下至少设3个点,100 m² 以上至少设5个点。

2. 布点方式

应在猪舍内选择多个测量点,均匀分布。多点测量时应按对角线或梅花式均匀布点(如图8-1)。

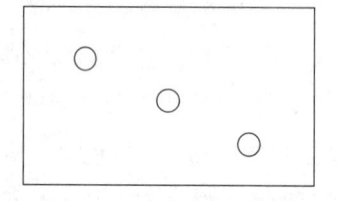

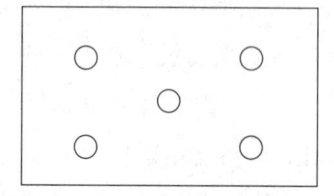

图8-1 布点方式

3. 测量点的高度

测量点的高度原则上应与猪的呼吸带等高。因测试目的不同,测量点高度有所不同。如评价温湿度对猪只生产性能的影响,可根据猪只大小将测量高度设置为0.2—0.5 m;如分析畜舍内温湿度的分布,可增加天棚、墙壁表面、门窗处及舍内各分布区等测量点。

(二)测量时间和频次

为了更好地评估舍内的热环境,可选择在7、8月天气较炎热时进行温湿度测量。测量周期应在3 d以上,应充分考虑晴天、阴天和雨天的差异,可根据具体情况增加测量时间。

每天测量时间不少于4次,即测量时间为每天的2:00、8:00、14:00和20:00。如果采用温湿度自动记录仪测量,可将仪器设置为每间隔1 h记录1次,这样能更好地掌握猪舍内每天的温湿度变化情况。

(三)测量方法

干湿球温度计的测量方法见第一章实验2所述。

如使用温湿度自动记录仪,可将仪器连接到电脑上,设置监测时间,将设置好的仪器悬挂在测量点位上即可,仪器将自动记录温湿度数据。测量结束后,将温湿度自动记录仪连接至电脑,进行数据下载和分析。

四、实验结果记录及分析

(一)数据记录

将测得的环境温湿度数据填在表8-1中。

表8-1 舍内温度和相对湿度

测量项	时间											
	0:00	2:00	4:00	6:00	8:00	10:00	12:00	14:00	16:00	18:00	20:00	22:00
T/℃												
U/%												

(二)温湿指数计算

温湿指数可按下列公式计算:

$$I_{TH} = 0.72(T_d + T_w) + 40.6$$

$$或 I_{TH} = 0.81T_d + (0.99T_d - 14.3)U + 46.3$$

式中:

I_{TH} 为温湿指数;

T_d 为干球温度(℃);

T_w 为湿球温度(℃);

U 为相对湿度(%)。

(三)数据分析

查阅资料,了解不同生长阶段的猪对环境温湿度的需求。比较测定的环境温湿度与猪只的需求温湿度之间的差异。

(四)讨论

(1)猪舍温湿度是否满足猪只的生长需要?

(2)根据具体情况分析,可采用哪些措施来缓解猪的热应激?

五、思考题

(1)从防暑的角度考虑,应如何设计屋顶?

(2)可运用哪些指标来评估动物热应激程度?

六、实验拓展

奶牛热应激的评判标准

温湿指数是常用来判断奶牛是否处于热应激的环境指标,尤其在高温高湿地区,温湿指数能较好地反映奶牛的热应激程度。奶牛体形大,较耐低温而不耐热。据报道,5—20 ℃有利于奶牛健康和生产性能的发挥,当环境温度超过25 ℃时,奶牛的机体散热受阻,导致奶牛发生热应激,高湿会加剧热应激的程度。前人根据公式($I_{TH}=T_d+0.36\times T_w+41.2$)计算温湿指数,研究不同温湿指数下奶牛的热应激程度及对奶牛的生理指标、生产性能、繁殖性能等的影响(见表8-2)。

表8-2 不同温湿指数下奶牛的热应激程度及对奶牛的影响

I_{TH}	热应激程度	对奶牛的影响
<72	无	无显著影响
72—79	轻微	呼吸频率加快,血管舒张,对产奶量影响较小
80—89	中度	呼吸频率加快,体温升高,采食量降低,饮水量增加
90—98	严重	呼吸频率加快,产奶量和繁殖率显著降低
≥98	危险	可导致奶牛死亡

实验 2　畜舍空气质量的监测与评价

畜舍空气中的主要有害物质包括有害气体、颗粒物质和微生物等。与室外环境不同,畜舍内的空气湿度大,紫外线照射少,空气流动小,因此,畜舍内空气中有害气体浓度高、灰尘大、致病性微生物多。畜禽长时间生活在空气质量较差的环境中,会导致其生产性能下降、免疫力降低、对疾病的易感性增强。因此,减少畜舍空气中的有害物质,对畜禽健康和提高生产力具有重要意义。

通过对畜舍空气质量的监测,我们能够掌握畜舍空气中有害物质的浓度,确定畜舍空气质量的变化趋势,判定畜舍空气质量是否满足畜禽生产的需求。可根据测定的数据和畜禽场环境质量标准,进行空气质量评价,及时采取措施解决存在的问题,确保畜禽生产正常进行。

一、实验目的

(1)了解畜舍空气质量的监测指标和国家标准。
(2)掌握畜舍空气质量监测的方法。
(3)掌握减少畜舍内有害气体、颗粒物质和微生物的措施。

二、实验准备

(一)实验畜舍
选择集约化畜场的猪舍、牛舍或鸡舍等1栋。
(二)仪器设备
参考第二章实验1至实验5。

三、实验方法

(一)布点

1. 布点原则

测量点位的数量根据畜舍内面积大小和现场情况而确定,要能准确反映畜舍内空气的污染程度。原则上面积小于 50 m² 的畜舍应设 1—3 个点;50—100 m² 设 3—5 个点,100 m² 以上至少设 5 个点。

2. 布点方式

多点采样时,应按对角线或梅花式均匀布点(见图 8-1),应避开通风口,与墙壁距离应大于 0.5 m,与门窗距离应大于 1 m。

3. 测量点的高度

原则上应与动物的呼吸带高度一致,牛舍:0.5—1.0 m;猪舍:0.2—0.5 m;笼养鸡舍:笼架中央高度;平养鸡舍:鸡床的上方。

(二)采样时间和频次

对畜舍内空气环境的监测,可根据大气污染状况监测结果并结合饲养管理情况,在不同季节和不同气候条件下进行采样。如条件允许,可每月进行 1 次样品采集,如条件不允许,至少要在一年春、夏、秋、冬四个季节各进行 1 次,以了解空气环境的季节性变化。每次至少连续采集样品 5 d,每天至少采样 3 次(8:00、14:00、20:00)。如果使用自动监测仪器,可连续 24 h 进行测量,能更好地了解空气环境的日变化。

(三)样品采集和测量

1. 有害气体

有害气体(氨气、硫化氢、二氧化碳)的采集和测量方法见第二章实验 1 至实验 3。

2. 微生物

微生物的采集和测量方法见第二章实验 4。

3. 总悬浮颗粒物(TSP)

总悬浮颗粒物的采集和测量方法见第二章实验 5。

四、实验结果

(一)数据记录

将测定数据填在表 8-3、表 8-4 和表 8-5 中。

表8-3　畜舍内有害气体浓度

测量项		时间			平均值
		8:00	14:00	20:00	
有害气体浓度/$(mg \cdot m^{-3})$	NH_3				
	H_2S				
	CO_2				

表8-4　畜舍空气中的细菌总数

测量项	时间			平均值
	8:00	14:00	20:00	
细菌总数/$(万个 \cdot m^3)$				

表8-5　畜舍空气中总悬浮颗粒物

测量项	时间			平均值
	8:00	14:00	20:00	
TSP/$(mg \cdot m^{-3})$				

(二)数据分析

将测定数据与畜禽场环境质量标准作比较,看是否满足畜禽场环境质量标准的要求。畜禽场环境质量标准见表8-6。

表8-6　畜禽场环境质量标准

项目	雏禽舍	成年禽舍	猪舍	牛舍
氨气/$(mg \cdot m^{-3})$	10	15	25	20
硫化氢/$(mg \cdot m^{-3})$	2	10	10	8
二氧化碳/$(mg \cdot m^{-3})$	1 500	1 500	1 500	1 500
TSP/$(mg \cdot m^{-3})$	8	8	3	4
细菌总数/$(万个 \cdot m^{-3})$			4—6*	

注:带*标记数据来源为《规模猪场环境参数及环境管理》(GB/T 17824.3—2008)。

(三)讨论

(1)分析畜禽舍内空气质量不达标的原因可能有哪些?

(2)根据实际生产情况,提出提升舍内空气质量的措施。

五、思考题

（1）通风是改善畜舍内空气质量的有效措施，那么在寒冷的冬季，如何解决通风与保温之间的矛盾？

（2）从营养学角度考虑，如何减少氨气的产生？

六、实验拓展

恶臭的监测方法

恶臭是多种成分的混合物，是许多单一臭气物质相互作用的产物，对处于舍饲环境中的人和动物的健康都会产生不良影响。

常用的恶臭监测方法有嗅觉测定法和仪器测定法两类。

嗅觉测定法是根据人的嗅觉来评价臭气强度，以人的评判为依据，主要是反映了人的感受程度，不能定性分析污染物成分。此外，臭气的成分和人的嗅觉都会影响对臭气强度的判断。目前，我国国标方法采用的是三点比较式臭袋法（GB/T 14675-1993）。

仪器测定法是用仪器对臭气进行测定，以确定臭气的成分和浓度。当前主要有气相色谱法、气象色谱/质谱法、高效液相色谱法、离子色谱法、分光光度法、电子鼻法等方法。仪器测定可确定臭气的浓度，测量精度高，适用于判断污染物质的来源和指导恶臭治理。但其不能反映人的感受程度，很难确定恶臭的气味特征同恶臭化学物质的关系，而且，某些臭气物质的标准样品无法获得。

第九章 设计性实验

实验 1　哺乳仔猪的保温设计

哺乳仔猪的体重小,体内能量贮存少,体温调节机制不完善,单位体重的体表面积较大,对环境变化敏感,因此,其体温受外界环境影响较大,尤其对低温的抵抗力较差。北方地区冬季的环境温度较低,如不采取人工保温措施,极易导致猪只发生冷应激。

由于母猪、仔猪同处在一个环境中,而母猪、仔猪对温度的需求不同,哺乳母猪的适宜温度为18—20 ℃,而哺乳期仔猪需求的温度(见表9-1)要高于母猪需求的温度,因而要对仔猪进行局部保温。

表9-1　不同日龄哺乳仔猪的适宜温度

日龄/d	温度/℃
0—3	30—35
4—7	28—30
8—14	25—28
15—35	22—25

在养猪生产中,常用的仔猪局部保温方式包括红外线保温灯保温、保温箱保温、电热板保温及水暖保温等,其中,红外线保温灯保温和保温箱保温是猪场使用最广泛的保温方式。然而,在相对恶劣的环境中,单一的保温方式并不能满足哺乳期仔猪对环境温度的需求,需要组合2种保温设备,以提高保温效果,实现较高的经济效益。

因此,本实验通过选择不同的保温方式,比较其对哺乳期仔猪生长性能的影响,为合理选择保温方式提供参考。

一、实验目的

(1)了解哺乳期仔猪的环境温度需要。
(2)了解不同保温设备的特点。
(3)比较不同保温方式对哺乳期仔猪生产性能的影响。

二、实验准备

(一)实验动物

根据实际情况和实验设计,选择相同品种、生产胎次、生产性能和体况相近的妊娠母猪若干头,分成若干组,每组不少于3头,每组设置3个重复,待仔猪出生时进行实验。

(二)仪器设备

温度计、湿度计、风速仪、红外线保温灯、保温箱、保温板、台秤等。

(1)保温灯:一般在产房中使用红外线加热灯,可根据环境温度的高低选择150—200 W的红外线保温灯。
(2)根据环境温度的高低,合理调节保温灯高度。

三、实验方法

(一)实验方案

根据实验目的,自行设计实验方案,并经过讨论,制定可行性方案。可根据现有条件选择适宜的保温方法(保温灯保温、保温箱保温、保温板保温等)或进行组合,进行比较实验。

(二)实验步骤

(1)仔猪出生后,将每头仔猪编号,称量其初生重,按照哺乳期仔猪的常规管理方式进行饲养管理。
(2)每天测量空气环境和仔猪保温区域的温度、湿度和气流速度,可在上午、下午和晚上各测量1次,同时观察仔猪的身体情况。记录仔猪腹泻率和死亡率。
(3)哺乳结束时,测量其断奶重量。

四、实验结果

(一)数据记录

将实验数据记录在表9-2至表9-7中。

表9-2　空气环境和保温区域的温度　　　　　　　　　　　　　　　　　　单位：℃

仔猪日龄	空气环境的温度			保温区域的温度		
	上午	下午	晚上	上午	下午	晚上
1						
2						
3						
……						

表9-3　空气环境和保温区域的相对湿度　　　　　　　　　　　　　　　　单位：%

仔猪日龄	空气环境的相对湿度			保温区域的相对湿度		
	上午	下午	晚上	上午	下午	晚上
1						
2						
3						
……						

表9-4　空气环境和保温区域的气流速度　　　　　　　　　　　　　　　　单位：m·s^{-1}

仔猪日龄	空气环境的气流速度			保温区域的气流速度		
	上午	下午	晚上	上午	下午	晚上
1						
2						
3						
……						

表9-5　仔猪腹泻率

处理组	总头数/头	腹泻仔猪数量/头	腹泻率/%
A			
B			
C			

表9-6 仔猪死亡率

处理组	总头数/头	仔猪死亡数量/头	死亡率/%
A			
B			
C			

表9-7 仔猪日增重

处理组	重复	初生仔猪数/头	初生窝重/kg	断奶仔猪数/头	断奶窝重/kg	平均日增重/(g·d^{-1})
A	A1					
A	A2					
A	A3					
B	B1					
B	B2					
B	B3					
C	C1					
C	C2					
C	C3					

(二)数据分析

(1)比较各处理组的保温区域空气环境之间的温热环境差异，评估各保温方式的保温效果；同时比较各处理组之间的温热环境，探讨不同保温方式之间的差异及原因。

(2)比较各处理组之间仔猪腹泻率、死亡率及日增重，并结合温热环境，探讨各处理组之间产生的差异及原因。

五、思考题

(1)各种保温方式分别有何特点？

(2)进行局部保温时，应注意哪些事项？

六、实验拓展

地板加热进行局部保温

19纪末,地板采暖的思想被提出,此后,人们对地板加热进行了探讨,对采暖技术、使用材料和保温效果等都进行了大量研究,地板采暖得到了大力推广和应用。

常用的地板加热系统是水暖加热系统。将水暖管道预先铺设在仔猪休息区域的地面下,通过加热器将热水输送至水暖管道,进而加热混凝土地面,从而达到猪舍局部保温的目的。由于水具有较强的蓄热能力,因此水暖加热系统可避免温度的大幅波动,有利于保持地面的温度稳定。水暖加热系统主要通过锅炉或太阳能收集热量。

电热式地暖系统是地板加热的另一种方式,将电器元件预先铺设于仔猪休息区域的地面下,通过电能转化为热能对局部进行保温。

实验 2

连续光照和间歇光照对肉鸡生长性能的影响

肉鸡视觉系统较复杂,对光照具有高度敏感性。光周期、光照强度和光色会对肉鸡的生长发育、生产性能及免疫性能等产生较大的影响,合理的光照能够最大限度地发挥肉鸡的遗传潜力,保证肉鸡的健康,提高肉鸡生产性能。

在光周期、光照强度和光色三个因素中,光周期对肉鸡的生产性能影响尤其大。在肉鸡生产上,常用的光照制度主要有连续光照制度和间歇光照制度。连续光照制度的优点在于其实现了肉鸡长时间采食和随意采食,操作简单;间歇光照制度的优点在于其可以节省能源,但要保证有充足的食槽和水槽。

因此,研究不同的光照制度对肉鸡的生长性能和健康水平的影响,可以为肉鸡生产的光照制度应用提供参考。

一、实验目的

(1)了解光照对肉鸡的影响。
(2)研究比较不同光照节律对肉鸡生长性能和健康的影响。

二、实验准备

(一)实验动物

根据实际情况和实验设计,选择相同品种、初生体重相似、性别一致的健康肉鸡若干只,平均分成若干组,每组设置3个重复。

(二)仪器设备

温湿度记录仪、电子秤、人工光源等。

三、实验方法

肉鸡饲养期间实行全封闭式养殖,使用人工提供的光照,1—3日龄,光照时间设置为24 h,以便雏鸡熟悉周边环境。4日龄后,按照实验设计,分别给肉鸡提供连续光照和间歇光照(自行设计)。各处理组使用统一规格和型号的光源,以保证光照强度和光色一致。实验期间注意灯泡清洁,保证光照强度。

各组肉鸡每天给予相同的饲料,自由采食和饮水,按照常规方式进行饲养管理和环境控制。

雏鸡出壳后,测量其体重,此后每周或每2周测量1次各处理组肉鸡的体重,同时记录采食量,计算各处理组平均体增重和平均采食量,计算得出各组的耗料增重比。实验期间,每天记录各处理组的肉鸡死亡率。

四、实验结果

(一)数据记录

将测定的数据分别记录于表9-8至表9-10中。

表9-8　肉鸡体重　　　　　　　　　　　　　　　单位:kg

处理组	重复	初生	7日龄	14日龄	21日龄	28日龄	35日龄	42日龄
A	A1							
	A2							
	A3							
B	B1							
	B2							
	B3							
C	C1							
	C2							
	C3							

表9-9 肉鸡死亡数　　　　　　　　　　　　　　　　　　　　　　　　单位:只

处理组	重复	第1天	第2天	第3天	……	第42天
A	A1					
A	A2					
A	A3					
B	B1					
B	B2					
B	B3					
C	C1					
C	C2					
C	C3					

表9-10 肉鸡采食量　　　　　　　　　　　　　　　　　　　　　　　　单位:$g \cdot d^{-1}$

处理组	重复	第1天	第2天	第3天	……	第42天
A	A1					
A	A2					
A	A3					
B	B1					
B	B2					
B	B3					
C	C1					
C	C2					
C	C3					

(二)数据分析

通过方差分析,比较不同处理组之间肉鸡生产性能的差异,分析产生差异的原因。

五、思考题

(1)光照节律对肉鸡产生了哪些影响?

(2)采用间歇光照制度时,黑暗时间过长会对肉鸡产生哪些影响?

六、实验拓展

人工光源的特点

人工光源已成为禽舍内光照的主要来源。作为传统的光源,白炽灯和荧光灯得到了广泛的应用。但白炽灯存在能耗高、发光效率低、使用寿命短等缺点,已经被逐步淘汰。而荧光灯也存在着使用寿命短、含有汞污染物等缺点。近年来,LED(发光二极管)作为一种新型光源得到了广泛关注和研究。与白炽灯和荧光灯相比较(见表9-11),LED光源具有较好的单色性,具有能耗低、光转化效率高、使用寿命长、环保等优点。然而,对LED光源的应用,还存在着技术上的问题,需要进一步研究和优化。

表9-11 白炽灯、荧光灯与LED光源性能比较

参数	白炽灯	荧光灯	LED光源
发光效率	低	中	高
能耗	高	中	低
使用寿命	短	短	很长
安全性	易碎	易碎、汞污染	不易碎、环保
光色种类	单一	较多	很丰富
稳定性	易频闪	频闪严重	稳压无频闪
光强可控性	可控,但调控影响寿命	不可控	有一定光衰,可控并可以智能调控

(泮进明,2013)

实验 3
磷酸铵镁结晶法去除猪场污水中氨氮的研究

猪场污水中的氮含量较高,是造成环境污染的主要物质之一。同时,氮是作物生长所必需的营养物质。因此,在污水的处理过程中,合理处理和利用污水中的氮,不仅可以减少猪场污水中氮对环境造成的污染,而且可以有效利用资源。

磷酸铵镁结晶法是处理高浓度氨氮污水的主要方法之一,其主要原理是通过向污水中投入一定量的镁盐和磷酸盐,使 Mg^{2+}、PO_4^{3-}(或 HPO_4^{2-})与污水中的 NH_4^+ 发生化学反应,生成难溶于水的 $MgNH_4PO_4 \cdot 6H_2O$,从而达到去除氨氮的目的,其主要化学反应如下:

$$Mg^{2+} + NH_4^+ + PO_4^{3-} + 6H_2O \longrightarrow MgNH_4PO_4 \cdot 6H_2O \downarrow$$

$$Mg^{2+} + NH_4^+ + HPO_4^{2-} + 6H_2O \longrightarrow MgNH_4PO_4 \cdot 6H_2O \downarrow + H^+$$

$$Mg^{2+} + NH_4^+ + HPO_4^{2-} + 6H_2O + OH^- \longrightarrow MgNH_4PO_4 \cdot 6H_2O \downarrow + H_2O$$

磷酸铵镁结晶法工艺简单、处理效果较好、沉淀速度快,其产物也可作为缓释肥料再利用。然而,此法对氨氮的去除效果受到多种因素的影响,对磷酸铵镁结晶法去除氨氮的效果开展研究,可为污水中氨氮的去除提供参考。

一、实验目的

(1)了解磷酸铵镁结晶法去除氨氮的原理。
(2)明确不同影响因素对氨氮去除效果的影响。

二、实验准备

(一)仪器设备

酸度计、紫外—可见分光光度计等实验室常用仪器。

(二)试剂

氯化镁($MgCl_2 \cdot 6H_2O$)、磷酸氢二钠($Na_2HPO_4 \cdot 12H_2O$)、氢氧化钠(NaOH)、盐酸。

三、实验方法

(一)实验设计

根据实验目的进行实验单因素设计,主要因素包括Mg^{2+}、NH_4^+、PO_4^{3-}的比例,pH值,反应时间,反应温度等。

(二)实验步骤

(1)取一定量的猪场污水,根据氨氮的测定方法(第六章实验7)分析污水中氨氮的含量。

(2)取1 L的烧杯,倒入500 mL的猪场污水,在搅拌的同时,根据实验设计,加入一定量的氯化镁和磷酸氢二钠,在设定的条件(pH值、温度、反应时间)下处理一定时间,静置30 min后,取上清液,测定氨氮的含量,分析氨氮的去除率。每个处理组设置3个重复。

四、实验结果

(一)结果记录

将实验结果填入表9-12中。

表9-12 氨氮浓度

处理组	重复	初始氨氮浓度/(mg·L^{-1})	处理后氨氮浓度/(mg·L^{-1})	氨氮去除率/%
A	A1			
A	A2			
A	A3			
B	B1			
B	B2			
B	B3			
C	C1			
C	C2			
C	C3			

（二）分析与讨论

根据实验结果，说明不同处理对氨氮去除率的影响，讨论处理组间产生差异的原因。

五、思考题

（1）水体产生富营养化的主要原因是什么？

（2）常用的污水处理技术有哪些？

六、实验拓展

污水中重金属的处理技术

污水中的重金属离子会对环境造成严重污染，通过食物链直接或间接危害人体健康。因此，污水中的重金属污染问题越来越受到关注。

重金属处理技术主要有物理法、化学法和生物法。

物理法主要包括吸附法和膜分离法。吸附法是通过具有较大表面积、吸附容量高的吸附材料（活性炭、沸石等）将污水中重金属离子去除。膜分离法是利用膜的选择渗透性作用，使溶质和溶剂分离的方法。常用的膜分离技术主要包括超滤、微滤、反渗透等。

在化学法中，应用最广泛的方法是沉淀法。在污水中添加一定量的物质，使其和重金属发生化学反应，产生沉淀，达到去除重金属的目的。此外，电化学法在去除污水中重金属离子的同时，还能实现重金属的回收，应用前景较好，其主要是通过电化学反应使重金属离子发生迁移从而实现对污水的净化。离子交换法是采用不溶性高分子化合物（树脂等）作为离子交换剂，其含有可解离的基团，可与阴阳离子发生交换以达到吸附分离各种金属离子的作用。

生物法主要有微生物法和植物的吸附与富集方法。微生物法是利用微生物的吸附、转化等作用降低或消除污水中重金属的处理方法。主要的微生物有细菌、真菌和微藻类。此外，利用高等植物吸附和富集污水中的重金属离子，也可达到去除污水中重金属的目的。

实验 4

万头猪场的生产工艺设计

猪场的规划设计应是科学的,既要满足猪的生物学习性和行为习性,又要适应于当地的技术条件和市场需求。良好的规划设计可为生猪生产创造适宜的生产环境条件和人员管理条件,充分发挥养猪生产技术潜力,合理地利用工程设施和设备,提高劳动效率,以较少的投入获得相对高的经济效益。如设计不合理,会造成猪场投产后,生产效率低下、疾病控制难、环境污染严重等一系列问题。因此,了解和掌握猪场规划设计的方法和内容,保证猪场规划设计的质量,对推动养猪业健康发展具有现实意义。

一、实验目的

(1) 了解猪场规划设计的程序、内容和方法。
(2) 了解猪场生产工艺的内容。

二、实验方法

(一) 场址选择

场址选择应充分了解国家畜牧生产区域布局和相关政策以及地方土地利用发展规划和建设发展规划,从自然环境因素(地形地势、水源水质、土壤、气候等)和社会环境因素(地理位置、能源供应、防疫、环保等)等方面充分考虑。

(二) 生产工艺技术方案

1. 生产工艺流程的确定

生产工艺流程应根据实际情况设计,应符合生产技术要求,有利于提高生产效率和满足防疫要求、环保要求。

猪场生产工艺流程是根据猪的繁殖过程确定的,不同猪场由于技术水平的不同,采用的方式也有所差异,常见的工艺流程如表9-13所示。

表9-13 猪场常用的生产工艺流程

三段式	四段式	五段式
空怀、妊娠期→哺乳期→生长育肥期	空怀、妊娠期→哺乳期→仔猪保育期→生长育肥期	空怀、妊娠期→哺乳期→仔猪保育期→育成期→育肥期

2. 猪场工艺参数的确定

猪场工艺参数是猪场投产后的生产指标和定额管理标准,要根据当地实际生产力水平、养猪技术水平等因素确定,要尽量提高设施设备利用率,合理组织生产。参数设计是否合理,将直接影响整个生产流程的组织。猪场的工艺参数主要包括猪群结构、繁殖周期、种猪生产指标、其他猪群的生产指标等,表9-14列举了600头基础母猪猪场的主要工艺参数,仅供参考。

表9-14 600头基础母猪猪场的主要工艺参数

项目	参数	项目	参数	项目	参数
繁殖节律/d	7	窝产活仔数/头	10	情期受胎率/%	85
确定妊娠天数/d	21	哺乳期成活率/%	90	分娩率/%	85
提前进产房天数/d	7	保育期/d	35(42)	后备母猪饲养天数/d	35
妊娠期/d	114	保育期成活率/%	95	空栏消毒时间/d	7
空怀期/d	14	生长期/d	56	年产窝数/窝	1 404
哺乳期/d	28	生长期成活率/%	98	窝上市商品猪数/头	8.38
繁殖周期/d	156	育肥期/d	49	公母比例	1:25
年产胎次/胎	2.34	育肥期成活率/%	99	公、母猪年淘汰率/%	33、30

3. 确定猪群结构

根据生产工艺流程和工艺参数,计算每个阶段猪的存栏数量,确定猪群的结构。600头基础母猪猪场的猪群结构如表9-15所示,仅供参考。

表9-15 600头基础母猪猪场的猪群结构

猪群类别	数量/头	猪群类别	数量/头
公猪(含后备公猪)	30	哺乳仔猪(0—35日龄)	1 200
后备母猪	52	保育猪(36—70日龄)	1 308
空怀配种母猪	150	育成育肥猪(71—180日龄)	3 184
妊娠母猪	312	合计存栏	6 380
分娩母猪	144	年上市商品猪	10 348

4.确定饲养方式

猪场主要采用单栏饲养和小群饲养方式,即公猪、妊娠母猪和哺乳母猪采用单栏饲养;保育猪、生长育肥猪采用群养。采用人工或机械喂料,自动饮水器饮水。采用干清粪或水泡粪的粪便收集方式。猪舍地面采用漏缝地板或实体地面。

5.确定环境参数

查阅资料,确定各生长阶段的猪所需的温度、相对湿度、通风量、气流速度、光环境和空气质量等舍内环境参数和标准。

(三)猪场的总平面规划

1.猪场的功能分区

猪场通常分为生活管理区、辅助生产区、生产区和隔离区。

2.猪场面积

猪场总占地面积可按照年出栏一头育肥猪2.5—4.0 m²计算,生产建筑面积按年出栏一头育肥猪0.8—1.0 m²计算。

3.猪舍建筑面积的确定

(1)确定猪栏的数量和占地面积。

根据不同阶段猪的存栏量、饲养方式、饲养密度(见表9-16)以及占栏时间(包括清洗消毒的时间)确定各种猪栏的理论需要量,同时留出6—8个机动栏,得出所需猪栏的数量和占地面积。

表9-16 各种猪群饲养密度指标

猪群类别	每头占地面积/m²	猪群类别	每头占地面积/m²
种公猪	5.5—7.5	保育猪	0.3—0.4
空怀、妊娠母猪	1.8—2.5	育成猪	0.5—0.7
后备母猪	1.0—1.5	育肥猪	0.7—1.0
哺乳母猪	3.7—4.2	配种猪	5.5—7.5

(2)计算猪舍的建筑面积。

除猪栏的占地面积外,应根据场地、设备规格等情况综合考虑,设置各猪舍的单元数量、猪栏的排列方式(单列式、双列式、多列式)和通道数量,设计过道、排污沟、饲料间及值班室等的面积,计算出猪舍的建筑面积。

4.辅助生产及生活管理建筑面积的确定

猪场辅助生产及生活管理建筑面积可参考表9-17设计。

表9-17 猪场辅助生产及生活管理建筑面积参数

项　目	面积参数/m²	项　目	面积参数/m²
更衣、淋浴消毒室	30—50	锅炉房	100—150
兽医室	50—80	仓库	60—90
饲料加工间	300—500	维修间	15—30
配电室	30—45	办公室	30—60
水泵房	15—30	门卫值班室	15—30

5. 猪舍的平面布置

应根据当地的自然气候条件因地制宜地选定建筑形式；根据饲养规模、饲养管理定额等，结合地形地势综合考虑，确定猪舍的长度和宽度。

在猪舍布局时，应按照生产工艺流程顺序排列布置，充分考虑采光、通风、卫生防疫等方面，合理设置朝向和间距。

此外，附属建筑的布置应有利于满足提高生产效率和卫生防疫等方面的要求。

三、实验结果

(1)形成猪场生产工艺设计方案。

(2)绘制猪场的场区总平面规划图。

四、思考题

(1)集约化猪场总体规划布局的原则有哪些？

(2)在计算各生长阶段猪的存栏量时，要考虑哪些方面？

五、实验拓展

人工智能养猪

人工智能养猪是把人工智能与养猪业结合在一起，通过互联网、物联网和大数据技术的连接，依照猪的生物学特性，全面管理生猪生产的全过程。

当前，人工智能养猪技术主要包括猪脸谱识别技术、精准饲喂技术、环境控制技术、母猪发情和妊娠早期诊断技术、猪只健康感知技术及移动猪栏和机器人驱赶系统等。人工智能技术的应用，不仅可以节约猪场的人工成本、饲料成本及建筑用地，实现猪场生产效率和经济效益的大幅提升，而且可实现疾病的早期预警和诊断，降低疾病的发生率。

另外,由于猪脸谱识别技术和耳标芯片的应用,可做到猪肉生产全过程可溯源,保证肉产品质量安全。

在我国,人工智能猪场还处于初步发展阶段,一方面是由于人工智能猪场的设备价格高,一次性投入建设成本高,猪场智能设备的普及率较低;另一方面是由于人工智能技术在养猪生产中还存在一定的缺陷,有待进一步改进。未来,随着技术的不断成熟和与生猪产业融合的不断深入,人工智能养猪模式将逐渐取代传统的养猪模式。

实验 5

猪舍纵向通风设计

猪舍通风不仅可以缓和高温对猪只的不良影响,而且可以改善猪舍的空气环境质量,有利于猪只的健康生长。因此,猪舍的通风设计是否合理已成为养猪生产的主要影响因素之一。

畜舍的通风方式分为自然通风和机械通风。自然通风节能、经济,但受到外界环境限制,人为控制较困难,通风效果有限。机械通风是依靠机械动力强制进行舍内外的空气交换,可根据猪只需要进行人为控制,通风效果较好。从舍内气体流动方向来分,可又分为横向通风和纵向通风。纵向通风因其气流分布均匀、节能等优点而被广泛使用。

因此,了解和掌握猪舍纵向通风的设计,合理组织通风,对改善猪舍空气环境质量、促进生猪养殖的发展具有重要意义。

一、实验目的

(1)了解猪舍的通风方式。
(2)掌握猪舍纵向通风设计的方法。

二、实验方法

(一)确定猪舍的通风量

1.根据推荐通风需要量计算

猪舍的通风量可根据推荐的通风需要量计算,如下式:

$$Q = V \times W_B \times N$$

式中:

Q 为猪舍的总通风量(m^3/h);

V 为推荐通风量[m³/(h·kg)],见表8-7;

W_B 为动物体重(kg/头);

N 为动物数量(头)。

2.根据推荐风速计算

根据推荐风速设计纵向通风系统的通风量,计算公式如下:

$$Q = R \times A \times 3\,600$$

式中:

Q 为猪舍的总通风量(m³/h);

R 为推荐风速(m/s),见表9-18;

A 为猪舍的横截面积(m²)。

根据推荐通风需要量和推荐风速计算的通风量不同时,取其中较大值。

表9-18 猪舍通风参数

猪舍	推荐通风量/[m³·(h·kg)⁻¹]			推荐风速/(m·s⁻¹)		
	冬季	过渡季	夏季	冬季	过渡季	夏季
种公猪舍	0.35	0.55	0.70	0.30	0.20	1.00
空怀及妊娠母猪舍	0.30	0.45	0.60	0.30	0.30	1.00
哺乳猪舍	0.30	0.45	0.60	0.15	0.15	0.40
保育猪舍	0.30	0.45	0.60	0.20	0.20	0.60
生长育肥猪舍	0.35	0.50	0.65	0.30	0.20	1.00

(二)风机的选择

应根据实际静压曲线下的风机风量来选择风机;应大小配合,满足不同环境温度条件下的通风需求;应选用低压大流量轴流风机,配备导流罩。

风机安装在猪舍污道一面的端墙上或一侧山墙附近的两侧纵墙上,距地面0.4—0.5 m或中心高于饲养层,风量小的风机宜安装在大风机的上方。

(三)进风口设计

1.确定进风口面积

进风口总面积可按每1 000 m³排风量需要0.15 m²计算,如不考虑承重墙、遮光等因素,一般应与畜舍横截面积大致相等或为排风机面积的2倍。

2.确定进风口位置

进风口通常采用长方形。进风口应集中在猪舍的净道端,设置在与风机相对的端墙上或端墙附近的两侧纵墙上,以猪舍的纵轴为中心对称布置。

三、实验结果

实验结果以猪舍纵向通风设计方案的形式提交。

四、思考题

(1)如何解决冬季保温与通风之间的矛盾?
(2)如果猪舍过长,应如何设置风机和进风口?

五、实验拓展

垂直置换通风技术

垂直置换通风技术最早发明于20世纪70年代的瑞典,应用于工业厂房内的空气处理,后来逐步在民用建筑上使用。2009年韩国从荷兰引进这些技术应用于猪舍建筑,使用效果良好。

垂直置换通风技术的原理:低温(低于舍内空气2—3 ℃)低速(不大于0.3 m/s)的新鲜空气从猪舍地面的进风口低速流入,并沿着地面铺散开,进来的新鲜空气被猪只散发的热量加热后,会携带部分污浊空气上浮至猪舍上方,通过猪舍上方的排风口排出(见图9-1)。这样由于热气流上升过程中的卷吸作用和后续新鲜空气的推动作用以及排风口的抽吸作用,新鲜的空气层不断地向上推动旧空气层,同时将猪只产生的热量和污浊空气带到舍内的上部空间。由于送风速度极小,因而没有吹风感,猪只会感觉比较舒适。

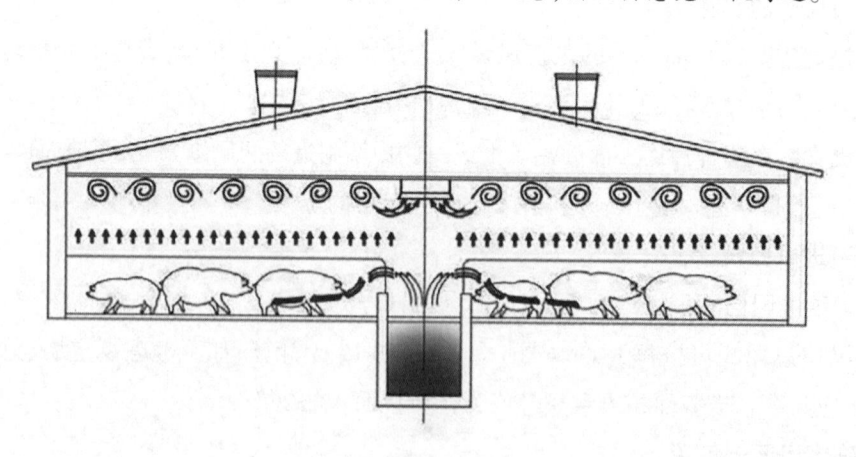

图9-1 垂直置换通风原理

参考文献

[1]鲁琳,刘凤华,颜培实.家畜环境卫生学实验指导[M].北京:中国农业大学出版社,2005.

[2]颜培实,李如治.家畜环境卫生学[M].4版.北京:高等教育出版社,2011.

[3]赵海涛.基于红外热成像技术的猪体温检测与关键测温部位识别[D].武汉:华中农业大学,2019.

[4]丁露雨,鄂雷,李奇峰,等.畜舍自然通风理论分析与通风量估算[J].农业工程学报,2020,36(15):189-201.

[5]陈锋剑.美国Airworks空气控制系统在美神猪场的实践[J].猪业观察,2014(2):65-70.

[6]潘正风,杨正尧.数字测图原理与方法[M].武汉:武汉大学出版社,2002.

[7]马承伟,苗香雯.农业生物环境工程[M].北京:中国农业出版社,2005.

[8]刘继军,贾永全.畜牧场规划设计[M].北京:中国农业出版社,2008.

[9]李保明,施正香.设施农业工程工艺及建筑设计[M].北京:中国农业出版社,2005.

[10]崔光润,訾春波.垂直置换通风技术在猪舍中的应用[J].猪业科学,2016,33(8):90-91.

[11]泮进明,王小双,蒋劲松,等.家禽规模养殖LED光环境调控技术进展与趋势分析[J].农业机械学报,2013,44(9):225-235.

附录

附表1 畜禽舍小气候参数

畜禽舍		温度/℃	相对湿度/%	噪声允许强度/dB	微生物允许含量/(千个/m³)	尘埃允许含量/(mg/m³)	有害气体允许浓度 CO₂/%	NH₃/(mg/m³)	H₂S/(mg/m³)
牛舍	1.成乳牛舍;青年牛舍								
	拴系或散放饲养	10(8—12)	70(50—85)	70	<70		0.25	34	4
	散放、厚垫草饲养	6(5—8)	70(50—85)	70	<70		0.25	34	4
	2.产间	16(14—18)	70(50—85)	70	<50		0.15	17	2
	3.犊牛舍								
	0—20日龄	18(16—20)	70(50—80)	70	<20		0.15	17	2
	20—60日龄	17(16—18)	70(50—85)	70	<50		0.15	17	2
	60—120日龄	15(12—18)	70(50—85)	70	<40		0.25	26	4
	4.4—12月龄幼牛舍	12(8—16)	75(50—85)	70	<70		0.25	34	4
	5.1岁以上小牛舍	12(8—16)	70(50—85)	70	<70		0.25	34	4
猪舍	1.空怀母猪舍	15(14—16)	75(60—85)	70	<100		0.20	34	4
	2.公猪舍	15(14—16)	75(60—85)	70	<60		0.20	34	4
	3.妊娠后期母猪舍	18(16—20)	70(60—80)	70	<60		0.20	34	4
	4.哺乳母猪舍	18(16—20)	70(60—80)	70	<50		0.20	26	4
	哺乳仔猪	30—32	70(60—80)	70	<50				
	5.后备猪舍	16(15—18)	70(60—80)	70	<50		0.20	26	4
	6.育肥猪舍								

续表

畜禽舍		温度/℃	相对湿度/%	噪声允许强度/dB	微生物允许含量/(千个/m³)	尘埃允许含量/(mg/m³)	有害气体允许浓度		
							CO$_2$/%	NH$_3$/(mg/m³)	H$_2$S/(mg/m³)
猪舍	断乳仔猪	22(20—24)	70(60—80)	70	<50		0.20	34	4
	165日龄前	18(14—20)	75(60—85)	70	<80		0.20	34	4
	165日龄后	16(12—18)	75(60—85)	70	<80		0.20	34	4
羊舍	1.公羊舍、母羊舍	5(3—6)	75(50—85)		<70		0.30	34	4
	2.断乳及去势后的小羊舍	5(3—6)	75(50—85)		<70		0.30	34	4
	3.产间暖棚	15(12—16)	70(50—85)		<50		0.25	34	4
	4.公羊采精间	15(13—17)	75(50—85)		<70		0.30	34	4
禽舍	1.成年禽舍								
	鸡舍:笼养	18—20	60—70	90		2—5	0.15—0.20	17	2
	鸡舍:地面平养	12—16	60—70	90		2—5	0.15—0.20	17	2
	火鸡舍	12—16	60—70	90		2—5	0.15—0.20	17	2
	鸭舍	7—14	70—80	90		2—5	0.15—0.20	17	2
	鹅舍	10—15	70—80	90		2—5	0.15—0.20	17	2
	2.雏鸡舍								
	1—30日龄:笼养	20—31	60—70	90		2—5	0.20	17	2
	1—30日龄:地面平养	24—31(伞下22—35)	60—70	90		2—5	0.20	17	2
	31—60日龄:笼养	18—20	60—70	90		2—5	0.20	17	2
	31—60日龄:地面平养	16—18	60—70	90		2—5	0.20	17	2
	61—70日龄:笼养	16—18	60—70	90		2—5	0.20	17	2
	61—70日龄:地面平养	14—16	60—70	90		2—5	0.20	17	2
	71—150日龄:笼养	14—16	60—70	90		2—5	0.20	17	2
	71—150日龄:地面平养	14—16	60—70	90		2—5	0.20	17	2

附表2　不同阶段、种类的猪产生的CO_2、水汽、热量　　气温10℃,湿度70%

阶段、种类	体重/kg	CO_2/(L/h)	水汽/(g/h)	热量/(kJ/h) 可感热	热量/(kJ/h) 总热
空怀及妊娠1—3月母猪	100	36	101	736	1 017
	150	42	118	849	1 176
	200	48	134	1 079	1 351
妊娠4月以上母猪	100	43	120	841	1 205
	150	50	141	1 033	1 418
	200	57	160	1 167	1 607
哺乳母猪	100	87	242	1 774	2 443
	150	99	276	2 029	2 782
	200	114	320	2 347	3 213
2月龄内仔猪	15	17	46	331	460
后备猪育肥猪	60	33	92	669	929
	80	38	107	791	1 079
	90	41	114	833	1 142
种公猪	100	44	123	895	1 234
	200	57	161	1 159	1 611
	300	77	216	1 452	2 163
大肥猪	100	47	132	967	1 326
	200	57	175	1 268	1 757
	300	77	230	1 695	2 314

附表3 不同阶段、种类的羊产生的 CO_2、水汽、热量　　气温10 ℃,湿度70%

阶段、种类	体重/kg	CO_2/(L/h)	水汽/(g/h)	热量/(kJ/h) 可感热	热量/(kJ/h) 总热
公羊	50	25	70	515	707
公羊	80	33	93	669	929
公羊	100	35	98	720	992
空怀母羊	40	19	52	377	523
空怀母羊	50	22	62	452	619
空怀母羊	60	28	78	561	774
妊娠母羊	40	22	62	452	619
妊娠母羊	50	25	70	515	707
妊娠母羊	60	28	78	560	774
带双羔哺乳羊	40	44	112	891	1 234
带双羔哺乳羊	50	47	133	958	1 326
带双羔哺乳羊	60	52	145	1 054	1 452
羔羊(小型种)	20	14	39	289	402
羔羊(小型种)	40	21	58	427	590
羔羊(大型种)	30	17	46	335	464
羔羊(大型种)	50	23	64	469	481

附表4　不同阶段、种类的牛产生的水汽和热量　　气温10 ℃，湿度70%

阶段、种类	体重/kg	水汽/(g/h)	热量/(kJ/h) 可感热	热量/(kJ/h) 总热
干乳牛及产犊2月前妊娠牛	300	319	2 000	2 778
	400	380	2 318	3 305
	600	487	3 025	4 259
泌乳牛（5 L/d）	300	316	1 983	2 753
	400	377	2 364	3 284
	500	408	2 519	3 356
	600	485	3 042	4 226
泌乳牛（10 L/d）	300	340	2 134	2 962
	400	404	2 531	3 519
	500	455	2 853	3 962
	600	505	3 167	4 397
泌乳牛（15 L/d）	300	392	2 460	3 418
	400	458	2 665	3 992
	500	507	3 264	4 118
	600	549	3 443	4 782
1月龄以下犊牛	30	53	331	460
	40	74	469	649
	50	92	573	799
	80	135	845	1 176
1—3月龄犊牛	40	78	490	678
	60	113	711	987
	100	177	1 113	1 548
	130	202	1 264	1 757
3—4月龄犊牛	90	131	820	1 142
	120	195	1 222	1 699
	150	202	1 264	1 757
	200	265	1 665	2 481
4月龄以上犊牛	120	170	1 067	1 481
	180	216	1 356	1 883
	250	261	1 640	2 280
	350	344	2 155	2 296
肥育阉牛	400	493	3 088	
	600	599	3 757	
	800	715	4 489	
	1 000	846	5 309	

附表5　禽类每千克活重产生的CO₂、水汽、热量　　　湿度60%—70%

禽类		活重/kg	CO₂/(L/h)	水汽/(g/h)	热量/(kJ/h) 可感热	热量/(kJ/h) 总热
成禽（舍温16℃）	笼养蛋鸡	1.50—1.70	1.7	5.1	28.5	32.6
	平养肉鸡	2.30—3.00	1.8	5.2	30.1	40.1
	平养蛋鸡	1.50—1.70	2.0	5.8	33.1	47.3
	鸭	3.50	1.2	3.6	20.1	28.9
雏禽（舍温24℃）	蛋鸡 1—10日龄	0.06	2.3	8.6	56.5	65.3
	蛋鸡 11—30日龄	0.25	2.2	6.6	36.8	52.7
	蛋鸡 31—60日龄	0.60	1.9	5.4	31.0	43.9
	蛋鸡 61—150日龄	1.30	1.7	5.0	28.5	40.6
	蛋鸡 151—180日龄	1.60	1.6	4.8	26.8	38.5
	肉鸡 1—10日龄	0.08	2.2	9.0	54.0	62.8
	肉鸡 11—30日龄	0.35	2.0	6.3	33.9	49.4
	肉鸡 31—60日龄	1.20	1.8	5.4	30.1	43.5
	肉鸡 61—150日龄	1.80	1.7	5.0	28.0	40.3
	肉鸡 151—240日龄	2.50	1.6	4.8	25.1	36.9
	鸭 1—10日龄	0.3	3.5	10.5	58.6	84.3
	鸭 11—30日龄	1.0	2.5	7.5	43.9	60.7
	鸭 31—55日龄	2.2	1.2	3.6	20.1	40.2
	鸭 56—180日龄	3.0	1.0	3.0	16.7	23.8

附表6 建筑材料的热物理特性

材料名称		密度/(kg/m³)	导热系数/[W/(m·K)]	蓄热系数(24h)/[W/(m²·K)]
混凝土	钢筋混凝土	2 500	1.740	17.20
	碎石、卵石混凝土	2 300	1.500	15.36
		2 100	1.280	13.50
	膨胀矿渣珠混凝土	2 000	0.770	10.54
		1 800	0.630	9.05
		1 600	0.530	7.87
	自然煤矸石、炉渣混凝土	1 700	1.000	11.68
		1 500	0.760	9.54
		1 300	0.560	7.63
	粉煤灰陶粒混凝土	1 700	0.950	11.40
		1 500	0.700	9.16
		1 300	0.570	7.78
		1 100	0.440	6.30
	黏土陶粒混凝土	1 600	0.840	10.36
		1 400	0.700	8.93
		1 200	0.530	7.25
	页岩陶粒混凝土	1 500	0.770	9.70
		1 300	0.630	8.16
		1 100	0.500	6.70
	浮石混凝土	1 500	0.670	9.09
		1 300	0.530	7.54
		1 100	0.420	6.13
	加气、泡沫混凝土	700	0.220	3.56
		500	0.190	2.76

续表

材料名称		密度/(kg/m³)	导热系数/[W/(m·K)]	蓄热系数(24 h)/[W/(m²·K)]
砂浆和砌体	水泥砂浆	1 800	0.930	11.26
	石灰、水泥、砂、砂浆	1 700	0.870	10.79
	石灰、砂、砂浆	1 600	0.810	10.12
	石灰、石膏、砂、砂浆	1 500	0.760	9.44
	保温砂浆	800	0.290	4.44
	重砂浆黏土砖砌体	1 800	0.810	10.53
	轻砂浆黏土砖砌体	1 700	0.760	9.86
	灰砂砖砌体	1 900	1.100	12.72
	硅酸盐砖砌体	1 800	0.870	11.11
	炉渣砖砌体	1 700	0.810	10.39
热绝缘体材料	矿棉、岩棉、玻璃棉板	<150	0.064	0.93
		150—300	0.070—0.093	0.98—1.60
	矿棉、岩棉、玻璃棉毡	≤150	0.058	0.94
	松散矿棉、岩棉、玻璃棉	≤100	0.047	0.56
	水泥膨胀珍珠岩	800	0.260	4.16
		600	0.210	3.26
		400	0.160	2.35
	沥青、乳化沥青膨胀珍珠岩	400	0.120	2.28
		300	0.093	1.77
	水泥膨胀蛭石	350	0.140	1.92
	聚乙烯泡沫塑料	100	0.047	0.69
		30	0.042	3.35
	聚氨酯泡沫塑料	50	0.037	0.43
		40	0.033	0.37
	聚氯乙烯硬泡沫塑料	130	0.048	0.79
	钙塑	120	0.049	0.83
	泡沫玻璃	140	0.058	0.70
	泡沫石灰	300	0.116	1.63
	碳化泡沫石灰	400	0.140	2.06
	泡沫石膏	500	0.190	2.65

续表

	材料名称	密度/(kg/m³)	导热系数/[W/(m·K)]	蓄热系数(24 h)/[W/(m²·K)]
木材、建筑板材	橡木、枫木(横木纹)	700	0.230	5.43
	橡木、枫木(顺木纹)	700	0.410	7.18
	松、枞木、云杉(横木纹)	500	0.170	3.98
	松、枞木、云杉(顺木纹)	500	0.350	5.63
	胶合板	600	0.170	4.36
	软木板	300	0.093	1.95
		150	0.058	1.09
	纤维板	1 000	0.340	7.83
		600	0.230	5.04
	石棉水泥板	1 800	0.520	8.57
	石棉水泥隔热板	500	0.160	2.48
	石膏板	1 050	0.330	5.08
	水泥刨花板	1 000	0.340	7.00
		700	0.190	4.35
	稻草板	300	0.105	1.19
	木屑板	200	0.065	1.41
松散材料	锅炉渣	1 000	0.290	4.40
	粉煤灰	1 000	0.230	3.93
	高炉炉渣	900	0.260	3.92
	浮石、凝灰岩	600	0.230	3.05
	膨胀蛭石	300	0.140	1.80
		200	0.100	1.28
	硅藻土	200	0.076	1.00
	膨胀珍珠岩	120	0.070	0.84
		80	0.058	0.63
	木屑	250	0.093	1.84
	稻草	120	0.060	1.02
	干草	100	0.047	0.83

续表

材料名称		密度/(kg/m³)	导热系数/[W/(m·K)]	蓄热系数(24 h)/[W/(m²·K)]
土壤	夯实黏土	2 000	1.160	12.99
		1 800	0.930	11.03
	加草黏土	1 600	0.760	9.37
		1 400	0.580	7.69
	轻质黏土	1 200	0.470	6.36
建筑用砂	砂	1 600	0.580	8.30
石材	花岗岩、玄武岩	2 800	3.490	25.49
	大理石	2 800	2.910	23.27
	砾石、石灰岩	2 400	2.040	18.03
	石灰石	2 000	1.160	12.56
卷材、沥青材料	沥青油毡、油毡纸	600	0.170	3.33
	地沥青混凝土	2 100	1.050	16.31
	石油沥青	1 400	0.270	6.73
		1 050	0.170	4.71
玻璃	平板玻璃	2 500	0.760	10.69
	玻璃钢	1 800	0.520	9.25
金属	紫铜	8 500	407.000	323.50
	青铜	8 600	64.000	118.00
	建筑钢材	7 850	58.200	126.10
	铝	2 700	230.000	203.30
	铸铁	7 250	50.000	112.20

附表7 围护结构夏季低限热阻选用表

序号	城市	夏季舍外计算温度/°C 昼夜平均值 ($t_{w,p}$)	夏季舍外计算温度/°C 最高值 ($t_{w,max}$)	温度振幅 (At_w)	夏季太阳辐射强度/(W/m²) 昼夜平均值 (J_p) 水平	西	最大值 (J_{max}) 水平	西	辐射强度振幅 (A_J) 水平	西	低限总衰减度值 (v_o^d) 屋顶	西墙	夏季低限热阻值 (R_o^{xd})/(m²·K/W) 屋顶	西墙
1	南宁	31.0	36.7	5.7	310.9	148.3	976	594	665.1	445.7	13.70	10.32	0.759	0.332
2	广州	31.1	35.6	4.5	304.9	145.1	962	591	657.1	445.9	13.11	9.84	0.743	0.324
3	福州	30.9	37.2	6.3	315.2	150.2	983	624	667.8	473.8	13.98	11.06	0.770	0.337
4	贵阳	26.9	32.7	5.8	326.3	156.3	1 021	603	658.7	446.7	13.64	10.20	0.799	0.353
5	长沙	32.7	37.9	5.2	321.9	153.6	1 000	651	678.1	497.4	13.74	11.06	0.788	0.346
6	北京	30.2	36.3	6.1	341.6	169.9	1 003	697	661.4	527.1	13.80	11.95	0.840	0.389
7	郑州	32.5	38.8	6.3	307.0	148.3	935	609	628.0	460.7	13.29	10.83	0.749	0.332
8	上海	31.2	36.1	4.9	315.4	151.6	967	640	651.6	488.4	13.17	10.78	0.771	0.341
9	武汉	32.4	36.9	4.5	312.0	149.4	961	633	649.0	483.6	12.97	10.53	0.762	0.335
10	西安	32.3	38.4	6.1	312.0	151.8	945	607	633.0	455.2	13.30	10.65	0.775	0.341
11	重庆	33.2	38.9	5.7	316.9	151.9	980	640	663.1	488.1	13.67	11.08	0.775	0.341
12	杭州	32.1	37.2	5.1	396.8	147.2	944	608	637.2	460.8	13.00	10.36	0.748	0.329
13	南京	32.0	37.1	5.1	324.2	155.1	999	650	674.8	494.9	13.65	10.97	0.794	0.350
14	南昌	32.9	37.8	4.9	329.6	157.4	1 021	676	691.4	518.6	13.86	11.32	0.808	0.356
15	合肥	32.3	36.8	4.5	338.3	161.8	1 004	687	665.7	525.2	13.26	11.28	0.831	0.367

注：

(1)围护结构夏季低限热阻(R_o^{xd}, m²·K/W)按下式计算：

$$R_o^{xd} = \frac{t_{z,p} - t_{n,p}}{\Delta t_2} \times R_n$$

$$t_{z,p} = t_{w,p} + \frac{\rho J_p}{\alpha_w}$$

式中：

$t_{z,p}$ 为综合温度昼夜平均值(℃);

$t_{w,p}$ 和 J_p 为舍外温度昼夜平均值(℃)和辐射强度昼夜平均值(W/m²),查本表;

ρ 为围护结构外表面对太阳辐射的吸收系数,与围护结构外表面颜色和粗糙度有关,本表计算中采用最大值0.85(相当于深色油毡屋面);

α_w 为外表面热转移系数[W/(m²·K)],与外表面热移阻(R_w)互为倒数,本表计算中取值18.61;

$t_{n,p}$ 为夏季舍内温度昼夜平均计算值(℃),按有关资料建议,$t_{n,p}$ 值允许比舍外温度昼夜平均值高1 ℃,即 $t_{n,p}=t_{w,p}+1$;

Δt_2 为围护结构内表面温度昼夜平均值($\tau_{n,p}$)高于舍内温度昼夜平均计算值($t_{n,p}$)的允许温差,取2 ℃,即 $\tau_{n,p} - t_{n,p}=2.0$ ℃;

R_n 为围护结构内表面热移阻(m²·K/W),墙和屋顶均取值0.115。

(2)围护结构的低限总衰减度(v_o^d)按下式计算(计算中屋顶和西墙应分别按水平面和西向垂直面取值):

$$v_o^d = \frac{(At_w + A_J \times \rho/\alpha_w)\beta}{[A\tau_n]}$$

式中:

At_w 为夏季舍外计算温度振幅(℃),$At_w=t_{w,max}-t_{w,p}$,At_w 值可查本表;

A_J 为太阳辐射强度振幅(W/m²),$A_J=J_{max}-J_p$,A_J 值可查本表;

ρ 为围护结构外表面对太阳辐射的吸收系数,本表计算中取值0.85;

α_w 为外表面热转移系数[W/(m²·K)],本表计算中取值18.61;

β 为相位差修正系数,经表中15个城市,求水平面 v_o^d 时为0.95,求西向垂直面时为0.993;

$[A\tau_n]$ 为围护结构内表面温度振幅允许值(℃),对于畜舍建议取值2.5。

附表8　外墙保温隔热性能

序号	构造方案及各层热阻(R)	保温隔热性能				
1	1.白灰粉刷($R=0.028$) 2.砖墙(240 mm厚,$R=0.295$； 370 mm厚,$R=0.455$； 490 mm厚,$R=0.602$； 620 mm厚,$R=0.745$)	δ	240	370	490	620
		$R_{o,d}$	0.481	0.641	0.788	0.947
		$R_{o,x}$	0.492	0.652	0.799	0.959
		$\sum D$	3.09	4.63	6.05	7.59
		v_o	11.54	34.20	93.08	276.70
		ε_o	7.87	12.02	15.85	20.01
2	1.白灰粉刷(同序号1) 2.砖墙(同序号1) 3.水泥砂浆($R=0.021$)	δ	240	370	490	620
		$R_{o,d}$	0.502	0.662	0.809	0.969
		$R_{o,x}$	0.513	0.673	0.820	0.980
		$\sum D$	3.30	4.84	6.26	7.80
		v_o	13.61	39.78	109.30	322.30
		ε_o	8.46	12.61	16.45	20.61
3	1.抹泥($R=0.286$) 2.土坯墙(370 mm厚,$R=0.530$； 490 mm厚,$R=0.702$； 620 mm厚,$R=0.917$) 3.抹泥($R=0.286$)	δ	370		490	620
		$R_{o,d}$	1.260		1.420	1.647
		$R_{o,x}$	1.272		1.443	1.658
		$\sum D$	10.13		11.71	13.42
		v_o	168.5		5 218.0	17 275.0
		ε_o	26.81		31.25	35.80
4	1.白灰粉刷(同序号1) 2.空斗墙填焦渣($R=0.408$) 3.水泥砂浆(同序号2)	δ	240			
		$R_{o,d}$	0.615			
		$R_{o,x}$	0.626			
		$\sum D$	3.45			
		v_o	15.30			
		ε_o	8.76			

续表

序号	构造方案及各层热阻(R)	保温隔热性能			
5	1.白灰粉刷(同序号1) 2.空心砖墙(380 mm厚,R=0.469; 450 mm厚,R=0.703) 3.水泥砂浆(同序号2)	δ	380	450	
		$R_{o,d}$	0.676	0.911	
		$R_{o,x}$	0.689	0.922	
		$\sum D$	4.21	6.09	
		v_o	26.12	98.40	
		ε_o	10.74	15.82	
6	1.白灰粉刷(同序号1) 2.焦渣砖墙(380 mm厚,R=0.653; 450 mm厚,R=0.774) 3.水泥砂浆(同序号2)	δ	380	450	
		$R_{o,d}$	0.861	0.981	
		$R_{o,x}$	0.872	0.992	
		$\sum D$	4.81	5.63	
		v_o	41.35	74.40	
		ε_o	12.19	14.42	
7	1.白灰粉刷(同序号1) 2.石墙(490 mm厚,R=0.132; 620 mm厚,R=0.194)	δ	490	620	
		$R_{o,d}$	0.353	0.395	
		$R_{o,x}$	0.365	0.406	
		$\sum D$	4.02	5.00	
		v_o	24.20	48.18	
		ε_o	11.39	14.03	
8	1.白灰粉刷(同序号1) 2.泡沫混凝土墙(120 mm厚,R=0.574; 160 mm厚,R=0.765; 200 mm厚,R=0.956) 3.水泥砂浆(同序号2)	δ	120	160	200
		$R_{o,d}$	0.781	0.972	1.163
		$R_{o,x}$	0.792	0.983	1.174
		$\sum D$	2.03	2.55	3.09
		v_o	8.05	11.54	16.82
		ε_o	5.08	6.49	7.94

注:

(1)表中 R 为材料热阻($m^2 \cdot K/W$);

δ 为材料厚度(mm);

$R_{o,d}$ 为构造方案的冬季总热阻($m^2 \cdot K/W$);

$R_{o,x}$ 为构造方案的夏季总热阻($m^2 \cdot K/W$);

$\sum D$ 为构造方案各层材料热惰性指标之和;

v_o 为构造方案的总衰减度;

ε_o 为构造方案的总延长时间(h)。

(2)表中各构造方案(除序号4外)的冬、夏总热阻($R_{o,d}$、$R_{o,x}$)按公式:$R_o = R_n + R + R_w$ 或 $R_o = R_n + \sum R + R_w$(R_o,总热阻;R_n,冬、夏均取0.115;R_w,冬、夏分别取0.043、0.057 3;单位,$m^2 \cdot K/W$)。

(3)表中各构造方案的总衰减度v_o按下式求得:

$$v_o = e^{0.7 \sum D}[0.5 + 3(\frac{R_w}{6A} + A + R_w)]$$

式中:

R_w 为夏季护围结构外表面热转移阻($m^2 \cdot K/W$),(本表取0.057 3);

e=2.718 28;

$A = \sum \frac{R}{S} / \sum R$($R$和$S$分别为材料层热阻和材料蓄热系数);

$\sum D$ 为各材料层热惰性指标之和。

(4)$\varepsilon_o = 2.7 \sum D^{-0.4}$。

附表9 屋顶保温隔热性能

序号	构造方案及各层热阻(R)	保温隔热性能			
1	1.屋面板($R=0.115$) 2.油毡($R=0.114$) 3.水泥瓦($R=0.0269$)	$R_{o,d}$	0.305		
		$R_{o,x}$	0.346		
		$\sum D$	0.734		
		v_o	2.03		
		ε_o	1.1		
2	1.苇箔或荆笆($R=0.057$) 2.草泥(50 mm厚,$R=0.143$; 80 mm厚,$R=0.229$; 100 mm厚,$R=0.289$) 3.水泥瓦(同序号1)	δ	50	80	100
		$R_{o,d}$	0.380	0.466	0.523
		$R_{o,x}$	0.419	0.505	0.562
		$\sum D$	1.063	1.503	1.795
		v_o	3.441	4.223	5.304
		ε_o	2.40	3.66	4.45
3	1.苇把或秫秆把(直径100 mm,$R=1.11$) 2.草泥(同序号2) 3.水泥瓦(同序号1)	δ	50	80	100
		$R_{o,d}$	1.280	1.364	1.421
		$R_{o,x}$	1.319	1.403	1.460
		$\sum D$	2.876	3.316	3.606
		v_o	15.94	21.24	25.70
		ε_o	7.37	8.55	9.34
4	1.白灰粉刷($R=0.028$) 2.砖拱($R=0.148$) 3.水泥砂浆($R=0.021$) 4.白灰焦渣(50 mm厚,$R=0.172$; 80 mm厚,$R=0.275$;120 mm厚, $R=0.412$) 5.水泥砂浆($R=0.021$)	δ	50	80	120
		$R_{o,d}$	0.548	0.651	0.788
		$R_{o,x}$	0.587	0.690	0.827
		$\sum D$	2.73	3.13	3.68
		v_o	9.24	12.68	19.03
		ε_o	6.93	8.06	9.52

续表

序号	构造方案及各层热阻(R)	保温隔热性能			
5	1. 二毡三油豆石($R=0.057$) 2. 水泥砂浆(同序号4) 3. 泡沫混凝土(80 mm厚,$R=0.382$;120 mm厚,$R=0.574$;200 mm厚,$R=0.956$) 4. 石油沥青隔气板($R=0.006$) 5. 钢筋混凝土板($R=0.045$)	δ $R_{o,d}$ $R_{o,x}$ $\sum D$ v_o ε_o	80 0.670 0.710 2.22 11.01 5.42	120 0.862 0.902 2.75 16.00 6.85	200 1.244 1.285 3.80 33.87 9.70
6	1. 二毡三油豆石(同序号5) 2. 水泥砂浆(同序号4) 3. 泡沫混凝土(同序号5) 4. 石油沥青隔气板(同序号5) 5. 水泥砂浆(同序号4) 6. 钢筋混凝土空心板($R=0.168$)	δ $R_{o,d}$ $R_{o,x}$ $\sum D$ v_o ε_o	80 0.814 0.855 2.70 20.4 6.42	120 1.007 1.047 3.23 29.7 7.85	200 1.389 1.429 4.28 62.5 10.69

注：

(1) 表中各符合的意义同附表8；

(2) 冬季和夏季总热阻$R_{o,d}$、$R_{o,x}$按公式：$R_o=R_n+R+R_w$或$R_o=R_n+\sum R+R_w$，内、外表面热转移阻R_n和R_w取值(R_n：冬、夏分别取0.115和0.143 3；R_w：冬、夏分别取0.043和0.057 3)；

(3) 总衰减度v_o和总延长时间ε_o分别按附表8的公式计算。